압연기술

김재근 | 백인철 저

도서출판 동화기술

머리말

압연 공정은 산업의 쌀인 철강재를 생산하기 위한 일관제철 공정에서 고객이 사용할 제품을 생산하는 최종 공정으로 제품의 외관 품질과 기계적 성질을 결정하는 매우 중요한 공정입니다. 최근 제철 설비의 성능 및 자동화 정도가 향상되고 4차 산업혁명 시대에 접어들면서 과거와는 비교할 수 없을 정도로 압연 공정 기술이 발전하고 있는 상황입니다.

본 교재에서는 대형 장치 산업인 철강 산업 설비의 기능과 특징을 이해하고 해당 공정 기술을 접목하여 판재 압연에 대하여 독자가 이해하기 쉽도록 서술하였습니다. 이를 통하여 본 교재가 향후 제철 관련 분야로의 진로를 선택한 예비 철강인들과 관련 자격증을 준비하고 있는 수험생들에게 도움이 될 수 있도록 정리하였습니다.

오랜 기간 축적된 압연 공정의 기술을 한 권의 책으로 표현하였기에 다소 미흡한 부분이 있을 수 있으나 앞으로 개발될 신기술을 포함하여 새로운 내용으로 보완해 나갈 것을 약속드립니다.

끝으로 이 책이 완성되기까지 수고를 아끼지 않으신 출판사 관계자 여러분께 깊은 감사를 드립니다.

저 자

목 차

Chapter 1

압연 개요

제1절 철과 강

철(Fe: Iron)은 원소 주기율표 상 26번째에 위치하고 있는 원소로 비교적 강한 강도와 우수한 가공성으로 산업 전반에 걸쳐 널리 사용되며 녹는점은 1,500℃ 이상이고 비중은 7.85이다. 하지만 철은 그 자체로는 산업에서 요구하는 강도를 낼 수가 없기 때문에 탄소와 각종 합금원소를 첨가하여 강(steel)의 형태로 제조하여 사용된다. 일반적으로 탄소강이라 불리는 강은 탄소량이 0.5% 이하인 영역에 해당되며 용도에 따라 탄소량을 조절하여 생산한다. 탄소량이 높을수록 강의 성질은 취성이 강해져 깨지기 쉬운 Brittle한 성질을 보이며 반대로 탄소량이 적을수록 Ductile한 성질을 보여 가공성이 좋아진다. 자동차 외판재로 쓰이는 고성형 외판재의 경우에는 가공성을 확보하기 위해 탄소량을 0.002% 정도로 낮추어 제조하는 반면에 높은 강도를 요구하는 공구강의 경우에는 0.4% 이상의 탄소 함유량을 갖는 강으로 제조한다.

탄소강 중에 존재하는 원소는 탄소(C) 외에 규소(Si), 망간(Mn), 인(P), 황(S) 등이 있으며 이러한 원소들을 탄소강의 5대 원소라 한다.

원자량	55.85
녹는점	1,535～1,539℃
끓는점	2,750℃
비중	7.85

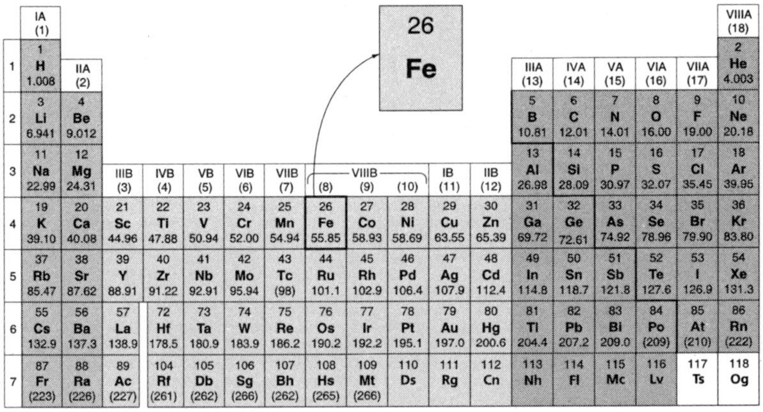

그림 1.1 ● 철의 물리적 성질

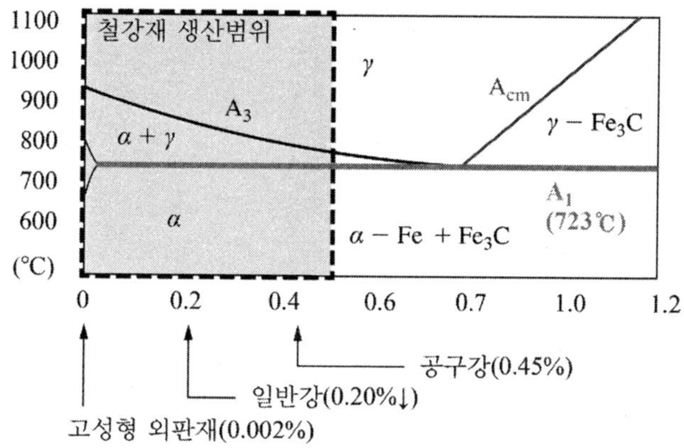

그림 1.2 ● 탄소 함유량에 따른 탄소강의 용도

1.1 강의 물리적 성질

1.1.1 탄소량에 따른 성질

탄소강은 철에서 탄소를 소량 고용한 페라이트(ferrite, α고용체)와 철과 탄소의 화합물인 시멘타이트(cementite, Fe_3C)가 섞여 있는 조직을 가지고 있다. 따라서 강의 물리적 성질은 탄소량에 따라 거의 직선적으로 변화한다. 탄소강의 비중, 팽창계수, 열전도도는 탄소량의 증가에 따라 감소하나 비열, 전기저항은 증가한다.

탄소가 증가함에 따라 강의 경도와 강도는 증가하나 탄소량이 1%를 넘으면 유리 Fe_3C가 석출하여 강도는 오히려 저하된다. 또한 연신율과 충격값은 탄소량이 많아질수록 감소하게 된다. 가공성을 우수하게 하려면 탄소량을 줄여서 저탄소강을 생산한다.

1.1.2 그 밖의 원소의 영향

탄소에 존재하는 원소는 앞서 설명한 바와 같이 탄소(C) 외에 규소(Si), 망간(Mn), 인(P), 황(S) 등이 있다. 이러한 원소들을 탄소강의 5대 원소라 하는데, 이들이 강의 기계적 성질에 미치는 영향은 다음과 같다.

① **규소(Si)** : 규소는 제강 과정에서 선철 및 탈산제로부터 흡수되기 쉬운 원소이나, 보통 강 중에는 0.1～0.35% 정도가 함유되어 있다. 규소는 철 중에 고용해서 강도, 경도, 탄성한도를 높이고, 연신율, 충격값을 감소시킨다.

② 망간(Mn) : 망간은 선철 중에 존재하고 제강 과정에서 탈산제로 첨가되는데, 보통 강 중에는 0.2~0.8% 정도 함유되어 있다. 망간의 일부는 강중에 용해되고 나머지는 황과 결합해서 MnS로 존재한다. Mn은 강도를 증가시키지만 연신율은 저하시키지 않는다. 또한 고온 가공성을 좋게 하며, 해로운 원소인 황의 일부는 Mn과 결합하여 황화망간(MnS)으로 슬래그 중에 들어가 탈황 효과를 나타낸다.

③ 인(P) : 강 중의 P는 Fe의 일부와 결합하여 인화철(Fe_3P) 화합물을 만들고, 결정립을 조대화시킨다. 강도 및 경도를 증가시키지만 연신율을 저하시키고, 상온에서 충격값을 저하시켜서 상온 취성의 원인이 된다. P는 편석하기 쉬운 원소이므로 Fe_3P는 MnS나 MnO와 같이 결합하기 쉽다. 이러한 강을 압연하면 그 방향으로 길게 늘어나서 고스트 라인(Ghost Line)이 나타나 강재 파괴의 원인이 된다. 따라서 강 중의 P 함유량은 적은 편이 좋으며, 보통 0.03% 이하로 제한하고 있다.

④ 황(S) : 황은 제강 과정에서 Mn과 화합해서 MnS로 되고 남은 S가 있으면 이것은 FeS가 되어 Fe와 공정을 만들어서 결정립계에 망상으로 분포된다. 따라서 강도, 충격값, 연신율을 감소시킨다. 또한 FeS는 융점이 1,193℃로 낮으므로 고온 취성의 원인이 된다. 결론적으로 S는 강의 성질에 해로운 원소로서 보통 0.05% 이하로 제한하고 있다.

1.1.3 온도의 영향

탄소강은 그 성분이 동일할 지라도 온도에 따라 기계적 성질이 달라진다. 온도가 0~500℃로 변하는 과정에서 일어나는 성질의 변화는 탄성계수, 탄성한도, 항복점 등은 온도의 상승에 따라서 그림 1.3과 같이 감소하고, 인장강도는 200~300℃까지는 상승하여 최대가 되며, 연신율 및 단면 수축률은 온도 상승에 따라 감소하여 인장강도가 최대가 되는 점에서 최소값을 나타내고 다시 커진다.

탄소강은 온도에 따라 메짐성(brittleness) 또는 취성이라 불리는 성질이 나타난다. 특히 200~300℃의 온도에서 강도는 가장 크지만 연신율은 상당히 떨어지게 되고 이때의 강은 청색의 산화 피막을 형성하는데 이 현상을 청열 메짐(blue shortness)이라고 한다.

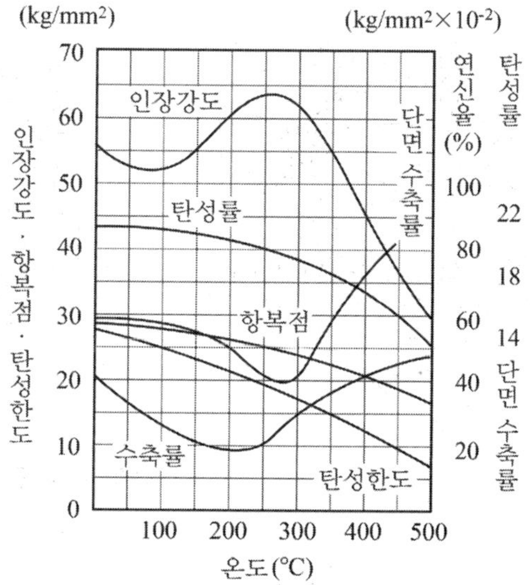

그림 1.3 ● 온도에 따른 강의 기계적 성질의 변화

1.2 강의 변태 및 조직

1.2.1 순철의 변태와 조직

순철은 상온에서 그림 1.4와 같이 체심입방격자(body-centered cubic lattice, BCC)의 결정 구조를 가지는 α철로 존재한다. 그리고 온도가 912℃에 이르면 면심입방격자(face-centered cubic lattice, FCC)의 결정 구조를 가지는 γ철로 변태하며, 또한 1394℃에 이르면 다시 체심입방격자를 가지는 δ철로 변태한다. 여기서 체심입방격자 구조는 입방체의 각 모서리마다 원자가 한 개씩 놓여 있고 입방체 중심에 추가적으로 하나의 원자가 더 놓여 있는 형태의 구조이다. 그리고 면심입방격자 구조는 체심입방격자 구조와 같이 입방 대칭성을 가지며 각 격자점마다 원자를 하나씩 가지고 있는 구조이다. 금속 결정 구조의 특징은 표 1.1로 정리할 수 있다.

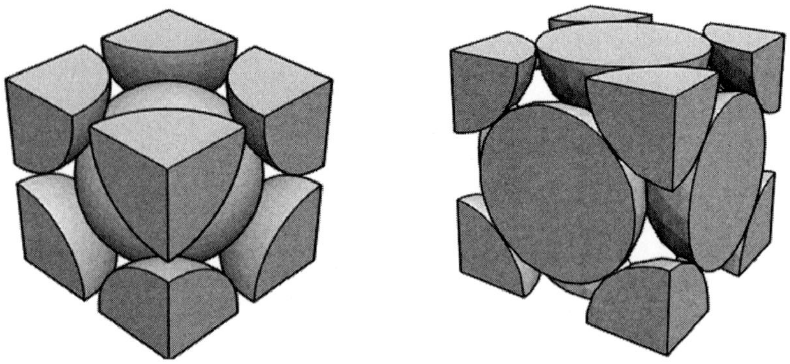

BCC 구조　　　　FCC 구조

그림 1.4 ● 금속의 결정 구조

표 1.1 금속 결정 구조의 특징

결정 구조	원자수	배위수	충진율	근접 원자간 거리
BCC	2	8	68%	$\sqrt{3}\,a/2$
FCC	4	12	74%	$\sqrt{2}\,a/2$

이와 같이 같은 고체이면서 원자 배열이 바뀌어 다른 결정격자가 되는 변태를 동소변태(allotropy transformation)라 하는데 912℃에서 α → γ변태를 A_3변태, 1394℃에서의 γ → δ변태를 A_4변태라 한다.

순철은 상온에서 강자성체(ferro magnetic substance)이나, 768℃에 이르면서 상자성체(paramagnetic substance)로 바뀐다. 이 변태는 원자 배열의 변화가 아니고 다만 자기의 세기가 변화하는 것이므로 자기변태(magnetic transformation)라 하고, 변태하는 온도(768℃)를 A_2 변태점 또는 퀴리점(Curie point)이라 한다.

원자 배열의 변화를 수반하는 동소변태는 가열할 때와 냉각할 때에 변태하는 온도가 달라지는 것이 보통이며, 가열할 때 그 온도보다 높은 온도에서 일어나고, 냉각할 때는 반대로 낮은 온도에서 일어나게 된다. 따라서 가열할 때는 변태온도에 c자를 붙여서 Ac_3, Ac_4로, 또 냉각할 때에는 r자를 붙여서 Ar_3, Ar_4와 같이 표시한다.

순철의 조직은 그림 1.5와 같이 다각형 결정립으로 되어 있으며, 백색기지는 페라이트이고 검고 가는 선은 페라이트 입계이며, 페라이트 가운데의 검은 점은 개재물이다.

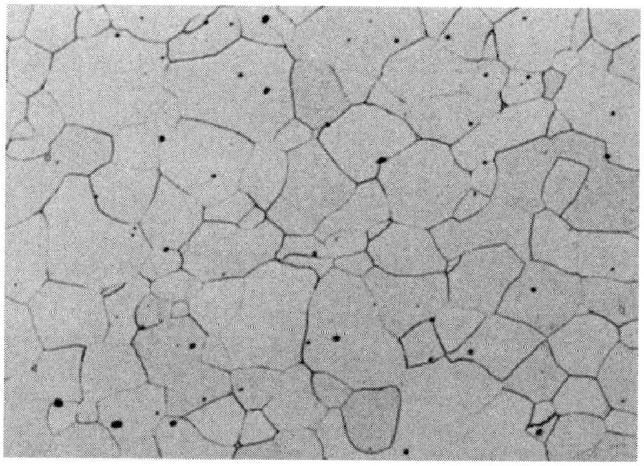

그림 1.5 ● 순철의 조직

1.2.2 강의 변태와 조직

(1) 철 – 탄소계 평형 상태도

강은 철과 탄소의 합금으로 된 탄소강이므로, 그 변태와 조직을 이해하려면 그림 1.6의 Fe-C계 평형 상태도를 잘 이해해야 한다.

그림과 같이, γ철은 1,130℃에서 C를 2.0%(E점)까지 고용하여 오스테나이트(austenite, γ고용체) 조직을 만들고, α철은 723℃에서 C를 0.025%(P점) 고용하여 페라이트(ferrite, α고용체) 조직을 만든다.

탄소강은 C를 2.0% 이하, 0.80%의 강을 공석강, 0.80% 이하의 것을 아공석강, 0.80～2.0%의 것을 과공석강이라 한다. 탄소강 중의 탄소는 철탄화물인 Fe_3C로 존재하는데, 이것을 시멘타이트(cementite)라 한다.

공석조성(0.80% C)의 오스테나이트는 723℃에 이르면 공석반응(γ고용체 → α고용체＋Fe_3C)을 일으켜 펄라이트(pearlite) 조직으로 변태한다. 따라서 아공석강은 페라이트와 펄라이트, 과공석강은 펄라이트와 시멘타이트가 혼합된 조직이다.

그림 1.6에서 GS선은 오스테나이트에서 페라이트를 석출하는 변태 개시선(A_3선), GP선은 이 변태가 끝나서 전부 페라이트가 되는 온도를 나타내는 변태 완료선, ES선우 오스테나이트선에서 시멘타이트가 석출하는 온도를 나타내는 용해한도서 수평선 PSK는 공석 반응이 일어나는 온도이며, A_1선이라 한다. 따라서 A_1변태는 순철에는 없고, 0.0218% C 이상의 탄소강에는 언제나 펄라이트 조직이 섞여 있다는 것을 알 수 있다.

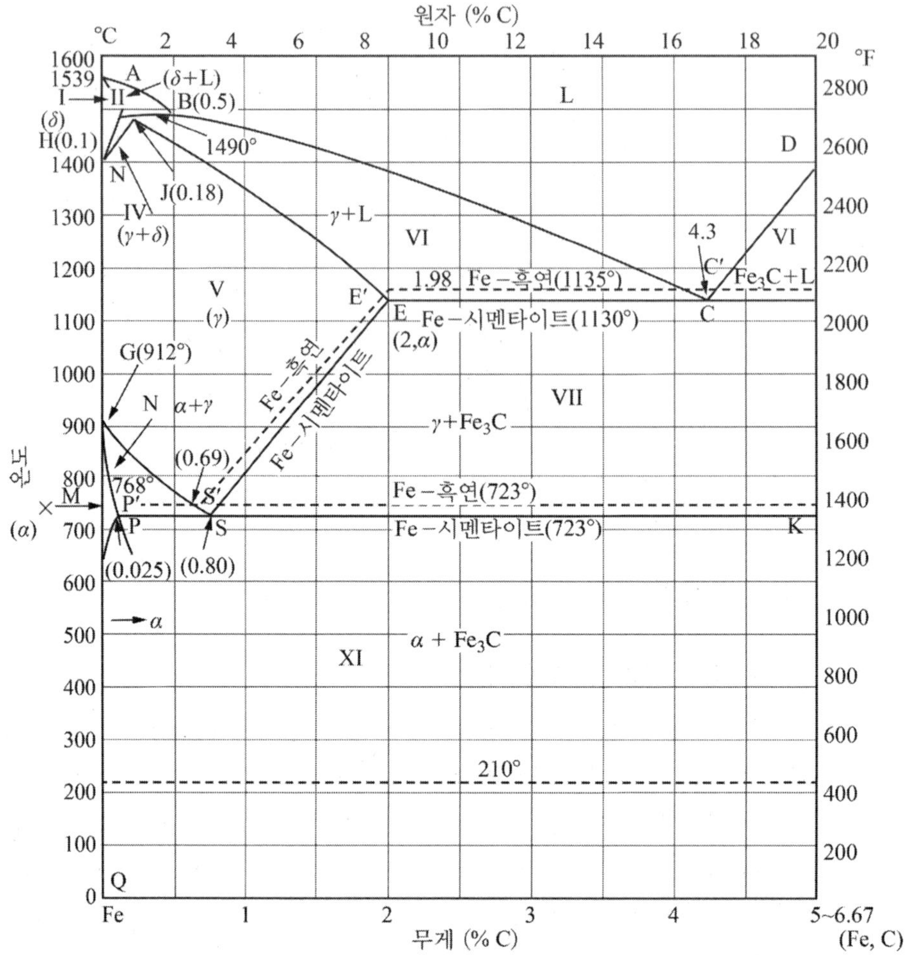

그림 1.6 ● Fe_3C계 평형 상태도

(2) 강의 조직

그림 1.7은 0.45% C의 아공석강의 조직이며, 백색 부분이 페라이트, 검은 부분이 펄라이트이다. 그림 1.8은 0.85% C의 공석강의 조직이며, 전부 펄라이트 조직으로 되어 있다. 검은 부분이 펄라이트, 망상의 백색 부분이 시멘타이트이다. 그리고 1.5% C의 경우는 과공석강의 조직으로 검은 부분이 펄라이트, 망상의 백색 부분이 시멘타이트이다.

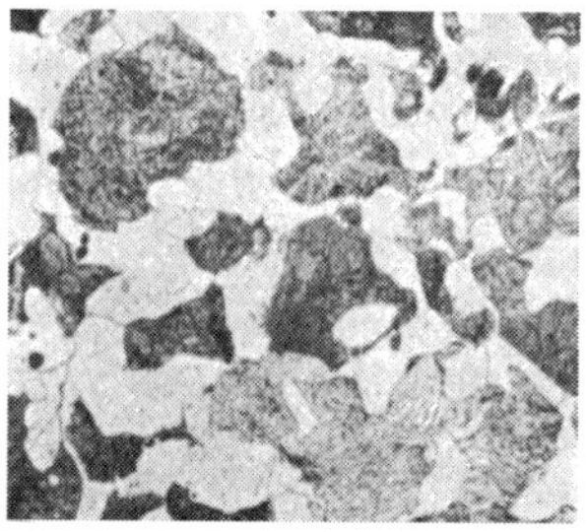

그림 1.7 ● 0.45% 탄소강

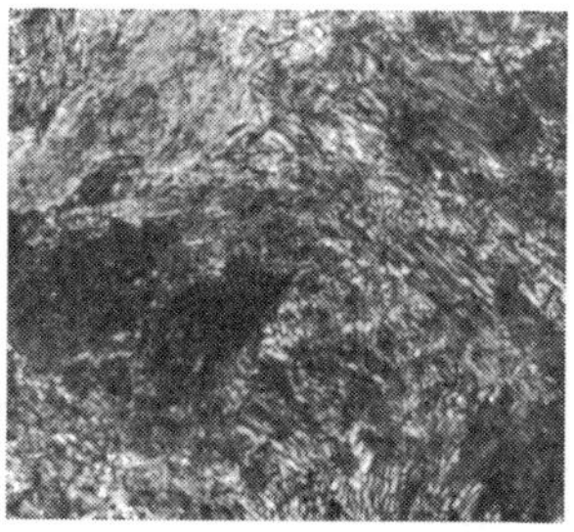

그림 1.8 ● 0.85% 공석강

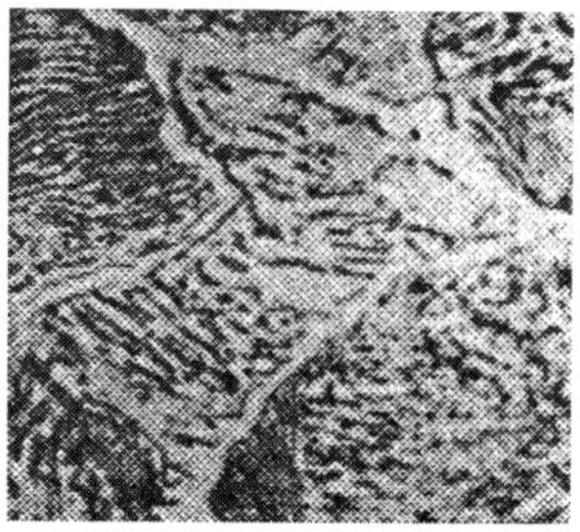

그림 1.9 ● 1.5% 탄소강

제2절 압연의 기초

2.1 압연의 정의

압연은 일관제철소의 여러 공정 중에서 최종 제품을 생산하는 공정으로 금속재료를 회전하는 원통형의 Roll 사이로 통과시켜 재료의 두께를 줄이고 길이를 늘이는 공정이다. 또한 압연은 소재의 온도에 따라 열간압연과 냉간압연으로 구분되며 압연 제품의 치수, 평탄도와 같은 외관 품질과 온도와 같은 기계적 성질, 그리고 조업 사고를 방지하기 위한 통판성 관리에 유의하여 작업을 해야 한다. 압연은 소성가공법의 한 종류로 금속재료에 힘을 가하면 영구변형을 일으키는 소성 특성을 이용한 가공방법이다.

열간압연은 일반적으로 소재의 온도가 재결정온도 이상인 경우에 행해지는 압연을 말하며 금속이 가공에 의한 경화를 일으키지 않는 재결정온도 이상에서 압연이 이루어지기 때문에 비교적 적은 힘으로 많은 양의 변형을 주는 것이 가능하다. 열간압연은 압연 중에 고온의 소재 표면이 공기 중의 산소와 반응하여 산화 피막(스케일: scale)을 생성하기 때문에 제품의 표면이 상대적으로 거칠고 광택이 없으며 치수 정밀도도 떨어진다. 재결정온도 이상에서 가공이 되는 열간압연에서는 그림 1.10과 같이 늘어난 결정립이 바로 회복되어 재결정 입자의 성장을 일으켜 결정립이 조대화된다.

냉간압연은 열간압연이 완료된 강판을 소재로 사용하여 상온에서 압연하는 방식으로 제품이 평탄하고 금속성의 광택이 있으며 치수 정밀도도 우수하다. 냉간압연 후에는 열처리를 적절히 해주어 압연 제품의 기계적 성질을 개선하며 도금이나 컬러 코팅 등의 공정을 거쳐 내식성이 강한 제품을 제조할 수도 있다.

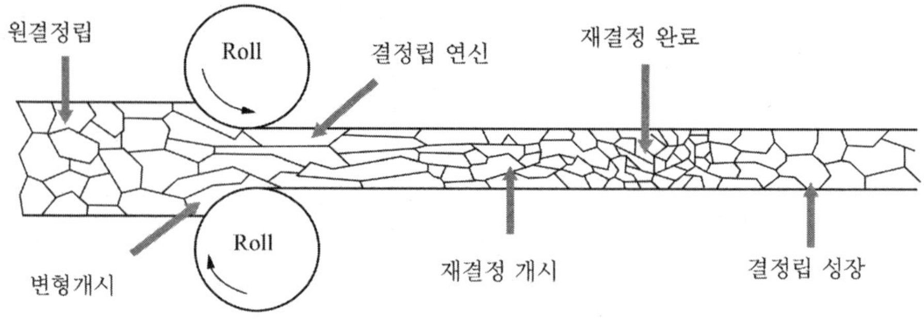

그림 1.10 ● 열간 가공에서의 조직 변화

표 1.2 열간압연과 냉간압연의 비교

구분	가공 온도	특징
열간압연	재결정온도 이상	1. 고온이므로 재료가 연화되어 변형저항이 작아 작은 동력으로 큰 변형을 준다. 2. 소재 표면에 스케일이 생겨 표면 미려도가 좋지 않다. 3. 재결정온도 이상에서 가공되므로 상대적으로 조대한 조직을 갖는다.
냉간압연	재결정온도 이하	1. 가공경화가 심해져 큰 동력을 필요로 한다. 2. 표면에 스케일이 발생되지 않아 제품의 표면이 미려하다. 3. 상온에서 가공되어 정밀한 치수의 제품을 얻을 수 있다. 4. 결정립의 미세화와 가공경화 현상으로 기계적 성질이 우수하다.

2.2 압연 공정

일관제철 공정 내에서 압연 공정은 앞 공정인 제선, 제강, 연주 공정에서 생산된 반제품인 Slab를 이용하여 최종 제품을 만들어 내는 공정으로 열간압연의 경우 가열 - 압연 - 냉각 - 권취 등의 공정으로 이루어진다.

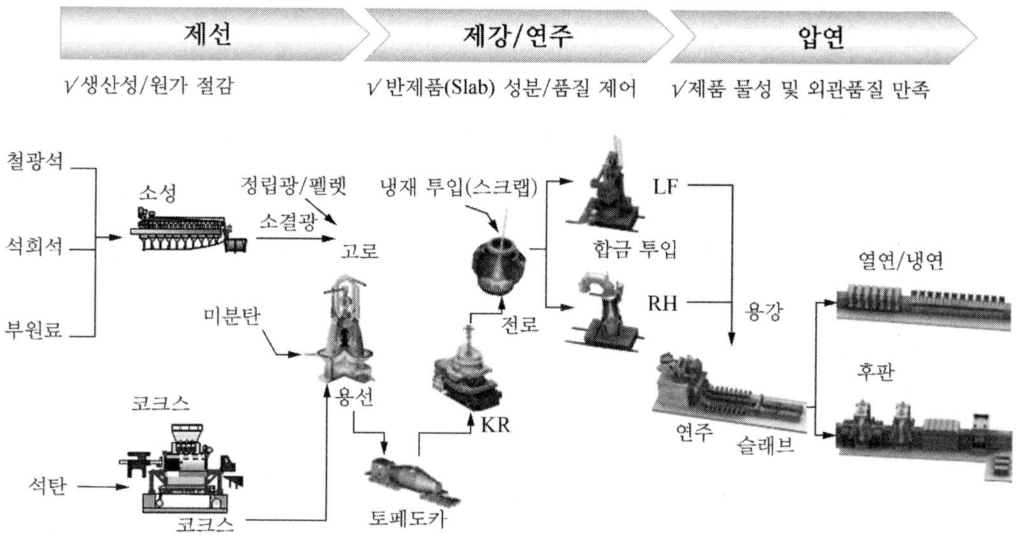

그림 1.11 ● 일관제철 공정

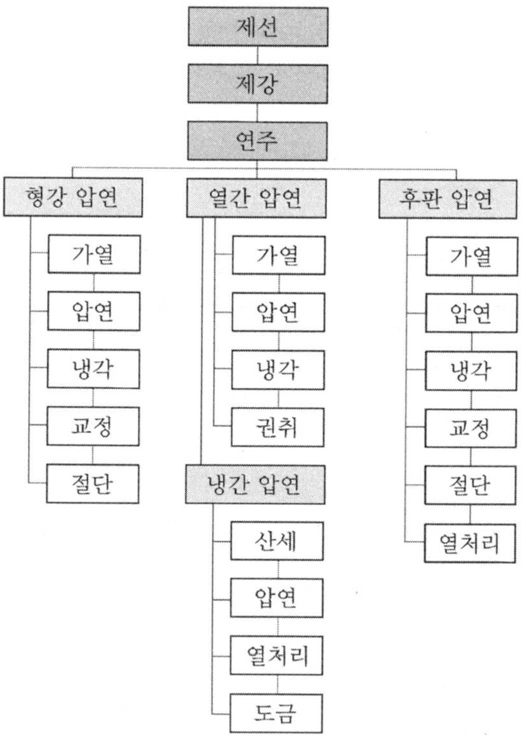

그림 1.12 ● 압연 공정 요약

2.3 압연 설비

압연을 위한 설비는 크게 롤, 하우징, 모터로 구성되며 여기서 소재와 직접 접촉하는 롤은 그 목적에 따라 다양한 형태로 구성이 가능하다. 소재와 직접 닿게 되는 롤은 워크롤(work rolls)이라 하고 압연 시 발생하는 하중을 지지해주는 역할을 하는 롤은 백업롤(back-up rolls)이라고 한다. 또한 압연 소재와 롤의 방향에 따라 수평롤(horizontal rolls)과 수직롤(vertical rolls)로 구분될 수도 있는데 그 구성과 형태 또한 다양하다. 그림 1.13과 1.14에서는 이와 같은 수평롤과 수직롤의 여러 가지 구성에 대해 보여주고 있다.

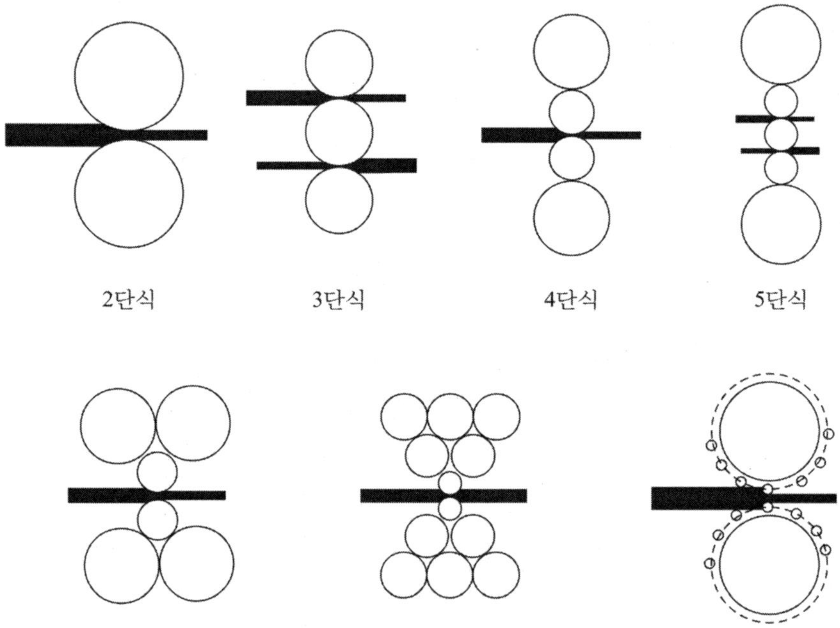

그림 1.13 ● 수평롤의 구성

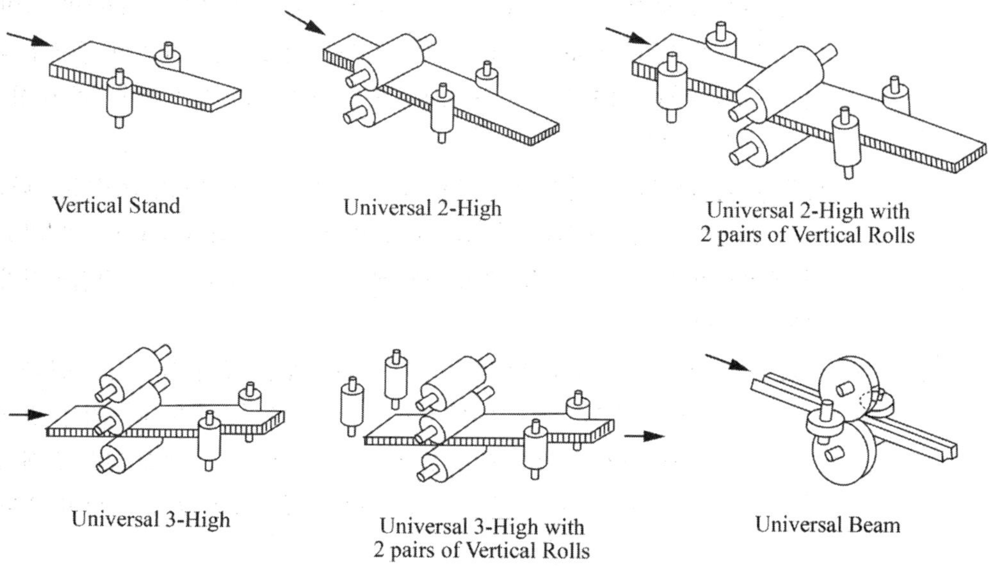

그림 1.14 수직롤의 구성

2.3.1 압연기

(1) 제품 종류에 따른 분류

① **분괴 압연기** : 분괴 압연은 전 공정인 제강공장에서 이송된 강괴(Ingot)를 소재로 하여 균열, 압연 공정을 거쳐 조직을 개선하고 후 공정인 압연공장에서 요구하는 반제품인 슬래브(Slab), 블룸(Bloom), 빌렛(Billet) 등을 제조하는 중간압연 공정이다. 분괴공장은 연주 작업이 곤란한 소량 주문의 강재, 특수용도 고품질 강종의 제품을 생산하기 위한 1차 소재를 생산하는 역할을 하였다. 그러나 최근에는 분괴압연의 낮은 생산성 문제와 함께 연속주조(Continuous Casting) 기술의 발전으로 인하여 연속주조방식이 일반화 되고 있다.

② **후판 압연기** : 종래 2단, 3단 압연기는 1940년대 이후 받침 롤을 가지는 4단 압연기로 변화하였는데 이것은 롤의 Barrel의 길이가 3000 mm를 초과하는 대형 압연기가 증가하여, 폭 방향의 두께 정밀도, 형상 품질의 확보가 어려워졌기 때문이다. 그 후 압연기의 형식은 변하지 않았으나, 제품의 품질 향상을 위해서 자동 판 두께 제어 장치(AGC: Automatic Gauge Control), 롤 벤딩 장치가 일반적으로 설치된다.

③ **열간 대강 압연기** : 판재의 수요 증가에 따라 열간 대강 압연기는 압연기 중

에서 가장 급격한 발전을 이루었는데, 1950년대에 약 600 m/mim의 압연 속도였던 것이 1,370 m/min 이상의 압연 속도를 갖는 압연기로 발전했다. 완성 압연기(Finishing Mill)의 스탠드 수도 종래 6기가 표준이었으나 7기 이상으로 설치가 되고 있다.

④ **냉간 대강 압연기** : 열연 스트립을 소재로 하는 냉간 대강 압연기는 다품종 소량 압연형의 가역식 압연기(reverse mill)에서 연속식 Tandem 압연기로 변화 하였으며 아주 얇은 석도관의 재료에 2～3스탠드의 2차 냉간압연기가 이용되기도 한다.

⑤ **형강 압연기** : 기존 형강 압연에 사용되었던 공형 롤이 유니버설 롤화 됨에 따라서 생산의 능률화, 자동화, 대형화가 이루어졌다. 봉강 압연기는 전 연속식의 배열을 통하여 수십만 톤의 생산 능력을 보유하게 되었으며, 판재 압연기와 같이 자동 수치 제어 기능의 개발 등이 앞으로의 과제로 남아 있다.

(2) Roll 배치 방식에 따른 분류

① **2단 압연기(2 Hi Mill)** : 2개의 Roll을 수평으로 겹쳐 놓은 형태의 압연기이다. 가역식 2단 압연기는 Roll이 재료를 압하할 때마다 Roll 회전 방향을 역전 시켜서 왕복 방향 모두 압연을 할 수 있다.

② **3단 압연기(3 Hi Mill)** : 상하 Roll은 같은 방향, 중간 Roll은 이와 반대 방향으로 회전한다. 승강 Table 또는 경사진 전면 Table(Approach Table)을 사용하여 재료를 아래 패스에서 위쪽 패스로 옮길 수 있기 때문에 왕복 방향 모두 압연할 수 있다. Roll 갭은 중간 Roll을 고정하고 상하 Roll을 위아래로 움직여 조정한다.

③ **4단 압연기(4 Hi Mill)** : 한 쌍의 작업 Roll(Work Roll)을 설치하고 그 바깥쪽 상·하부에 직경이 상대적으로 큰 받침 Roll(Back-Up Roll)을 설치하여 작업 Roll의 휨 변형을 방지하여 균일한 판 두께를 얻을 수 있도록 압연하는 설비이다. 현재 판재 압연 시 가장 널리 채용되고 있다.

④ **5단 압연기(5 Hi Mill)** : 큰 지름의 받침 Roll 2개, 작은 지름의 작업 Roll 1개, 중간 지름의 Roll 2개로 구성된다. 광폭재의 폭 방향 두께를 균일화 하는데 유리하다.

⑤ **6단 압연기(6 Hi Mill)** : 상대적으로 강한 재료를 압연하기 위해 작업 Roll을 작은 지름으로 하고 폭 방향으로의 Roll의 휨을 방지하여 판 두께의 균일화를 유도한다. 주로 냉연 강판 압연에 적용되며 두께 정도도 매우 좋은 편이다.

⑥ **다단 압연기** : 규소 강판이나 스테인리스 스틸의 압연기로 많이 사용된다. 상

·하부에 각각 6개의 롤을 배치한 것으로 경질의 합금 강판도 매우 얇은 두께로 압연할 수 있다. 작업 Roll의 지름을 더욱 작게 하기 위하여 받침 Roll의 개수를 늘린 20단 압연기도 있다.

⑦ **센지미어 밀(Sendzimir Mill)** : Roll의 지름을 극도로 작게 하고 본체를 견고하게 하여 정밀한 제어를 할 수 있는 압연기이다. 다른 압연기와 달리 Roll을 Neck부에서 받치는 형태가 아닌 Mill Housing 내부에 다단 Roll을 수용하는 현태로 설계된다.

⑧ **유성 압연기(Planetary Mill)** : 지름이 큰 상·하부의 받침 Roll 주위에 다수의 작은 Roll을 마치 Bearing과 같이 배치하여 이 작업 Roll을 자전 및 공전 시켜서 압연하는 방식의 압연기이다. 여러 개의 작업 Roll이 계속해서 압연작업을 하기 때문에 압하력이 강하고 열간압연 시 강괴를 1회만 통과시켜서 강판으로 만들 수 있다.

연습 문제

01. 탄소강의 5대 원소는 무엇인가?

풀이 탄소(C), 규소(Si), 망간(Mn), 인(P), 황(S)

02. 순철의 온도를 1,000℃로 가열하면 결정 구조는 무엇이 되는가?

풀이 면심입방격자(FCC: Face-Centered Cubic lattice)

03. 일관제철 공정 중에서 압연이란 무엇인가?

풀이 압연은 일관제철소의 여러 공정 중에서 최종 제품을 생산하는 공정으로 금속 재료를 회전하는 원통형의 Roll 사이로 통과시켜 재료의 두께를 줄이고 길이를 늘이는 공정이다.

04. 열간압연 시 압연 중 고온의 소재 표면이 공기 중의 산소와 반응하여 표면에 생성되는 산화 피막을 무엇이라 하는가?

풀이 스케일(Scale)

05. 압연기의 구성품 중 소재와 직접 닿게 되는 롤을 무엇이라 하는가?

풀이 워크롤

06. 압연기의 구성품 중 압연 시 발생하는 하중을 지지해주는 역할을 하는 롤을 무엇이라 하는가?

풀이 백업롤

Chapter 2

압연 이론

제1절 압연의 원리

1.1 압연의 기초

1.1.1 압연재와 롤의 접촉 관계

앞서 언급한 바와 같이 압연 공정을 다시 정의하면 연주 공정에서 생산된 반제품인 Slab를 소재로 하여 회전하는 롤(Roll) 사이에 소재를 통과시켜 치수를 변경시키는 공정이다. 압연은 소재의 온도에 따라 크게 열간압연과 냉간압연으로 구분할 수 있다. 압연 공정의 핵심 인자는 치수, 평탄도, 온도, 통판성 등이 있으며 이들 인자의 엄격한 관리를 통하여 양질의 철강 제품을 만들 수 있다.

압연재와 롤의 접촉부 과정은 그림 2.1에서 보는 바와 같이 회전하는 한 쌍의 롤 사이에서 롤과 소재 사이의 마찰력에 의해 소재가 끌려 들어가면서 단면적이 감소하는 과정이다. 이 때 압연재와 롤 사이의 접촉 부위는 E-A-A_1-E_1을 연결하는 영역과 그 때의 압연재의 폭(b_0에서 b_1으로 증가하는 중간값)으로 정의된다.

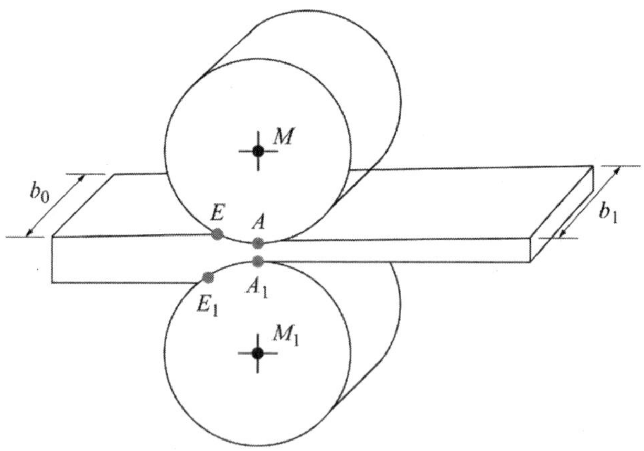

그림 2.1 ● 압연재와 롤의 접촉

1.1.2 압연 용어

압연재가 롤 사이를 통과할 때는 두께의 감소(압하), 길이의 증가(연신), 폭의 증가(폭

퍼짐 또는 증폭량) 등의 변화가 일어나는데, 이와 관련된 용어의 정의는 아래와 같다.

$$감면비 : \frac{F_1}{F_0} = a \tag{2-1}$$

$$감면율(\%) : \frac{F_0 - F_1}{F_0} \times 100 \tag{2-2}$$

$$압하량 : h_0 - h_1 = \Delta h \tag{2-3}$$

$$압하율(\%) : \frac{h_0 - h_1}{h_0} \times 100 \tag{2-4}$$

$$압하비 : \frac{h_0}{h_1} = r \tag{2-5}$$

$$연신비 : \frac{l_1}{l_0} = \lambda \tag{2-6}$$

$$증폭량 : b_1 - b_0 = \Delta b \tag{2-7}$$

$$증폭비 : \frac{b_1}{b_0} = \beta \tag{2-8}$$

여기서 F_0, $F_1(\mathrm{mm}^2)$: 패스 전후의 단면적
h_0, $h_1(\mathrm{mm})$: 패스 전후의 높이
l_0, $l_1(\mathrm{mm})$: 패스 전후의 길이
b_0, $b_1(\mathrm{mm})$: 패스 전후의 폭

압연 중 발생하는 Scale Loss를 무시한다면 압연재의 패스 전의 부피는 패스 후의 부피와 같아야 한다. 따라서 식 (2-9)와 같이 표현할 수 있다.

$$h_0 \times b_0 \times l_0 = h_1 \times b_1 \times l_1 = \text{constant} \tag{2-9}$$

또한 변형비의 곱은 "1"이므로 식 (2-10)과 같다.

$$\frac{h_1}{h_0} \times \frac{b_1}{b_0} \times \frac{l_1}{l_0} = \gamma \times \beta \times \lambda - 1 \tag{2-10}$$

압연 시에 소재의 변형은 주로 압연 방향으로 이루어지는데 압연 방향과 수직인 폭

방향으로의 변형도 적은 양이지만 무시할 수 없기 때문에 여러 연구자들에 의하여 다양한 수식으로 폭 퍼짐량에 대한 예측 연구가 수행된 바 있다. 이러한 수식은 대부분 압하량, 롤 직경, 접촉 투영 길이 등의 함수로 구성된다. 특히 최근 압연 회수율 증대를 위한 극한의 노력을 하고 있는 상황에서 폭 퍼짐량의 정확한 예측은 매우 중요한 부분이라고 할 수 있다.

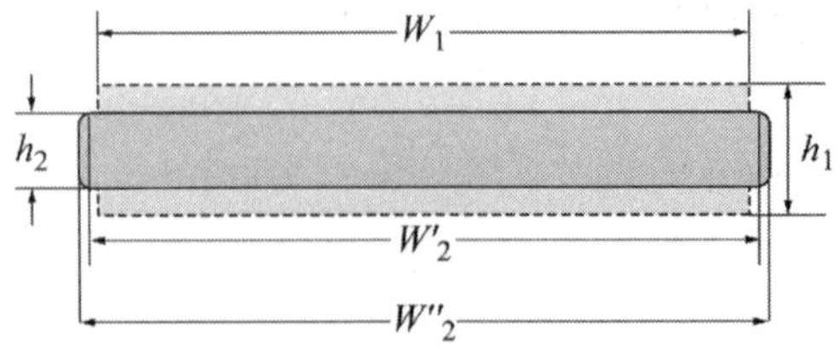

그림 2.2 ● 압연재의 폭 퍼짐

1.1.3 접촉각과 치입 조건

압연재가 롤 사이에 들어가서 그림 2.3의 E-M-M_1 또는 E_1-M_1-M으로 형성되는 각도를 접촉각 또는 치입각(bite angle)이라 한다. 따라서 식 (2-11)과 같은 관계가 성립한다.

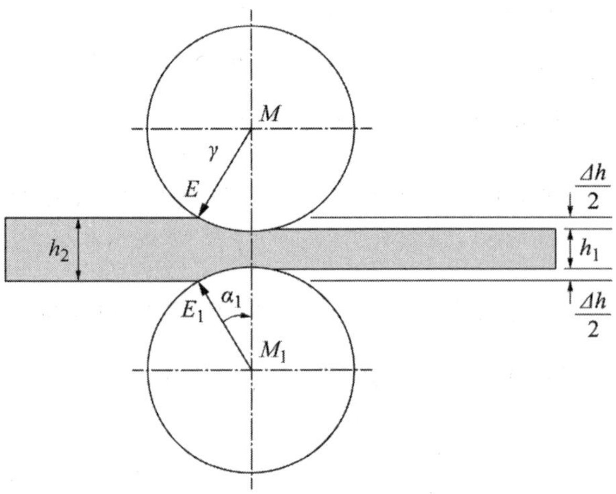

그림 2.3 ● 접촉각

$$\cos\,\alpha_1 = \frac{\gamma - \Delta h\,/\,2}{\gamma} = 1 - \frac{\Delta h}{d} \tag{2-11}$$

여기서 Δh(mm) : 압하량

$d = 2\gamma$(mm) : 롤 지름

이 때 압연재의 치입부 입구에서 출구까지의 직선거리를 접촉 투영길이(l_d)라 하고 이를 통하여 롤과 압연재의 접촉 면적을 구할 수 있다.

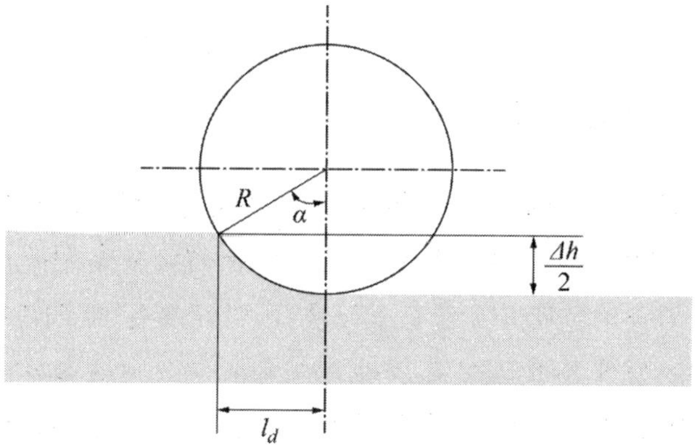

그림 2.4 ● 접촉 투영길이

접촉 투영길이는 식 (2-12)로 구할 수 있으며 이는 롤 단면에 형성된 직각 삼각형의 변의 길이를 구하는 방식으로 간단히 유도할 수 있다.

$$l_d \approx \sqrt{R \cdot \Delta h} \tag{2-12}$$

압연이 진행되기 위해서는 소재가 롤과의 마찰력에 의해 롤 사이로 들어가려는 힘이 반대 방향으로 발생하는 반발력보다 커야 한다. 소재가 롤에 접촉할 때 롤 표면에서 수직한 힘을 P이라 하고 소재와 롤 간의 마찰력을 F라 하면, 소재가 압연 반대 방향으로 되밀려 나오는 힘은 $P\sin\alpha$가 되고 롤이 소재를 마찰력에 의해 끌어당겨 넣으려는 힘은 $F\cos\alpha$가 된다. 여기서 마찰력 F는 마찰계수 μ로 표현하면 $F = \mu P$이다. 소재가 롤 사이로 치입되기 위한 조건은 당겨 넣는 힘 $F\cos\alpha$가 $P\sin\alpha$보다 커야 하므로 식 (2-13)로 정리될 수 있다.

$$\tan\alpha < \mu \tag{2-13}$$

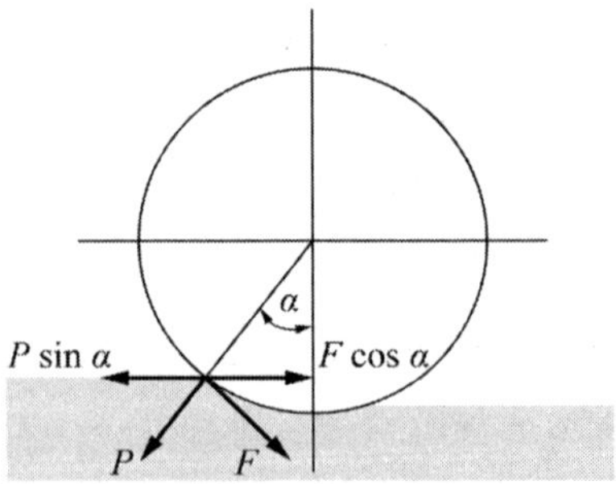

그림 2.5 ● 치입 조건

1.1.4 압연 속도

압연 소재, 즉 Slab는 압연되어 두께가 얇아진다 하더라도 그 부피는 변하지 않기 때문에 압연 전에 비해 압연 후의 속도가 빨라지게 된다. Roll의 회전 속도를 V_R, Slab의 입측 속도를 V_1, 출측 속도를 V_3이라 했을 때 입측에서는 소재의 속도가 Roll 속도보다 늦어 Roll 사이로 끌려 들어가게 되고 출측에서는 소재의 속도가 Roll보다 빨라지게 된다. 그러므로 롤과 접촉한 소재의 어느 지점에서는 Roll의 회전 속도와 소재의 이송 속도가 같아지는 점이 생기는데 이를 중립점(Neutral Point)이라 한다. 이러한 중립점에서는 Roll의 속도와 소재의 속도가 같아진다는 특징 외에 소재가 변형되면서 발생하는 반발력인 압연하중이 최대로 발생하는 특징이 있다.

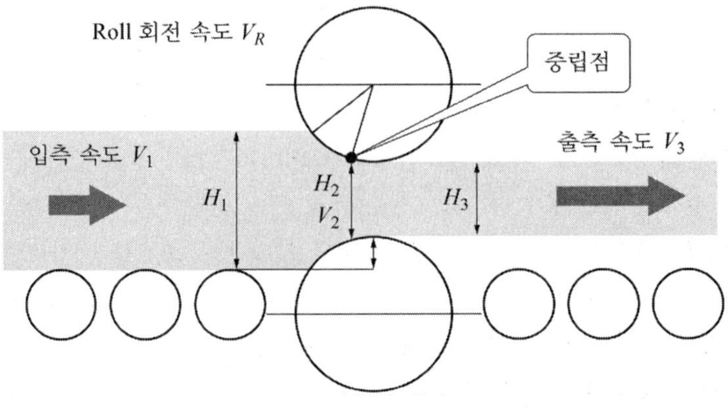

그림 2.6 ● 중립점

소재가 중립점을 지나게 되면 소재의 속도가 Roll의 회전 속도보다 빠르게 되어 Roll로부터 밀려나오는 현상이 발생하는데 이를 선진현상(Slip Forward)이라 하고, Roll과 소재가 접촉하는 입측에서 소재 속도보다 Roll의 회전 속도가 빠른 것을 후진현상(Slip Backward)이라 한다. 출측 소재의 속도를 예측하여 선진율을 계산하면 출측 롤러 테이블의 속도를 압연 Roll 속도보다 선진율만큼 상향시켜 출측 소재의 하면에 발생할 수 있는 마찰 흠 등을 방지할 수 있다.

$$\text{선진율}(\%) = \frac{V_3 - V_R}{V_R} \times 100 \tag{2-14}$$

$$\text{후진율}(\%) = \frac{V_R - V_1}{V_R} \times 100 \tag{2-15}$$

원통형 물체인 Roll은 회전 운동을 하는 특성상 그 속도를 두 가지 방식으로 표현할 수 있다. 첫 번째는 분당 회전 수, 즉 RPM이며 두 번째는 Roll 표면의 접선 방향으로의 선속도(주속)이다. RPM이 N이고 Roll의 지름이 D인 경우 주속(m/s)은 아래 식으로 표현할 수 있다.

$$\text{주속(m/s)} = \frac{\pi DN}{60} \tag{2-16}$$

제2절 압연 계산

2.1 압연하중의 계산

압연 과정에서 소재의 소성 변형을 일으키기 위해서 필요한 힘 P는 소재의 변형 저항과 소재와 롤의 접촉 면적의 곱 이상의 값이 되어야 한다.

$$P = K_f \cdot A \tag{2-17}$$

여기서 압연하중 P(kg)에 대하여 K_f(kg/mm^2)는 변형 저항, A(mm^2)는 접촉 면적을 각각 나타내며 다시 접촉 면적은 접촉 투영길이 l_d와 판 폭 w의 곱으로 나타낼 수 있다. 실제로 정확한 압연하중을 계산하기 위해서는 위 식을 기본으로 경험적으로 얻어진 보정계수가 사용된다. 또한 열간압연에서의 소재의 변형 저항은 온도, 화학 성분 등에 따라 달라진다.

(1) 온도의 영향

변형 저항은 일반적으로 온도 상승에 따라 감소한다.

(2) 변형률 속도의 영향

마찰의 크기는 변형률 속도에 따라 달라진다. 즉, 접촉부 안에서 압연 속도가 다르게 되므로 각 부분의 마찰의 크기가 달라지고, 동시에 압연 속도가 변하면 전체의 마찰의 크기도 변한다.

(3) 화학 성분의 영향

일반적으로 탄소강의 경우에는 탄소의 증대에 따라 소재의 변형 저항은 증가하는데 망간(Mn)과 같이 압연재의 강도 상승을 목적으로 하는 화학 성분이 많이 첨가될수록 변형 저항은 증가한다.

2.2 압연 토크의 계산

롤은 모터(전동기)에 의해 작동되므로 압연하중을 롤 회전력, 즉 토크(torque)로 변환할 수 있다.

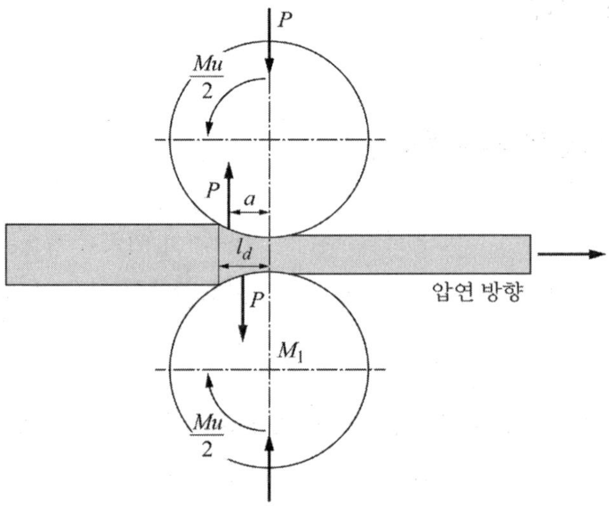

그림 2.7 ● 압연하중과 모멘트 암 길이

그림 2.7과 같이 압연하중은 접촉호에 걸친 마찰면의 압력 분포에 따라 달라진다. 이 때 압연하중이 롤 중심으로부터 거리 a만큼 떨어진 접촉호의 한 점에 집중되어 있는 것으로 취급할 수 는데 이 거리 a를 토크 암(arm) 길이라 한다. 토크는 압연하중과 암의 길이의 곱으로 나타낸다. 활용되고 있는 암의 길이 값은 압연 유형에 따라 표 2.1에 나타낸 바와 같다.

표 2.1 압연 유형에 따른 토크 암(arm) 길이

구분	토크 암(arm) 길이	비고
판재 열간압연	$a=0.5\sim0.6l_d$	
판재 냉간압연	$a=0.4\sim0.5l_d$	
공형 열간압연	$a=0.5\sim0.7l_d$	

2.3 압연 생산성의 계산

열간압연은 고온에서 변형 저항이 작은 재료일수록 압연하중의 저하로 압연하기가 쉽고, 압연 후의 두께와 압연 전의 두께의 비가 작을수록, 즉 압하율이 작을수록 압연하기가 쉽다. 압연의 생산성은 재료의 중량과 압연 피치에 의해 결정되며 단위시간당 재료의 처리량으로 계산되고 일반적으로 단위는 ton/hr를 사용한다. 여기서 압연 피치(pitch)는 압연기가 압연재 1매를 처리하는데 필요한 시간이며 이는 순 압연시간과 아이들 시간(Idle Time)의 합으로 나타낼 수 있다.

압연 생산성은 압연 공장의 중요한 관리 지표 중 하나로 제조원가 산출 시 변동비에 반영된다. 따라서 압연 공장의 효율적인 운영을 위해서는 설비 용량을 초과하지 않는 범위에서 가능한 재료의 중량을 크게, 압연 속도를 빠르게 작업하며 압연재 간의 Idle Time을 최소화 하여 압연 피치를 짧게 하는 것을 항상 염두에 두어야 한다. 따라서 생산성 향상을 위해서는 공정 관리부서와 생산부서 간의 적절한 역할 분담 및 긴밀한 협업이 필수적이다.

(1) 열간압연 속도

열간압연 속도는 압연재의 압연 온도에서 변형 저항, 압연의 정도, 압연기의 형식, 전동기의 회전 속도, 롤의 감속비 등으로부터 압연재가 파손되지 않는 안전 속도 범위 내에서 결정되는데 일반적으로 재료의 두께가 얇아질수록 압연 속도를 증가시킨다.

극 연강을 열간 스트립 압연기(strip mill)로서 연속 압연하는 경우의 압연 속도의 예를 들면, 조압연에서 2～3 m/sec, 마무리 압연에서 약 2～15 m/sec 정도이다.

(2) 냉간압연 속도

냉간압연 속도는 재료의 종류, 롤 형식 및 종류에 따라 결정된다. 열간압연한 스트립 등은 산세, 수세 후에 냉간압연에서 치수를 조절하는 일이 많다. 극 연강의 연속 냉간압연 속도는 1～7 m/sec 정도이다. 이때 각 스탠드 간에서 스트립에 걸리는 장력은 10 kg/mm^2 정도이고, 스킨 패스에서는 전방으로 10～15 kg/mm^2, 후방으로 4～5 kg/mm^2의 장력을 건다.

연습 문제

01. 다음과 같은 압연 조건에서 압하량과 압하율을 각각 구하시오.
압연기 입측 두께 : 200 mm
압연기 출측 두께 : 180 mm

풀이 압하량 = 입측 두께 − 출측 두께 = 200 − 180 = 20 mm

$$압하율 = \frac{입측\ 두께 - 출측\ 두께}{입측\ 두께} \times 100 = \frac{200-180}{200} \times 100 = 10\ \%$$

02. 10 %의 압하율로 압연을 한 후의 소재 두께가 27 mm라면 압연 전 소재의 두께는 몇 mm인가?

풀이

$$압하율(\%) = \frac{입측\ 두께 - 출측\ 두께}{입측\ 두께} \times 100$$

$$10(\%) = \frac{x-27}{x} \times 100$$

$x = 30$ mm

03. 입측 두께가 80 mm이고 출측 두께가 64 mm인 경우 압하율은 몇 %인가?

풀이

$$압하율(\%) = \frac{입측\ 두께 - 출측\ 두께}{입측\ 두께} \times 100 = \frac{80-64}{80} \times 100 = 20\ \%$$

04. 압연재가 롤을 통과하기 전 폭이 3,000 mm, 두께가 20 mm이고 통과 후 폭이 3,020 mm, 두께가 10 mm라면 감면율은 몇 %인가?

풀이

$$감면율(\%) = \frac{압연\ 전\ 단면적 - 압연\ 후\ 단면적}{압연\ 전\ 단면적} \times 100$$

$$= \frac{3{,}000 \times 20 - 3{,}020 \times 10}{3{,}000 \times 20} \times 100 = 49.7\ \%$$

05. 롤의 반지름이 400 mm, 압연 전 두께가 30 mm, 압연 후 두께가 25 mm일 때 소재가 롤에 접촉하는 면적은 몇 mm^2인가? 여기서, 판의 폭은 1,000 mm이다.

풀이 접촉 투영 길이 $L_d = \sqrt{R \times \Delta h} = \sqrt{400 \times 5} = 44.7\ \text{mm}$

접촉 면적 $= 44.7 \times 1{,}000 = 44{,}700\ \text{mm}^2$

06. 롤의 원주속도가 20 m/s이고 출측 재료의 속도가 25 m/s일 때 선진율은 얼마인가?

풀이 $$f = \frac{V_3 - V_R}{V_R} \times 100 = \frac{25 - 20}{20} \times 100 = 25\ \%$$

07. 압연기 워크롤의 직경이 1,200 mm이고 롤의 회전 속도가 200 RPM이라면 롤의 주속도는 약 몇 m/s인가?

풀이 $$\frac{\pi DN}{60} = \frac{\pi \times 1.2 \times 200}{60} = 12.56\ \text{m/s}$$

08. 롤의 직경이 340 mm이고 회전 속도가 150 RPM일 때 압연 후 소재의 속도가 3.67 m/s라면 선진율은 얼마인가?

풀이 $$\frac{\pi DN}{60} = \frac{\pi \times 0.34 \times 150}{60} = 2.67\ \text{m/s}$$

$$f = \frac{V_3 - V_R}{V_R} \times 100 = \frac{3.67 - 2.67}{2.67} \times 100 = 37.5(\%)$$

09. 두께가 250 mm이고 폭이 2,000 mm인 소재를 4 %의 압하율로 압연하였을 때 폭 퍼짐이 1 % 발생했다면 압연 후 소재의 두께와 폭은 각각 얼마인가?

풀이 압하량$=250\times0.04=10$ mm, 압연 후 두께$=250-10=240$ mm
폭 퍼짐량$=2{,}000\times0.01=20$ mm, 압연 후 폭$=2{,}000+20=2{,}020$ mm

10. 치입각과 압하량의 관계를 바르게 나타낸 것은?

① $\cos\alpha=\dfrac{r-\dfrac{2}{\Delta h}}{r}$ ② $\cos\alpha=\dfrac{r-\dfrac{\Delta h}{2}}{r}$

③ $\sin\alpha=\dfrac{r-\dfrac{\Delta h}{2}}{r}$ ④ $\sin\alpha=\dfrac{r-\dfrac{2}{\Delta h}}{r}$

풀이 ②

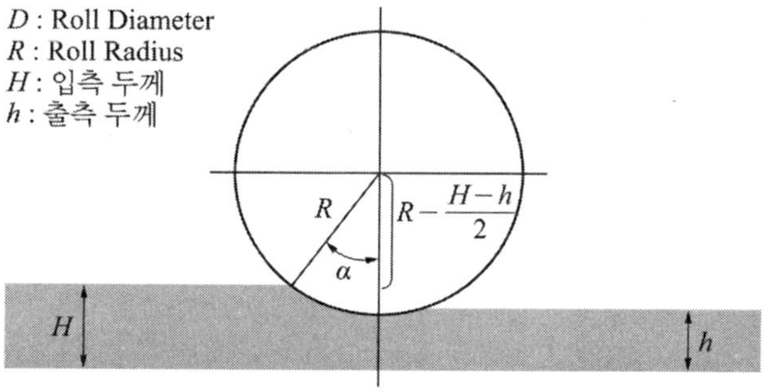

11. 롤의 속도가 100 mpm, 소재의 입측 속도가 80 mpm, 소재의 출측 속도가 110 mpm일 때 이 압연기의 선진율은 얼마인가?

풀이 $f=\dfrac{V_3-V_R}{V_R}\times100=\dfrac{110-100}{100}\times100=10\,\%$

12. 압연 중립점의 특징 두 가지는 무엇인가?

풀이 1) 압연재와 롤의 속도가 같다.
2) 압연하중이 최대로 발생하는 지점이다.

13. 압연재가 롤에 치입되기 위한 조건은 무엇인가? (단, 치입각은 α, 마찰계수는 μ이다.)

풀이 $\tan\alpha \leq \mu$

Chapter 3

열연 강판 제조

제1절 열연 강판의 개요

1.1 개요

열연은 통상 재결정 온도 이상의 고온에서 압연하는 것을 말하며, 연속주조 또는 분괴압연에 의해서 제조되는 반제품인 슬래브(Slab)를 열간압연을 통하여 두께 1.2~25.4 mm, 폭 600~2,000 mm의 열연코일(Hot Coil, 대강) 제품으로 제조한다. 단, 제조 가능 두께와 폭은 공장별로 상이할 수 있다.

열연 공정의 대량생산을 위해서 각종 자동화 설비와 대형 컴퓨터를 이용한 공정제어기술이 개발, 보급되어 왔다. 근래에 세워진 최신예 열연공장(HSM, Hot Strip Mill)의 경우 생산능력은 연간 600만 톤에 달하며, 사상압연기(FM, Finishing Mill)의 속도는 박물재 작업 시 25 m/s까지도 가능하다. 열연공장의 대형화 추세는 고로의 대형화, 산소취입에 의한 제강능력 향상과 더불어 일관제철소의 생산성 향상과 제조원가 절감에 큰 기여를 하였다.

1.2 열연 제조 공정

1.2.1 제조 Flow

열간압연 제품이 만들어지기까지의 과정과 주요 용어를 아래와 같이 정리하였다.

주요 공정 용어

가열로 소재 장입 : Charging
가열로 소재 추출 : Discharging
가열로 추출 온도 : SRT(Slab Reheating Temperature)
조압연 입측 온도 : RET(Roughing mill Entry Temperature)
조압연 출측 온도 : RDT(Roughing mill Delivery Temperature)
조압연 출측 두께 : RDH(Roughing mill Delivery tHickness)
사상압연 입측 온도 : FET(Finishing mill Entry Temperature)
사상압연 출측 온도 : FDT(Finishing mill Delivery Temperature)
권취 온도 : CT(Coiling Temperature)

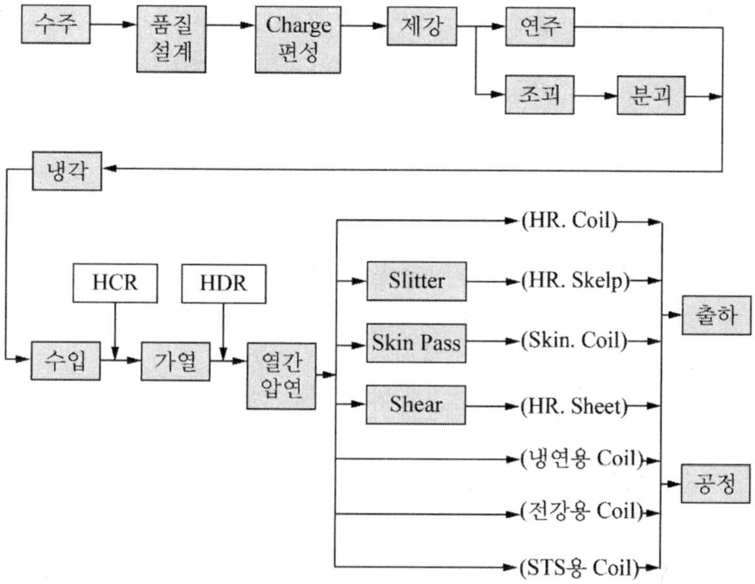

그림 3.1 ● 제조 Flow

1.2.2 열간압연 공정

Slab를 소재로 압연을 하려면 철의 소성변형 성질을 이용하는 여러 공정이 필요하게 된다. 회전하는 2개의 Roll 사이로 Slab를 통과시키면 재료의 단면적 감소로 길이가 증가하게 된다. 이와 같이 회전하는 2개의 Roll을 설치하여 재료를 점차적으로 감소시키면서 연속적으로 늘여 얇게 성형하는 작업이 압연 공정이다.

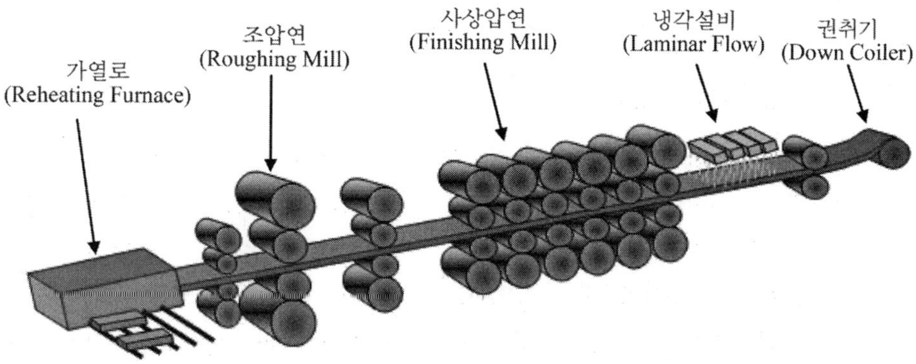

그림 3.2 ● 열간압연 공정도

1.3 열연 소재

열연코일용 소재로서는 일반적으로 탄소 함유량이 0.3% 이하의 저탄소강이 대부분이나 특수한 소재는 고탄소강, 스테인리스강, 규소강 등이 있다. 또한 열연 박판용 강괴의 종류는 림드(Rimmed)강, 캡트(Capped)강, 세미킬드(Semi-Killed)강, 킬드(Killed)강, Mn, Cu, Cr, Ni, Nb, V, Mo 등의 특수 원소를 첨가하는 실리콘 킬드강, 탄소량 0.1% 이하인 킬드강 등이 있다.

1.3.1 소재의 종류

(1) 림드(Rimmed)강

림드강은 평로 또는 전로 등에서 용해시킨 강에 페로망간을 첨가하여 가볍게 탈산 시킨 다음 주형에 주입한 것으로, 주형에 접하는 부분의 용강이 빠르게 응고되며 순도가 높은 층이 된다. 하지만 탈산조작이 충분하지 않기 때문에 응고가 진행되면서 용강 중에 남은 탄소와 산소가 반응해 일산화탄소를 많이 발생시키므로 응고 후에도 방출하지 못한 가스가 기포상태로 남는다.

그래서 응고된 림드강은 순도가 높은 표면층(림드층)과 기포(Blow)가 많이 있는 내부 및 편석이 큰 중심부로 형성된다. 편석이나 기포는 강괴를 압연 또는 단조하는 과정에서 압착되므로 결함이 되지 않지만, 황, 인, 탄소 등의 편석이 많고, 또 질소의 함유량이 많기 때문에 좋은 품질의 강이라고는 할 수 없다. 그러나 많은 기포의 발생으로 수축이 작아 강괴를 버리는 부분이 적은 것이 특징이다.

특히 탄소량 0.1% 이하에서 가장 유리한 탈산 방법으로 열연 연강의 SPHC, SPHD에 상응하는 규격과 냉연 일반재의 소재로서 사용된다. 또, 탄소 0.1～0.2% 범위의 SS34, SS41 상당의 소재로서도 사용된다.

(2) 캡트(Capped)강

캡트강은 페로망간으로 가볍게 탈산한 용강을 주형에 주입한 다음, 다시 탈산제를 투입하거나 주형에 뚜껑을 덮고 비등 교반운동(Rimming Action)을 조기에 강제적으로 끝마치게 하는 것이고, 이 방법은 조용히 응고시킴으로서 내부 편석과 수축공이 작은 상태로 만든 강이다.

캡트 탈산제를 사용한 화학적 캡트강(Chemical Capped Steel)과 주형 뚜껑을 사용하여 만든 기계적 캡트강(Mechanical Capped Steel)으로 구분하고 있다.

(3) 세미킬드(Semi-Killed)강

탈산의 정도를 킬드강과 림드강의 중간 정도로 한 것으로, 상부에 작은 수축공과 약간의 기포만 존재한다. 경제성과 기계적 성질이 양자의 중간 정도이며, 일반 구조용 강, 두꺼운 판 등의 소재로 쓰인다.

일반적으로 SS41 상당의 구조용 강에 사용되며, 탄소량은 0.1% 이상의 범위이다. 그리고 특수 원소를 사용하여 SS50 상당의 강도를 요구하는 제품에 사용하는 경우도 있다.

(4) 킬드(Killed)강

킬드강은 래들(Ladle) 안에서 강력한 탈산제인 페로실리콘(Fe-Si), 알루미늄 등을 첨가하여 충분히 탈산시킨 다음 주형에 주입하여 응고시킨다. 킬드강은 기포나 편석은 없으나 표면에 헤어 크랙(Hair Crack)이 생기기 쉬우며, 상부에 수축공(Pipe)이 생기므로, 이러한 부분은 응고 후에 10～20% 잘라내야 한다.

냉연 비시효 강판으로 사용되는 Al-Killed강과 구조용, 선박용의 고급 Grade에 사용되는 Si-Killed강이 있다.

1.3.2 소재의 형식

열연용 소재로는 Slab가 사용된다. Slab에는 분괴 Slab와 연주 Slab가 있는데, 이중 연주 Slab는 Lot의 단위, 재질 등의 제약이 있지만 대단중화, 고실수율, 성에너지, 균일품질, 공정단축 등의 이점이 있다.

1.3.3 소재의 Size

Slab Size는 일반적으로 두께 100～300 mm, 폭 500～2,300 mm, 길이 3,000～13,000 mm 정도이며 Slab 단중은 Mill능력의 증대에 따라서 점차 대형화되고 있으며 최근 열간압연 공장의 최대 단중은 30 ton 전후로 설계되어 있다.

열간압연 라인에서는 소재의 폭 1 inch당 중량을 Pound 단위로 표시하여 나타낸 것을 PIW로 일컬어지는 평가지수로 사용하며, 이 값은 설비사양 중 Mill간 거리와 Coil 외경 등을 결정하는 지표로서 이용한다. 이때, Slab폭은 Coil폭에 대응하여 결정되고, Slab폭과 Coil폭의 관계는 Edger능력과 폭 정도에 대응한다.

1.3.4 소재의 품질

소재의 품질 항목에는 표면성상, 내부성질, 치수정도, 형상이 있다. 표면성상, 내부성질에 관해서는 최종 제품에서의 영향이 크기 때문에 검사를 통하여 유해한 결점을 제거한다.

1.3.5 소재 처리

(1) 수입

Slab의 수입은 대부분 Scarfing으로 처리하는데 여기서 Scarfing이란 고압의 산소와 LNG 토치 화염을 이용하여 Slab 표면 또는 표면 직하의 결함을 제거하는 작업을 말한다. 경우에 따라 Stainless, 고합금강 등은 Grinder로 수입을 할 수도 있다. Scarfing에는 Hot Scarf, Cold Scarf 및 Hand Scarf의 세 가지 방법이 있다. Hot Scarfer는 분괴 Mill Line 또는 연주정정 Line에 설치되지만, Cold scarfer 및 Hand Scarfer는 분괴정정 Line, 연주정정 Line 또는 열연 Slab Yard 등에 설치되어 소재 수입을 행한다. 이렇게 Scarfing 작업을 마친 Slab는 중량 손실이 발생하기 때문에 압연 시 손실 사이즈(중량)을 보상해주어야 한다. 그 보상 기준은 Scarfing 방법 및 횟수에 따라 상이하며 공장별 내부 기준으로 운용하고 있다.

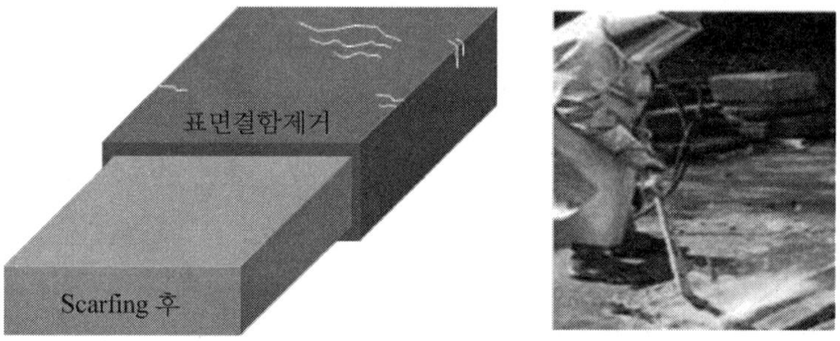

그림 3.3 ● Slab Scarfing 작업

(2) 검사

Slab의 표면 성상 검사는 Scarfing 전후에 작업자에 의해 눈으로 행해지고 있지만, 검사 정도의 향상 및 HCR, HDR에 대응하기 위하여 열간표면흠 검출장치의 개발도 진행되고 있다.

Slab의 열간표면흠 검출장치에는 Probe Coil(탐상 Coil)을 적용한 와류탐상장치와 자발광 또는 조명광에 의한 광학식 탐상기가 있다.

Stainless강, 고합금강에서 미소한 표면결함까지 검출할 필요가 있는 경우는 냉편 Slab로 탐상시험(P.T)이 행해지고 있다.

1.4 열연제품 및 용도

열연제품은 형태에 따라 압연된 Strip을 Coiling한 두께 1.2～22.0 mm, 폭 400～2,540 mm의 열연코일, 폭 200 mm 정도 이하의 HR Skelp, HR Coil 후 절단하여 사용하는 HR Sheet, P/O Sheet, Checkered Sheet 등으로 분류하며 그 용도는 다음과 같다.

(1) 강관용

열연제품으로 제조되는 Pipe용 강재는 석유를 장거리 수송하는 Line Pipe, 심층의 석유를 지상으로 끌어올리는 데 사용하는 시추용 강관 및 고온용 배관, 저온용 배관, 기타 구조용 Pipe 등의 소재로 사용된다. 최근에는 한냉지역 및 심층 등의 사용 환경이 가혹한 조건에서 사용되는 비중이 점차 커짐에 따라 고강도, 고인성 및 고내식성 등의 엄격한 소재 품질이 요구되고 있다.

(2) 자동차 구조용

주요 자동차 섀시, Wheel Disk 등 강도부재로 사용되는 것으로써 복잡한 형상의 Press 가공을 한 후에 사용되는 경우가 많으므로 우수한 가공성을 갖춰야 하는 강종이다.

(3) 컨테이너용

컨테이너는 주로 해양에서 사용되므로 우수한 내후성이 필요하다. 따라서 내후성이 우수한 원소를 적정하게 첨가할 수 있는 성분설계 기술이 필요하다.

(4) 압력용기용

LPG, 아세틸렌, 각종 프로판가스 등의 고압가스 용기를 만드는 데 사용되는 강판으로서 수요가 가공 시 Drawing 가공을 한 후 용접으로 접합하므로 Drawing 가공성과 용접성이 요구되는 강종이다.

(5) 고탄소공구강

강 중 탄소함량이 일반 강에 비해 훨씬 높은 0.6～1.4% 정도를 함유한 강으로서 회전톱날, 방직기, 연마줄 등의 용도로 사용되고 있다.

제2절 열연 가열 공정

2.1 개요

가열 공정의 주목적은 연주에서 생산된 슬래브를 열간압연이 가능한 온도로 가열하는 것으로 가열온도는 1,100～1,300℃이며, 가열로에 사용되는 연료는 제선과 제강 공정에서 발생되는 부생 가스를 사용하고 있다. 가열로는 일반적으로 1기당 200～300 ton/hr 정도의 능력을 갖는 가열로 수를 결정하는데 있어 가열 공정이 늦어져 압연이 정지하는 상황을 방지하기 위하여 가열 능력이 압연 생산성보다는 항상 크게 되도록 고려된다.

최근에는 연료의 소모를 감소시키기 위해 가열 공정을 생략하고 연주가 완료된 후 바로 압연하는 HDR(Hot Direct Rolling), 고온상태의 슬래브를 가열로에 장입하는 HCR(Hot Charge Rolling)작업이 일반화되어 있다. HCR 상태로 장입되지 못한 경우를 CCR(Cold Charge Rolling)이라고 한다.

가열로는 일반적으로 예열대, 가열대, 균열대의 3개의 Zone으로 구성되며 노내 설정 온도는 추출 목표온도 달성을 위하여 본격적인 Slab의 가열을 담당하는 가열대가 가장 높다. 균열대에 이르러서는 Slab 내의 온도편차를 최소화하기 위하여 균일도 향상에 목표를 두어 가열하기 때문에 Slab의 중심부와 표면의 온도차가 가장 작은 상태가 된다. 승온 커브의 설정은 가열로 추출 목표온도 달성 및 균열도 확보를 위하여 매우 중요하며 수동 설정 방법과 자동 연소 제어 기능(ACC, Automatic Combustion Control)을 사용하는 방법 두 가지가 있다.

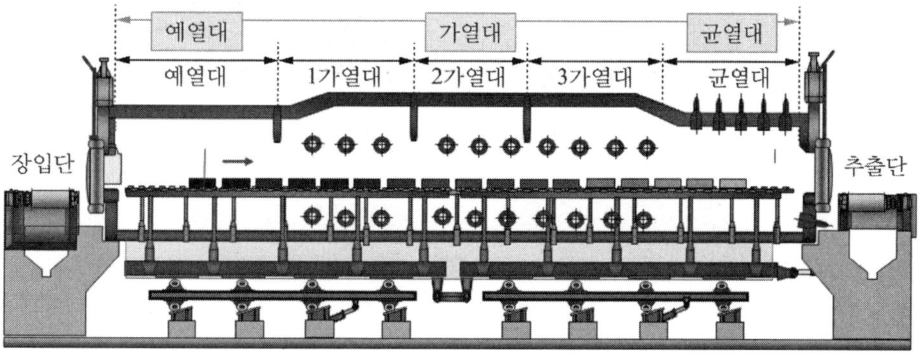

그림 3.4 ● 가열로의 구성

2.1.1 Pusher식 가열로

Slab를 Pusher에 의해 장입 측에서 밀어 넣어 장입하면 동시에 노내에 전 Slab를 1매의 폭만큼 추출 측으로 밀어내어 추출단에 있는 Slab를 추출하도록 하는 가열로이다. Slab 추출에는 경사를 이용한 슈트(Chute)에 Slab를 떨어뜨려 Bumper로 받는 방식과 Extractor(추출장치)를 이용하여 최초 추출단 Slab를 들어올려 Roller Table까지 운반하는 방식이 있다. 일반적으로 Walking Beam식 가열로에 비해 Skid Mark가 심하게 발생한다.

2.1.2 Walking Beam식 가열로

Slab의 Skid Mark 최소화와 연속 압연작업이 용이한 구조인 Walking Beam식 가열로의 각 Beam의 내부에는 노내 분위기 온도에 의한 Beam의 보호를 위하여 냉각수가 흐르는 구조로 되어 있다.

Slab를 지지하는 Skid가 고정 Skid와 이동 Skid로 되어 있으며 이동 Skid가 유압, 전동 또는 그 조합에 의해 상승 → 전진 → 하강 → 후퇴 운동을 반복하여 전진시킨 Slab를 고정 Skid에 적재하는 방법으로 Slab를 노내에서 이송시키는 연속로이다.

Slab 추출 시에는 통상 Extractor(추출장치)를 사용하여 가열로 도어를 개방한 후 추출단 측의 Slab만 들어올려 Roller Table 위까지 운반하는 방식을 채용하고 있다. 추출된 Slab는 롤러테이블에 의해 이송되어 HSB에서 1차 Scale을 제거한 후 폭압연기 등을 거쳐 압연 작업을 하게 된다.

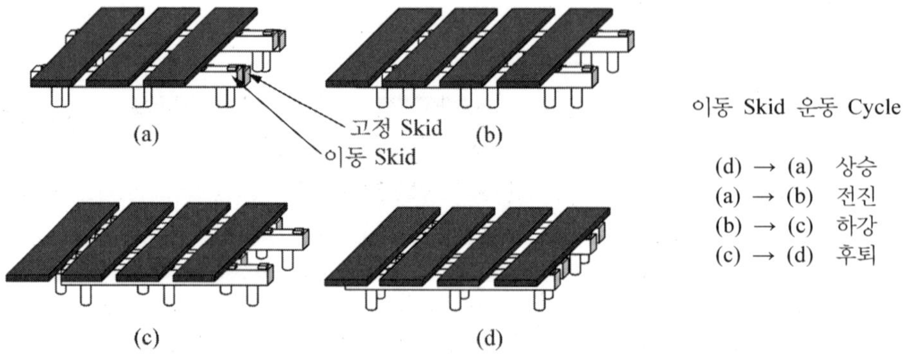

그림 3.5 Walking Beam 가열로에서 Slab의 이송

2.1.3 가열로 형식 비교

표 3.1 가열로 형식 비교

	항 목	Pusher식	Walking Beam식
설비	1. 필요 노길이 2. 노길이의 제한 3. 기초의 깊이 4. 건설비	약간 길다. 있다. 낮다. 표준	짧다. 없다. 약간 깊다. 약간 높다.
기능	1. 가열 시간 2. 가열 용량의 가변성 3. 온도차(Skid Mark) 4. 연소량 5. 강재의 흠 6. 강재의 밀착	약간 길다. 없다. Hot Skid로에서는 적지만 일반적으로는 크다. 약간 많다. Skid, 균열대 바닥 연와에 의한 흠이 발생한다. 있다.	짧다. 있다. 적다. 약간 적다. 없다. 없다.
조업	1. 강재의 반송 2. 노폭 방향 온도분포 3. 열손실 4. 냉각수량 5. 전력량 6. 공로 용이성 7. 강재의 전처리의 영향	상향 휨, 하향 휨 발생 조정용이 적다. 약간 많다. 적다. 곤란 있다.	하향 휨 발생 축류 Burner 조정용이 다소 많다. 많다. 많다. 용이. 없다.
관리	1, 내화물의 손상 2. 일상 보수관리	균열로 바닥 연와마모 및 Skid Lining의 수명이 짧다. 비교적 간단.	Skid Lining 수명이 비교적 길다. 약간 복잡.

2.2 가열로 설비

2.2.1 Skid

노내에서 Slab를 지지하고 있는 것을 Skid라고 한다. Skid는 Support라 하는 지지재로 지지되고 있고 내부에서 수냉되고 있다.

Pusher식 노의 경우, Slab 하면과 Skid가 항상 닿아 있기 때문에 수냉 Type의 상부에 내마모성 강봉이 전장에 걸쳐 용접하여 설치되어 있고, Walking Beam식 노의 경우, Slab 하면과 Skid가 연속적으로 닿아 있지 않기 때문에 Slab에서 열전도를 막도록 Skid Pipe 상부에 부분적으로 Button 형상의 단열강을 용접하여 Slab를 지지하고 있다. 또, Skid Pipe는 직접 노내 고온 분위기에 손상받지 않도록 내화물로 둘러싸여 있다.

Skid 내화물의 구성은 냉각손실열을 저감하기 위해 Ceramic Fiber와 Castable의 2중 구조로 되어 있다. 근년에는 단열효과를 보다 강화한 Ceramic Fiber의 1중 단열구조를 채용하고 있는 예도 있다.

통상 Slab를 가열한 경우 이 Skid에 닿는 부분은 온도가 저하되어 Skid Mark가 발생한다. 그러므로 이 Skid mark를 최소화하기 위해서 고온강도가 우수한 Ceramic Button을 사용하고 Button의 높이도 높게 한다.

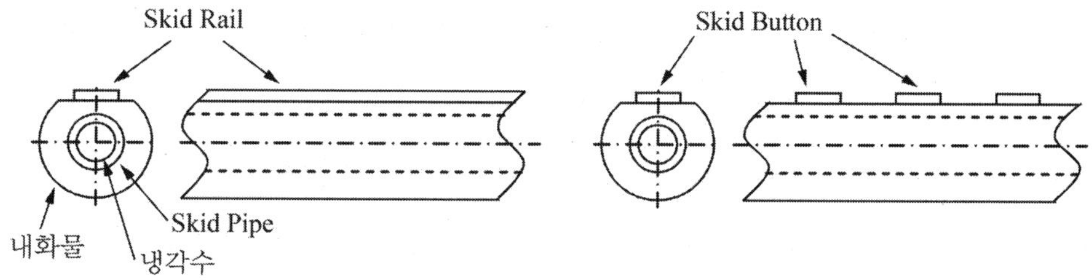

(a) Pusher 식 (b) Walking Beam 식

그림 3.6 ● Skid의 구조

2.2.2 Burner

가열로는 COG, LDG, Mix Gas(COG와 BFG의 혼합) 등 제철소의 부생가스 혹은 천연가스(LNG), 액화 석유가스(LPG), 중유, 등유 등을 원료로 사용하고 있다. 이들 연료를 가열로 내에서 효율 좋게 연소시키는 것이 Burner이다. Burner 구조는 사용 연료

에 따라 다르며 전용으로 사용되고 있다.

중유, 등유 등의 액체 연료를 사용하는 Burner는 증기를 이용해 액체 연료를 무화시키며 연소하는 Burner로서 연료와 증기가 혼합된 상태에서 Burner 연소구로 분출될 때, 그 분출 속도와 증기의 팽창에 의해 연료가 미세한 안개와 같이 되는 것과 동시에 Burner Can 주위로부터 들어오는 연료용 공기가 혼합 연소되는 것이다.

기체 연료의 경우는 액체 연료와 같이 증기에 의한 무화를 필요로 하지 않고 연료와 연소용 공기를 혼합해 연소한다.

조업상 연소 Flame의 형상은 매우 중요한 요소로서 Flame 길이를 임의로 조정 가능한 가변 Flame 길이 Burner를 채용하고 있는 경우도 있다.

현재 환경대책으로서 배가스 중 NO_x(질소산화물)치를 낮추기 위해 저 NO_x형인 축열식 Burner(RCB : Regenerative Ceramic Burner)가 채용되고 있는 추세이다.

2.2.3 MPC(Mill Pacing Control)

(1) 개요

MPC란 가열로 조업과 Mill Line 조업 상황을 고려하여 Mill Line에서의 Slab간의 충돌 방지 및 생산성 향상을 목적으로 가열로에서의 Slab 추출 시점을 최적화하여 결정하는 제어 기능이다. 따라서 MPC 기능은 설비별 작업 시간의 정확한 예측과 압연재 간의 안전 시간 설정을 최적화 하는 것이 중요하다.

MPC 제어의 개념은 그림 3.7과 같다. 그래프의 가로축은 각 설비별 위치를 나타내며 세로축은 시간을 나타낸다.

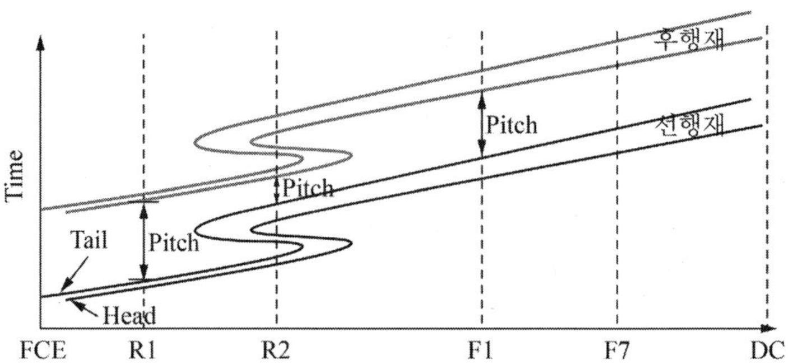

그림 3.7 ● MPC 제어 Flow

(2) MPC 구성기능

① 입력처리

Data File 등으로부터 입력한 Data를 사용하기 쉬운 형으로 변환처리하고 입력 Data File을 작성하며 초기설정도 행한다.

② 반송 Scheduler

압연명령, Set up Data, Plant Data 등을 사용해서 가열로 추출에서 권취 완료까지의 강판의 움직임(반송 Schedule)을 계산 강판의 가속률 또는 판두께가 변화하는 Point에서의 강판 선·미단의 위치, 속도, 가속률 및 추출을 기준으로 한 소요시간(시각)을 계산한다.

③ Mill Line 제약 Pitch 계산

가열로 내의 차추출재에 대하여 행하며, 반송 Schedule에 의해 계산된 앞장의 반송 Schedule과 당해재의 반송 Schedule을 사용하여 Mill Line상의 제약조건을 만족하는 앞장과 당해재간의 추출 Pitch를 계산한다.

④ 차추출 시각 계산

Mill Line 제약, 가열로 제약 및 RMS 제약에 의한 추출 Pitch로부터 차추출 시각을 결정하고 그 시각에 설정 Program을 기동한다.

⑤ 실적반송 Schedule 작성

강판의 반송 중에 방생하는 각종의 Event(HMD On/Off, 조/사상 Stand On/Off 등) 발생 시에 Tracking Program에서 기동되고 실적반송 Schedule을 작성한다.

⑥ Dynamic 수정

MPC 제어대상재(차추출재)의 선행 추출한 강판에 대해 실적반송 Schedule과 예측반송 Schedule을 비교하여 차추출 시각을 수정한다.

⑦ MPC 학습

예측반송 Schedule과 실적반송 Schedule과의 비교에 의해 반송 Schedule에 있어서 Event 발생 시간 간격을 학습 수정한다.

⑧ RMS Check

압연기 Motor의 열부하를 On-line으로 감시하기 위해 각 Motor의 RMS(Root Mean Square)치를 일정주기로 Check하고 RMS치가 허용량을 초과한 경우에는 추출 Pitch를 지연시킨다.

⑨ 평가기능

MPC의 성능에 최고로 큰 영향을 주는 반송 Scheduler의 정도를 Event간의 반송 소요시간의 예측과 실적의 차의 통계량에 의해 평가하고 이 통계량은 평가 Lot별로 평가한다.

2.2.4 배열회수장치

가열로의 성에너지 대책의 하나로 배열회수가 있다. 가열로의 배열은 배가스 손실열, Skid 냉각수 손실열, 노벽방산열, 개구부 복사손실열 등으로 대별되지만 그 중에서도 대부분을 점하는 배가스 손실열, Skid 냉각수 손실열의 회수에 대하여 알아본다.

(1) 배가스 손실열의 회수

배가스 손실열의 회수장치로 가장 많이 사용되고 있는 것이 공기 Recuperator이다. 공기 Recuperator는 배가스가 갖고 있는 열량을 Blower에서 보내오는 공기와 열 교환하여 고온 연소공기를 얻는 것이다. 가열로에서 사용되는 공기 Recuperator는 대부분 금속제로서 다관식과 방사식이 있으며, 현재는 전열면적이 크고, 열회수율이 우수한 다관식으로 주로 설치되고 있다.

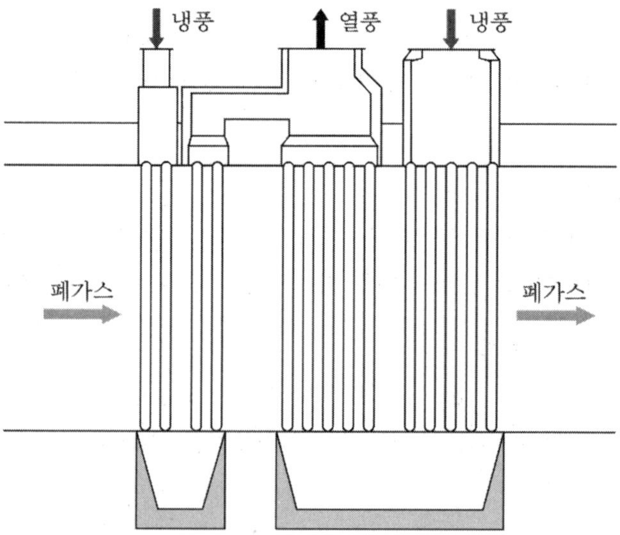

그림 3.8 ● 다관식 Recuperator

(2) Skid 냉각수 손실열 회수

일반적으로 Skid Pipe 내부에는 냉각매체로서 공업용수가 사용되고 있고 통상 35℃ 전후에서 공급되어 5～10℃ 수온 상승에 의해 열을 흡수하여 배출하고 있다. 이 방법에 의하면 연료 투입에 의할 열량 10% 전후가 냉각수 손실이다. 이 냉각수 손실열의 회수방법으로서 증발냉각법이 있다.

증발냉각법은 냉각매체에 고온, 고압의 포화수가 증발할 때 잠열을 이용한 것으로 동시에 증기를 얻는 방식이다. 이 방식으로는 통상 5～10 ton/hr의 증기가 발생하며, 얻어진 증기는 연료가스의 예열 또는 공업용 증기로서 사용한다.

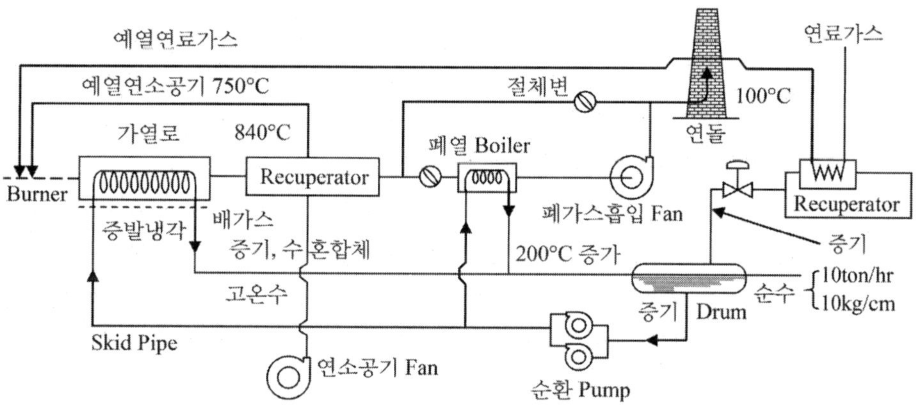

그림 3.9 ● 배열회수 계통도

2.3 가열작업

가열작업의 목적은 필요 최소량의 연료를 사용하여 온도편차가 아주 작도록 하면서 압연에 필요한 온도까지 Slab를 가열하는 것이다. 일반적으로 압연에 필요한 온도는 사상압연온도, Mill 능력, 재질, Coil 표면 등의 제약에 의해 결정되고, Slab Size, 사상압연 Size에 의해 세분되어 설정하며 대략 1000～1300℃ 정도이다. 하지만 가열로의 조업은 이 온도 조건 외에 가열로 자체의 독자적인 제약을 충분히 고려해야 한다.

2.3.1 장입작업

장입작업은 기본적으로 압연계획에 대응하여 설정하지만 가열로 조업상 제약도 여러 가지 있다.

(1) 조로기준의 상이에 의한 제약

Slab 강종 또는 제품의 종류에 의해 조로기준이 크게 다른 것이 있다. 이런 경우 각각 동일 조로기준재로 동일 롤 단위를 편성한다. 대표적인 것이 Stainless의 경우이다. 동일 조로기준재로 동일 롤 단위가 구성되지 않는 경우는 조로기준 변화가 급격하지 않도록 압연순서를 조정해야 한다.

(2) Slab Size에 의한 제약

인접한 Slab의 두께차가 큰 경우, 안정된 조업이 불가능하여 두께가 두꺼운 것은 가열 부족이 되고, 얇은 것은 과가열되어 결과적으로 추출온도차가 크게 된다. 이렇게 가열온도차도 크게 되면 통상적으로 얇은 Slab가 파열 상태가 된다. 또 Pusher Type 가열로에서는 두께차가 크면 포개지기 쉽다. 때문에 인접하는 Slab의 두께차는 통상 극히 작도록 장입계획을 세우는 것이 필요하다.

Slab 길이는 일반적으로 노상피복률(노상부하)를 크게 하기 위해 Slab가 전체 Skid상에 적재될 수 있도록 장척이 바람직하지만 압연상 제약 및 Slab 제조조건상 단척 Slab가 제조되기도 한다. 이런 단척 Slab가 Skid상에서 적재될 경우, 노내 사행을 방지하고 Skid Pipe의 돌출을 방지하기 위해 이들 Slab의 연속장입량 또는 장입방법에 제한을 둔다.

가열로를 장시간 보열하는 경우 또는 소화 후 점화, 승열하는 경우에 노내에 있는 Slab를 노내재라고 한다. 이 노내재는 장시간 가열 산화되었기 때문에 강종에 따라 선택 산화 등에 의한 Scale흠 발생이 쉽다. 이러한 강종은 보열 시에 노내재가 안되도록 계획을 세운다. 또 노내 최선단 Slab는 편열이 발생하기도 한다. 그래서 일반적으로 Walking Beam로에서는 통상 공로로 하지만 Pusher로의 경우에는 노내재 관리에 주의한다.

(3) 장입 Pattern

가능한 Slab Top부 온도가 일정하게 관리될 수 있도록 Slab 선단을 노벽 측으로 맞추고 단척 Slab는 노상부하를 높이기 위해 2열재로 장입하며, Mill 측의 Slab는 장척재와 같이 노벽 측으로 맞춘다. Slab의 Overhang은 노내에서 Slab 이송 시 사행에 의한 내화물의 탈락 및 Walking Beam 상승 시 Slab 처짐을 최소화하기 위해 제한한다.

2.3.2 조로작업(가열 연소제어)

(1) 가열온도

Slab 가열온도를 결정하는 데는 재질, Mill능력 및 에너지 절감 등을 충분히 고려해야 한다. 특수한 경우를 제외하고는 Ar_3변태점 이상에서 압연이 완료되도록 압연 Size, 강종 등을 고려하여 가열온도가 결정된다. 다음은 특수용도별 가열온도 설정 시 고려해야 할 사항이다.

표 3.2 가열온도 설정 시 고려사항

구 분	가열온도 설정 시 고려사항
냉연재, BP재	• 사상입구 및 출구온도 • Scale흠 방지 • 전강종 특히 표면성상이 엄격한 BP재, 냉연 박물재에서는 Slab 표면온도를 가능한 낮게 관리
극박물	• 사상압연온도 • 압연부하 및 형상 • 가열온도는 Scale흠을 고려한 최고온도까지 설정
Stainless재	• 입계산화에 기인한 Silver흠 발생방지(Ni-Cr계: CC재) • δ-Ferrite에 의한 Edge Crack 발생방지(Ni-Cr계: Ingot재) • Ridging 방지(Cr계: CC재)
Nb계	• Nb강의 강도 확보(압연 종료 후 Nb석출물에 의한 석출경화) • 가열온도 10℃ 상승 시 0.4～0.5 kg/mm^2 강도 증가
Hi-C계	• 탈탄 방지 • 특별히 큰 제약은 없고 가능한 저온가열이 좋다.

(2) 가열로 연소제어 모델

① 개요

열연가열로는 Slab를 가열하는 설비로서 3개 Zone(예열대, 가열대, 균열대)으로 구분되어 있다. Slab는 압연되는 형태 및 강종에 따라 가열온도(추출목표온도), 균열도, 재로시간 등이 결정되며 이러한 조건을 충족하도록 각 대별 노온을 제어한다. 각 대별 설정 노온을 계산하는 수식을 연소제어 모델이라 하며 연소제어 모델은 노내 소재 위치, 잔 재로시간 등을 고려하여 추출목표온도, 균열도가 달성되도록 노온 설정치를 계산한다.

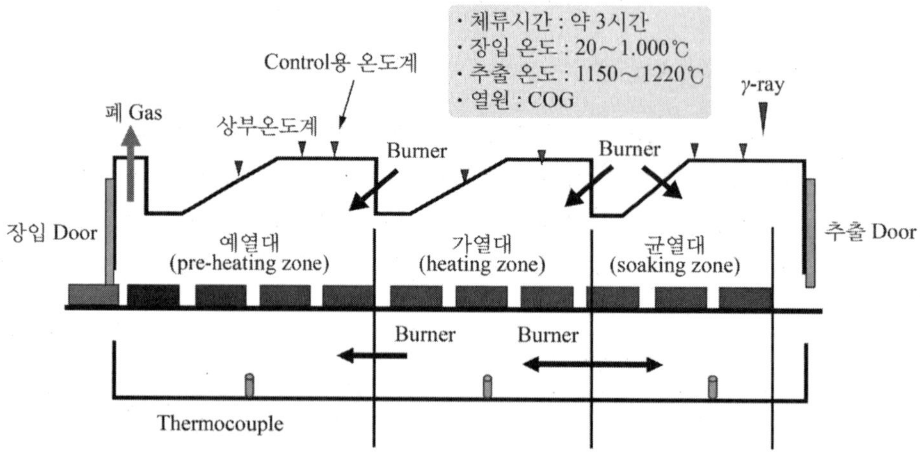

그림 3.10 ● 연소제어 모델 개념도

② 장입처리

연소제어 모델의 장입처리는 Slab가 노내에 장입 완료된 시점에 처리한다. 장입 완료는 Slab의 후미가 장입 Door의 장입 측에서 추출단으로 통과한 때를 말한다.

(ㄱ) 추출목표온도 결정

장입된 Slab가 추출목표온도 상위지시치가 있으면 상위지시치를 사용하고 상위지시치가 없으면 모델에서 추출목표온도를 결정한다.

(ㄴ) 목표 균열도

Skid부와 Non-Skid부의 온도차로서 Coil Size별(추출목표온도 분류와 동일)로 되어 있다.

(ㄷ) 제어대상재 결정

- 제어대상재 정의

  차분모델 및 기본모델(노온 설정모델) 계산에 사용되는 Slab를 말하며 Slab 장입 시 강종, Slab Size 등에 의해 결정되고 계산기 부하를 고려하여 매수제한하고 있다.

- 제어대상재 결정

  제어대상재 결정 Rule에 의하여 결정하는 것이 원칙이며 A.I(인공지능) 기능 이상 등에 의해 거리제한, 선행재조건 등으로 할 수도 있다.

- 무조건 선택
  각 노 최출 측에 있는 Slab는 무조건 제어대상재가 된다.
- 최신 장입재가 기존 제어대상재보다 장입 중요도가 크면 Slab간 간격을 고려하여 장입중요도가 낮은 제어대상재가 삭제되어도 거리제한에 위배되지 않으면 기존 제어대상재가 삭제되고 최신 장입재가 제어대상재가 된다.

③ 잔 재로시간 예측

추출 Pitch와 Roll 교체를 고려하여 각 대별 잔 재로시간을 예측한다.

㈀ 추출 잔 재로시간 = 현 추출 Pitch × 추출순

㈁ 가열대 잔 재로시간

가열대 Slab의 위치(Slab 위치－균열대길이)와 동일 노의 같은 위치 Slab의 추출 잔 재로시간을 가열대 잔 재로시간으로 한다.

㈂ 예열대 잔 재로시간

가열대 잔 재로시간과 같은 방법으로 계산한다.

㈃ 공로 발생 등으로 예열대, 가열대 잔 재로시간 계산 불가 시는 노내 평균 이동속도를 계산하여 잔 재로시간으로 계산한다.

- 노내 이동속도 : Slab 위치(mm) / 추출 잔 재로시간(sec)
- 가열대 잔 재로시간 : Slab 위치～가열대 출측까지 거리 / 노내 평균 이동속도

④ 주기 처리

2분 주기로 Slab 온도 계산과 노온 설정을 하는 처리를 말한다.

㈀ 노온 설정

- 필요 노온 계산
  제어대상재에 대해 현재 위치하고 있는 Zone(예열대, 가열대, 균열대)에서의 적정 노온을 기본모델(노온 설정모델)로 해서 Slab 1매를 목표온도로 올리는데 필요한 노온을 말한다.
- 노온 설정
  Zone별 설정 노온은 동일 Zone에 있는 보는 제어대상재의 필요 노온과 A.I Mode에서는 제어대상재 중요도를 가중평균하여 노온 설정치를 구한다.

2.3.3 관리항목

(1) 노온

가열로에서 Full 조업 시 승열 Pattern은 가열능력을 우선한 조업을 선행하므로 예열대에서 연소시킬 때 급속가열을 하게 되어 장입 측 폐 Gas온도가 높아지고 폐 Gas 손실열이 증가하며 열효율이 나쁘게 된다. 가열부하가 작을 때는 예열대를 소화하고 연료추출 배분을 추출 측으로 옮기기 때문에 장입 측의 폐 Gas온도가 낮게 되고 열효율은 매우 양호하게 된다. 이처럼 가열로 조업을 할 때는 생산량에 대한 최적승열 Pattern을 항상 고려해야 한다.

이렇게 Slab 승열 Pattern을 결정하는데 가장 중요한 것을 노내 각 대 온도 분포이다. 그래서 최근에는 노내 온도 따른 연료자동제어에 의해 노온을 관리하며 온도계 설치장소는 가능한 Slab에 가깝고 화염의 영향을 받지 않으며 노내 온도를 대표할 수 있는 장소를 선택한다. 열전대에 의한 유량제어용 온도계는 노내 온도를 정확히 파악하기 위해 각 대별 통상 2개소 이상 설치된다.

(2) 노내 분위기 관리

화학조성상 연료를 완전 연소시키기 위해 필요한 공기의 양을 이론 공기량이라고 한다. 그래서 연료를 이론 공기량의 공기로 완전 연소시킬 때의 공기비를 1.0이라고 기준한다. 이때 공기비가 1.0보다 낮은 경우에는 불완전 연소가 되어 연료가 유효하게 사용되지 못하게 되고, 1.0보다 훨씬 큰 경우에는 과잉 공기비에 의해 폐 Gas량이 증가하고 이로 인해 폐 Gas손실열이 증가해 열효율이 낮아진다. 그래서 실제 연소 시의 평형 상태를 고려해서 가열로에서는 공기비를 통상 1.05～1.10 정도로 조업하는 것이 최적 Point이다. 하지만 최근에는 연료의 조성 변동, 추출구로부터의 침입공기 변동에 대응하기 위해 산소 분석계, 일산화탄소 분석계 등을 설치하여 노내 산소농도를 자동으로 제어하는 것이 일반적이다.

특히 노내 분위기 중에서 산소농도는 높으면 높을수록 스케일 생성량이 증가하여 스케일 손실량이 증가한다. 따라서 스케일 손실량을 감소시켜 슬래브 실수율을 높이기 위해서는 연료가 완전 연소하는 범위 내에서 가능한 연소용 공기량을 줄이지 않으면 안 된다. 그러나 스케일 생성량이 너무 적으면 스케일이 지철에서 박리하기 어렵고, 조압연 단계에서 상, 하향 및 치입 시 Slip 등이 발생하여 제품표면의 흠 발생으로 이어지므로 이 부분도 고려하지 않으면 안 된다. 그래서 공기비는 연소상태, 연료 원단위, 스케일 생성량, 스케일 박리성 등을 고려하여 최적치로 결정된다. 그리고 가열로 각 대의 공기비는 침입공기량에 따른 각 노의 특성에 따라 달라 0.90～

1.20의 범위이며, 통상은 0.95～1.15 정도로 조업을 한다. 또, 스케일 박리성을 고려하여 균열대 공기비를 가열대 설정치보다 좀 더 높여 설정하는 가열로도 있다.

① 공기비 관리기준

표 3.3 공기비 변동 시의 영향

공기비가 클 때	공기비가 작을 때
• 연소온도저하 및 피가열물의 전열성능 저하 • 연소 Gas 증가에 의한 폐열손실증가 • 저온부식 발생 = 연소 Gas 중의 SO_3의 생성 촉진에 의한 전열면 부식 • Scale 생성량 증가 및 탈탄 증가	• 불안전연소에 의한 손실열 증가 • 불안전연소에 의한 미연 발생 • Gas 폭발사고 위험 • 연도 2차 연소에 의한 Recuperator 고온부식으로 수명단축 • 소재 Scale 박리성 불량 • 노폭 방향으로 O_2 차가 크다. • 미소연소에 의한 연료소비량 증가

표 3.4 공기비 변동요인과 대책

변동요인	발생원인	방지대책	비고
연료	연료 Gas의 혼합비 변동	연료 Gas의 혼합비 균일화 공기비 관리 철저	
Burner	각 Burner 연료, 연소 공기 압력의 불균일	압력점검에 의한 조정 (대별 각 Burner 압력 균일화 조정)	연소 불량
침입공기	노압 변동으로 부하 변동 개구부 관리 미흡 노압 검출기 위치불량	개구부 관리 철저 (입·출측 Door, Sight Hole, Seal Trough 등) 보조 Door 관리 철저 노압 검출점 관리 철저 연도 Damper 관리 철저	과잉 공기 증가
배관	연료 및 연소공기 배관 내 Tar, Dust 막힘 Burner마다의 유량 Unbalance	청정 연료 사용 Gas 배관 내 Tar, Dust 제거 철저 Burner 압력 조정	연소 불량
계장장치	조절변의 제어불량 (Gas, Air Control V)	계장계통 조정으로 응답성 확보 및 정밀성 제고	제어 불량

② 사용연료와 공기비

열연공장에서는 제철소 내 부생 Gas를 Mix하여 2종 Gas 또는 3종 Gas를 가열로 주 연료로 사용한다.

③ 부생 Gas의 특성

표 3.5 부생 Gas의 특성

구분	내용
석탄가스 (COG)	코크스로에서 제선용 또는 일반용 코크스를 제조할 때 석탄을 1000℃ 내외로 건류할 때 얻어지는 Gas로 CH_4 및 H_2를 많이 함유하고 있어 발열량이 4400 kcal/Nm^{3}로 높다.
고로가스 (BFG)	고로내에서 코크스가 열풍과 반응하여 CO, H_2가 철광석과 환원할 때 발생하는 Gas로 Dust 및 CO_2를 많이 함유하며 발열량이 750 kcal/Nm^3 정도이다.
전로가스 (LDG)	전로내의 용선 중에 취련용 산소를 취입할 때 부생되는 Gas로 다량의 Dust를 포함하며 발열량은 2000 kcal/Nm^3 정도이다.

④ Mix Gas의 특성

표 3.6 Mix Gas의 특성

구 분		2종 Mix Gas	3종 Mix Gas
비율		BFG : COG = 0.44 : 0.56	BFG : COG : LDG = 0.10 : 0.38 : 0.52
비중		0.66	0.78
이론공기량(Nm^3/Nm^3)		2.77	2.30
폭발범위(%)		6.1～34.7	12.68～48.73
조성	CO_2	10.8	12.5
	CO	14.3	38.8
	O_2	0.2	0.2
	C_mH_n	1.7	1.1
	CH_4	14.9	10.1
	H_2	32.5	22.8
	N_2	25.5	14.5

⑤ 적정 공기비 연소기준

연소효율과 소재 가열 품질특성에 의해 적정 공기비를 산출하기는 어려우나 현장에서 취하는 방법은 배가스 중의 O_2 농도를 분석하여 각 대를 제어한다.

⑥ 무공해 연소 관리기준

표 3.7 대기오염 물질 발생원인 및 대책

종 류	발생원인	대 책
검댕 (Dust, 분진 포함)	• 탄소와 수소비(C/H)가 클수록 발생 • 가스 확산 연소 시 화염 가운데에서 탄소결합으로 발생 • 연소공기의 부족으로 발생 • 노내 압력이 높을 때 발생	• 공기와 연료 혼합을 잘할 것 (중유는 분무 입자 작게 하고 Center Air 관리 철저 • 연소실 온도를 높게 유지 • 노압 적정관리
유황산화물	• SO_2 : 연료 중의 S와 연소공기의 산소가 결합 • SO_3 : SO_2가 고온상태에서 과잉산소와 결합 • H_2SO_4 : SO_3가 수분과 반응	• 연료에 S 성분이 없을 것 • 과잉공기를 작게 하여 연소
질소산화물	• NO : 연소공기 중의 질소가 산소와 고온상태에서 결합 • NO_2 : 생성된 NO가 더 산화로 발생	• 과잉공기를 작게 하여 연소

(3) 노압 관리

일반적으로 노압은 노의 열효율에 아주 큰 영향을 미친다. 노압이 너무 높으면, Slab 장입구, 추출구, 노내 점검구에서의 방염에 의해 열손실이 증가한다. 또한 방염에 의해 노체 주변 철 구조물이 손상되며 Burner 연소상태가 악화된다. 개구부 방염에 의한 작업자 위험도 증가 등의 문제도 발생한다. 노압이 너무 낮으면 외부 찬 공기 침투로 노온 저하 등의 문제가 발생한다. 또한 노압 제어는 노내에 설치된 노압 검출단에서 압력신호를 받아 연도에 설치된 Damper 개도를 통해 자동 제어한다.

① 노압 관리 기준

② 노압 부적정의 영향과 대책

표 3.8 노압 부적정의 영향과 대책

노압이 높을 때	노압이 낮을 때	대 책
• 방산, 방염 손실이 크다. • 노체 열하 손상이 크다. • 열 손실이 증대	• 침입공기가 많아 열 손실이 크다. • 소재 산화에 의해 Scale 생성량이 많다. • 열 손실이 증대	• 노압 검출관, 노압 관리의 이상유무 확인 철저 • 계측기의 정도관리 철저 • Damper 작동상태 확인 철저 • 적정 노압 설정 관리

(4) 냉각수 관리

가열로에서 Skid의 냉각은 다량의 냉각수에 의해 실행되고 있지만 필요이상의 냉각은 열 손실을 많게 할 뿐만 아니라 물을 쓸데없이 쓰게 되므로 연료원단위 및 전력원단위를 상승시킨다. 따라서 냉각수를 가능한 적게 사용하며 수온을 높게 관리하는 것이 바람직하다.

그러나 수량을 적게 하여 관내 유속이 늦어 수온이 너무 높게 되면 배관내 물때가 부착되고, 배관이 쉽게 막히게 되며, 냉각 효과가 현저히 떨어지게 돼 문제가 된다. 특히 Skid Pipe의 변형과 균열 등의 사고가 나기 쉬우므로 주의해야 한다.

일반적으로 가열로 Skid 냉각수는 입측과 출측의 온도차가 5～20℃ 이내이며, 최고온도는 약 60℃ 이내로 관리되고 있다.

2.3.4 온도변화

(1) Slab 두께 방향 온도변화

Slab는 상하면으로부터 가열되기 때문에 Slab 두께 중심부근에 저온부가 발생한다. 이 저온부와 상하면과의 온도차가 크면 추출 시 Slab 표면온도는 높아도 조압연 단계에서 급속히 온도가 저하하며, 이로써 사상압연 전 재료온도가 저온으로 된다. 이것을 방지하기 위해 Slab 두께에 따라 어느 정도 균열시간을 확보하지만 균열시간이 짧으면 다소 높게 가열해 둘 필요가 있다.

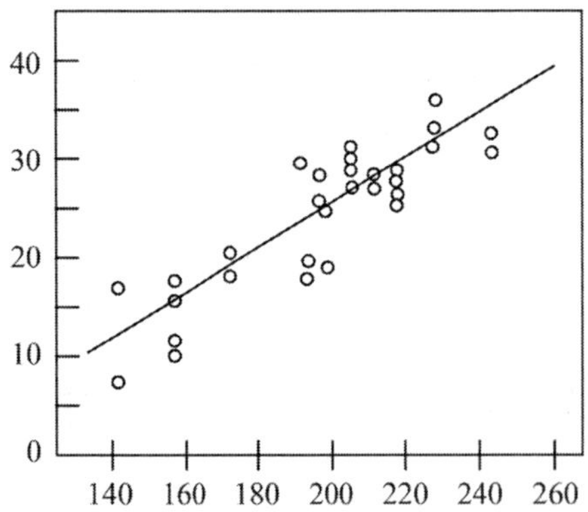

그림 3.11 동일 가열조건에서 Slab 두께와 Skid mark와의 관계

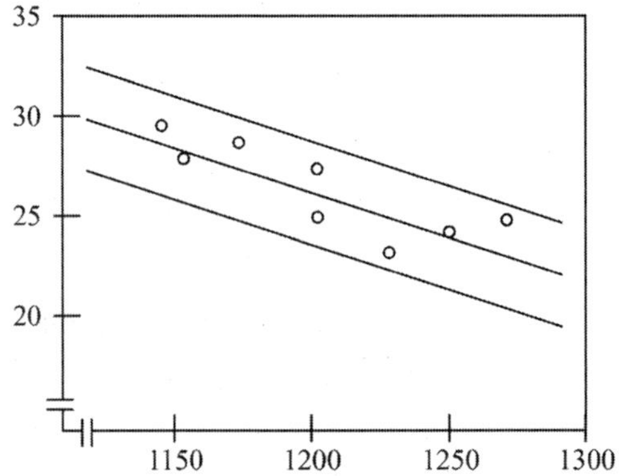

그림 3.12 가열온도와 Skid Mark와의 관계

(2) Skid Mark 온도변화

일반적으로 Skid Mark는 Skid Pipe가 고정되어 있는 Pusher로가 고정빔과 이동빔의 Skid Pipe를 갖고 있는 Walking Beam로 보다 크다. 조업면에서는 재로시간이 짧을수록, Slab 두께가 두꺼울수록, 추출온도가 낮을수록 크게 된다.

① Skid Mark 감소를 위한 조로면에서 대책

(ㄱ) 재로시간 연장

(ㄴ) 승열 Pattern을 변경하고 균열시간

(ㄷ) Walking Beam로의 경우는 Slab 고정 Beam 접촉시간과 이동빔 접촉시간이 동일하게 되도록 이동빔에서 상하 운동의 Idling 동작을 시킨다.

(3) Slab 폭 방향 온도변화

Pusher로의 경우는 4면 가열이지만 Walking Beam에서는 장입 Slab간에 간격을 두기 때문에 6면 가열로 된다. 이 때문에 상, 하면 중심의 가열인 Pusher로에 비하여 측면 가열이 가능한 Walking Beam로는 열 흡수는 좋지만 폭 방향 온도차가 크게 발생하기 쉽다. 그래서 Slab 간격의 축소나 재로시간의 연장에 의한 균열화 등이 필요하다.

(4) Slab 길이 방향 온도변화

초기 사상압연기에서 가속압연을 하지 않고 사상압연을 할 때 Bar Tail부 온도가 서서히 떨어져 두께 변동의 문제가 있었다. 이를 방지하기 위해 압연 Tail부에 해당하는 Slab 부위 가열온도를 높게 하는 경사가열이 행해졌다.

(5) Slab간 온도차

노내 온도를 동일하게 설정하여도 다음과 같은 이유로 Slab간에 온도차가 생긴다.

① Slab 두께 변화에 의한 온도차

② 노간 설비 차이에 의한 온도차

③ 강종에 의한 온도차

2.3.5 품질에 미치는 영향

표 3.9 품질 영향 및 대책

항 목		품질 영향	대 책
1차 Scale 생성		Scale Loss 大 1차 Scale 박리성 - 방추형 Scale - 적 Scale 특수원소 농화	노온 설정 적정화 재로시간 적정화 공기비 적정화
Slab 온도	고온	롤 표면 거침 - Scale 흠(모래형, 유성형) - 고온성 Scale흠(비늘형)	가열온도 적정화
	저온	저온성 Scale흠 AlN, Nb의 불완전 고용	가열온도 적정화
Slab내 편열	폭 방향	권취형상 불량 Camber 발생	Slab 장입편성 적정화 Slab 간격 균일화
	길이 방향	두께, 폭변동 大 재질변동 大	재로시간 연장 가열 Pattern 조정

2.3.6 에너지 대책

(1) 가열로 열손실 주요인

① 페가스 손실열(전 손실열의 60～70%)

② 냉각수 손실열

③ 노벽 등의 방산열

(2) 연료 원단위 절감방안

① 저공기비 연소 : 저공기비 연소는 노의 열효율 향상 외에도 Scale Loss 감소, NO_x 대책 등에 큰 효과가 있다.

② Heat Pattern 개선

③ 저온 추출

④ 노장 연장 : 노장을 길게 하면 Slab와 연소가스의 열 교환이 충분히 이루어져 폐가스 온도가 저하하여 열효율이 향상된다.

⑤ Skid Pipe의 2중 단열

⑥ 폐열 회수

⑦ 열편 장입(Hot Charge Rolling)

⑧ 직송 압연(Hot Direct Rolling)

제3절 열연 조압연 공정

3.1 개요

조압연의 주목적은 최종 공정(Finishing Mill)에서 작업이 가능하도록 슬래브의 두께를 감소시키고, 슬래브 폭을 고객이 원하는 폭으로 압연하는 것이다. 조압연 설비는 공장의 길이와 생산성 향상을 감안하여 대부분의 경우 3～4개의 압연 스탠드로 구성돼 있으며, 정확한 코일의 폭을 확보하기 위해 Edger Roll이 압연기 입출 측에 부착되어 있고 왕복식(Reversing) 압연기이다. 또, 압연 중에 발생하는 Scale을 제거하기 위해 압연기 전·후면에 Descaling 설비가 있다.

3.2 조압연 Pattern

조압연기의 배열은 생산성 향상, Coil 단중 증대, 설비비 절감, 성에너지 등의 필요성에 의해 초기의 반연속식에서 대형의 전연속식 압연기 시대를 지나 현재는 양자를 조합하여 능률을 높인 3/4 연속식이 많이 적용되고 있다.

3.2.1 반연속식

2단 압연기 RSB와 4단 가역식 압연기 R1으로 구성되는 반연속식 압연기 Layout은 R1에서 3～7 Pass의 가역압연을 한다. 이때, R1에서의 정·역전 변화시간이 생산능률을 좌우하며 각 Pass를 고속으로 압연할 필요가 있으므로 관성이 작은 강력한 직류 Motor를 사용한다. 또, 전후면 Table에 대해서도 단독구동을 할 수 있도록 해 역전 Pass가 신속히 될 수 있도록 고려한다.

한편 RSB는 2단 압연기로서 당초 경압 하에 의해 Scale을 파괴하는 것이 주 역할이었으나, 근년에는 Descaling의 사용압력이 120～150 kg/cm^{2}로 높아져 Descaling 고압수 단독으로 Scale 제거가 가능해짐으로써 RSB를 순수하게 2단 압연기의 역할만 하게하고 있다.

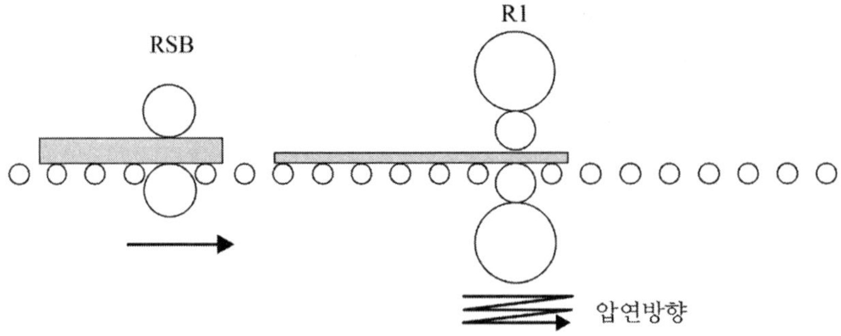

그림 3.13 ● 반연속식 형식

이 형식의 압연기 장점은,

① 설비비가 저렴하다.

② 강종, Slab 두께에 따라 Pass 회수를 변경하는 등 작업에 유연성을 갖는다.

이 형식의 압연기 단점으로는,

① 조압연 능률에 의해 Line 능력이 결정되기 쉽고, 생산능력이 작다.

② 압하, Side Guide, Edger, 전후면 Table 등이 각 Pass별 동작하거나 역전하는 부분이 많으므로 집중적인 보수가 필요하다.

③ 4단 압연기 전면만 Edger가 설치되어 있으므로 기수 Pass만 폭압연이 가능하다. 따라서 제품 폭 정도가 약간 나쁘고, 또 1本의 Slab에서 압연가능한 제품의 폭 범위가 좁아 Slab 폭 종류를 증가해야만 한다.

3.2.2 전연속식

2단 압연기 R1, R2, R3와 4단 압연기 R4, R5, R6로 구성되는 전연속식 압연기 Layout은 소재를 한 방향으로 연속적으로 압연하는 것이다. 이 방식은 생산 능력을 최대로 한 조압연기 배열인 반면 조압연기 Stand수가 많아 각 Stand 사이에서 Bar 길이를 고려하여 Space를 확보하기 때문에 Line 길이가 길어지고, 압연기 및 그 부대설비, 건물의 설비비가 증가한다.

또한 조압연 Pass 회수가 조압연기의 Stand수로 고정되기 때문에 Slab 두께의 범위 등 부하에 제약이 있다.

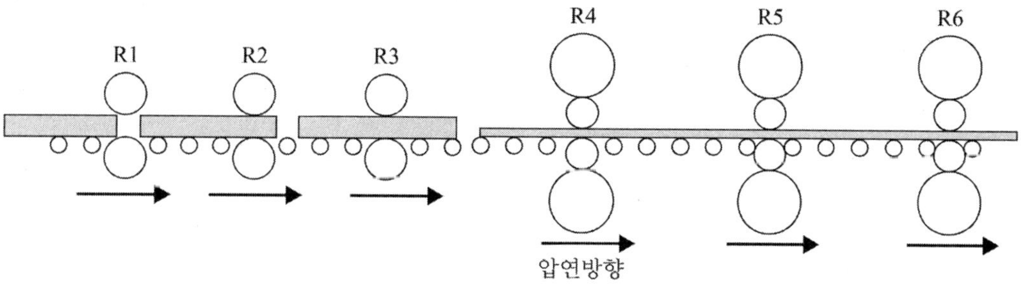

그림 3.14 ● 전연속식

3.2.3 3/4 연속식

아래 그림은 Three Quarter식의 예로서 2단 압연기 R1과 4단 압연기 R2, R3, R4로 되고, 그 중 가역식인 R2에서 3～5 Pass 역전압연을 하며 다른 Stand는 1 Pass씩 압연을 한다. Three Quarter식은 Line 길이가 대폭 단축될 수 있으며 생산성도 전연속식에 뒤떨어지지 않고 압연부하 Balance를 변경하는 경우에도 탄력성이 있다.

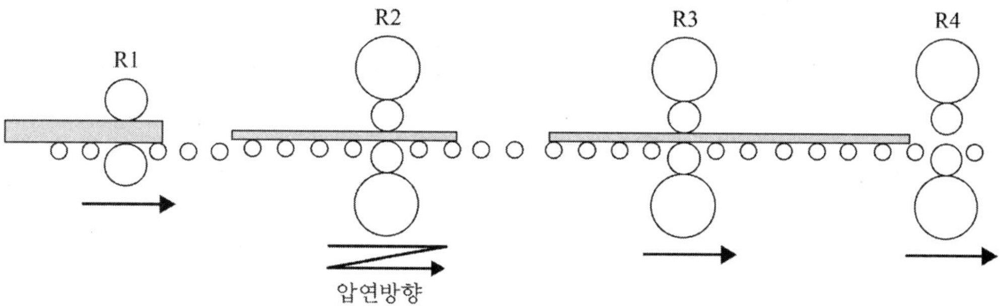

그림 3.15 ● 3/4 연속식

3.2.4 Cross Couple식

그림 3.16은 Cross Couple식의 예로 연속식 또는 Three Quarter식에서 조압연기군의 후단 2 Stand를 근접하게 배열한 것으로 조입연 소요시산이 대폭적으로 단축될 뿐만 아니라 Table 길이가 단축되어 설비비가 저렴하게 되는 것이 특징이다.

R3는 직류 Motor로 구동하고 AC Motor로 구동하는 R4의 속도를 기준하여 R3의 속도를 제어하여 조압연 Bar를 Tandem 압연 한다.

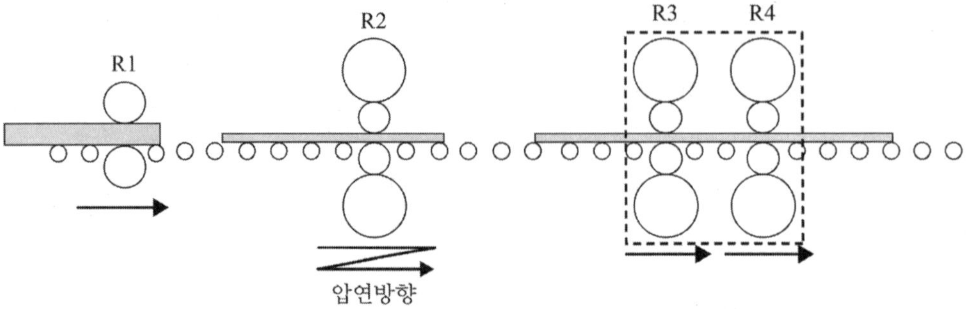

그림 3.16 ● Cross Couple식

3.3 조압연 형식 및 설비

3.3.1 수평압연기

열연공장에서 사용되는 압연기 형식은 Roll 배치에 의해 분류하면 Work Roll 2本 만으로 구성되는 2단식과, Work Roll의 상·하부에 대경의 Back Up Roll을 갖는 4단식이 있다.

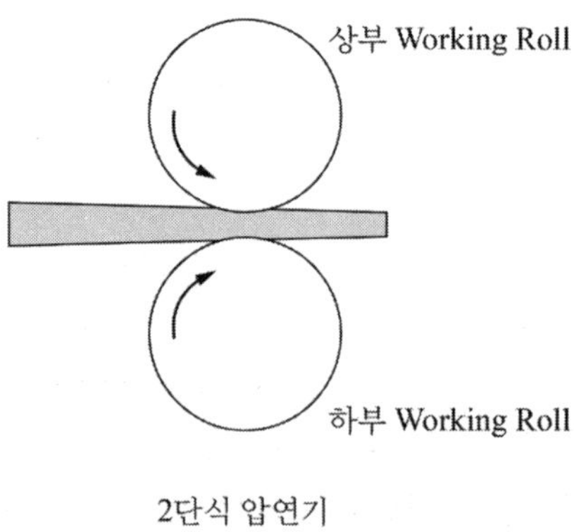

그림 3.17 ● 2단식 압연기

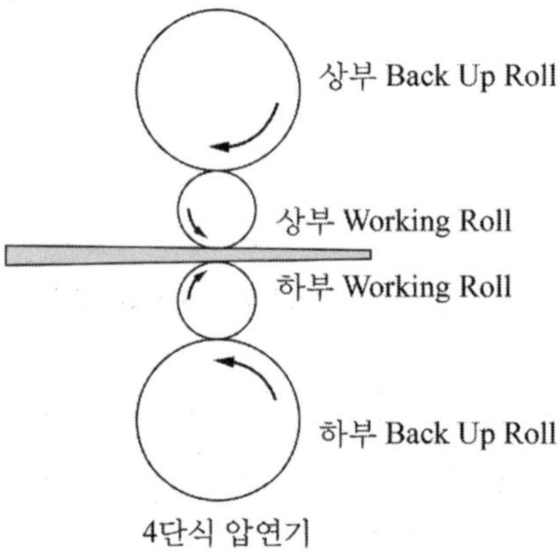

그림 3.18 ● 4단식 압연기

압연 Roll로서는 경이 작은 Roll이 압연하중, 동력 등을 작게 하지만 작은 경의 Roll을 그냥 사용하면 Roll의 굽힘 및 두께 정도를 저해할 뿐만 아니라 Roll절손도 되기 쉽다. 따라서 비교적 큰 압연하중은 경이 큰 Back Up Roll에서 받도록 하고 비교적 작은 경의 Work Roll에서 압연하는 4단식 압연기가 개발되어 조압연 및 사상압연에서 사용된다.

그러나 통상의 압연에서 치입각을 무제한으로 크게 하는 것은 불가능하다. 비교적 큰 치입각으로 압연할 경우 Roll과 압연재 사이에서 Slip을 일으켜 압연불능의 상태로 되기 쉽다. 그래서 1 Pass의 압하량을 크게 해도 동력을 크게 필요로 하지 않는 조압연의 제1, 제2(경우에 따라서는 제3) Pass 정도까지는 Slip 방지를 위해 특히 경이 큰 Work Roll을 필요로 하므로, 경이 큰 2단 압연기를 사용한다.

그림 3.19는 4단식 조압연기의 구조를 나타낸다.

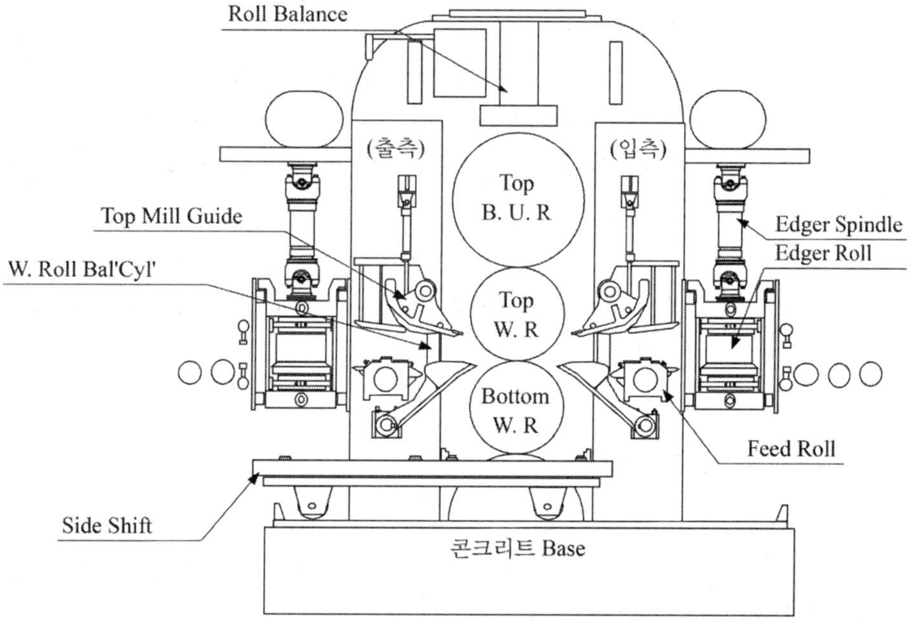

그림 3.19 ● 4단식 조압연기의 구조

각 2本의 Work Roll, Back Up Roll에 의해 구성되는 Bearing 및 Chock가 압연기 Housing에 설치되어 있다. 또, Work Roll 중심은 Back Up Roll 중심에서 약 6 mm 후방으로 Off Set 되어 Work Roll 압연 반력이 Back Up Roll에 정확히 전달되어 안정된 압연을 할 수 있다.

한편 하부 Work Roll의 상면의 높이는 전방의 Table Roller의 높이에서 적어도 그 압연기에서 최대압하량의 반을 높게 한다. 이렇게 높은 양을 Pick Up량이라 한다. Roll을 사용함에 따라 선삭 또는 연마에 의해 Roll 경이 작아져 Pick Up량이 크게 변하며, 이때는 Back Up Roll Chock의 하부에 Liner 두께를 변화시켜 조절한다. 또, 압연하는 소재의 두께에 따라 Roll Gap을 조절하는데 이는 Screw로 작동하며 압연기 전후 설비로는 소재의 이송 설비인 Table Roller 및 소재를 압연기에 정확히 유도하기 위하여 압연기 전면에 Side Guide를 설치한다.

가열로에서 발생한 Scale 제거 및 조압연중 발생되는 Scale을 제거하기 위해 Stand 입출 측에 Descaling Header가 설치되어 있다.

3.3.2 VSB(Vertical Scale Breaker) 및 Edger

가열로에서 추출된 슬래브는 두꺼운 Scale(1차 Scale)층으로 덮여 있다. 이를 제거하기 위해서 슬래브 측면에서 압력을 가하여 Scale층을 균열시킨 후 고압의 Descaling 냉각수를 분사시켜 제거하는 공정이 VSB이다. VSB는 Edger와 기계구조적으로는 동일하지만 보다 대형화하여 1개의 Stand로 독립시킨 것으로 폭압연 능력이 대단히 큰 것이 특징이다. 이 폭압연 능력을 향상시키기 위해서 Reverse 압연, 혹은 Back Pass 압연 등도 하고 있다.

한편 Edger는 수평 Roll Housing에 설치되어 있는 Edger Housing 사이를 Slide하여 움직이는 Yoke, 그 Yoke 내에 있는 Edger Roll, Bearing Chock 등이 주요부분으로 상부에 구동장치를 갖고 있다.

3.4 조압연 작업

조압연에서는 압연 Lot별로 각 Pass의 수평 Roll 개도, Edger Roll 개도, Side Guide 개도, 각 압연기 속도 등이 설정된다.

3.4.1 수평 압하

2단식 및 4단식 압연기에서 100～300 mm 두께의 Slab는 사상압연기 능력 등을 고려하여 결정된 30～50 mm 정도의 Bar 두께로 압연한다. Slab 두께 및 Bar 두께가 결정되면 각 압연기는 압연량과 가역압연기의 Pass수가 결정되고, 이때 압하량은 압연기의 기계적인 능력, 통판성과 Tandem 압연기인 경우 Speed 제어 등을 고려하여야 할 뿐만 아니라 압연 중 온도 Drop 감소 및 2차 Scale 발생량을 줄이기 위해 가능한 후단측에 있는 Stand에서의 압연량을 증가시키고 Bar 두께도 두껍게 한다.

3.4.2 속도 설정

(1) 가역식 압연기 속도제어 개요

반연속식 또는 3/4 연속식 조압연에서는 가역식 압연기의 Pass수와 더불어 통판속도를 적절히 설정하여 생산성 향상을 기할 수 있어 속도제어는 매우 중요한 요소다. 가역압연기의 일반적 속도 Pattern은 판이 물릴 때와 빠질 때의 속도는 낮으며 Load On 직후 압연속도로 가속되어 다시 판이 빠지기 직전 감속된다. 이는 기계적인 충격을 가능한 줄이기 위해서이다.

(2) 가역식 압연기의 압연속도

압연속도는 압연조건에 따른 Power를 Check하여 Motor 허용한도 내에서 생산성 향상을 위해 압연속도를 높게 설정한다. 단 Pitch는 작업 시에 Motor의 RMS가 Over되기 쉬우므로 이를 충분히 고려하여 설정하는게 바람직하다.

(3) Tandem 압연기의 속도제어

Cross Couple식 조압연은 R3, R4가 Tandem 압연이므로 R3, R4간 속도는 정밀하게 제어되지 않으면 Stand간에서 Loop 또는 Over Tension이 걸려 폭불량 및 Miss Roll의 원인이 된다.

한편 이들 압연기의 Motor 형식은 R4는 AC Motor로 정속압연을 하고 DC Motor인 R3로 속도제어를 한다.

R3 초기속도 설정치는 결정된 R4의 속도와 판 두께에 의해 Mass Flow 일정법칙에서 결정하며 통판 중 제어는 AMTC(Automatic Minimum Tension Control)에 의해 가능하다.

3.4.3 폭압하

연주 Slab 폭에서 수주 받은 여러 종류의 제품 폭으로 제조하기 위하여 Edger를 활용하여 폭압하를 한다. 폭압하 Pattern은 여러 가지를 고려하여 결정하지만 전단경압하, 후단경압하가 일반적이다.

전단강압하, 즉 Bar 두께가 두꺼울 때 폭압하를 많이 하면,

① Roll과 재료와의 사이에서 Slip이 일어나 재료가 앞으로 진행하기 어렵다.

② 협폭재는 비틀림이 발생하기 쉬우며, 이로 인해 "폭 +"가 발생한다.

그림 3.20은 폭압연시 비틀림이 발생하는 상황을 그린 것이다.

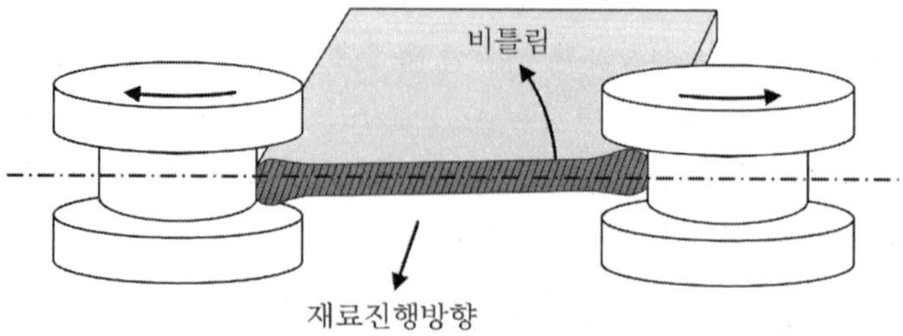

그림 3.20 ● 폭압연시 비틀림 발생

후단강압하, 즉 Bar 두께가 얇을 때 폭압하를 많이 하면,

① 재료 Buckling에 의해 폭압연 효과가 없어진다.

② Skid Mark에 의한 폭변동이 커진다.

③ 폭압하에 의해 생기는 Dog Bone이 재료 Edge부 부근에 생겨 폭압연 효율이 나쁘다.

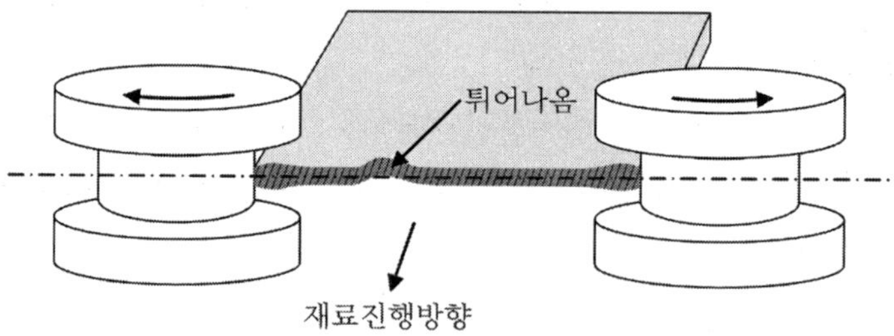

그림 3.21 ● 폭압연시 Buckling 발생

폭압연 효율을 향상시키기 위해서는 재료를 폭압하할 때 생기는 Dog Bone을 가급적 폭 방향 중심부로 가도록 할 필요가 있다. Dog Bone이 중심부로 갈수록 수평압하시 폭퍼짐량도 적어지므로, 실제 폭압연량을 크게 할 수 있기 때문이다. 이를 위해서 폭압연 롤의 형상을 종래 Flat 형상에서 Caliber 형상으로 변화시켜 가고 있다.

최근 대폭압하요구에 대하여 Edger Pass Schedule의 최적화만으로는 판폭변동을 허용범위내로 관리하기가 어렵기 때문에 자동판폭제어(AWC) System이 도입 적용되고 있다.

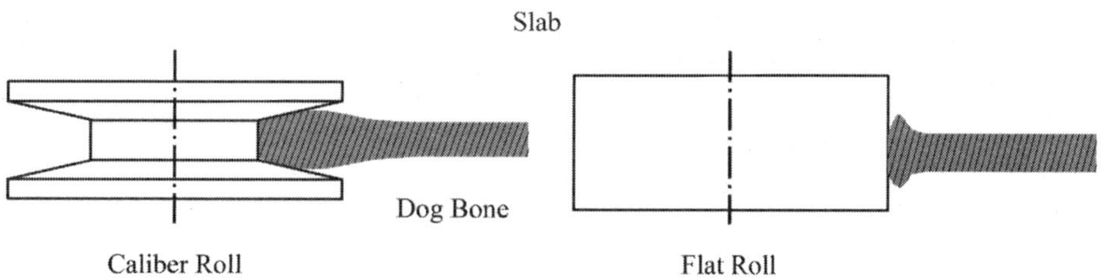

그림 3.22 ● Edger 롤의 형상

3.4.4 Descaling

1차 Scale을 제거한 Bar의 표면은 아직도 고온이기 때문에 곧 재료 표면에 2차 scale이 발생한다. 이 Scale을 제거하지 않으면 제품 표면에 Scale흠이 발생한다. 이를 방지하기 위래 각 Stand 입측에는 100～150 kg/cm^{2}의 고압수를 분사하는 Descaling Header가 설치되어 있다.

하지만 이 Descaling도 성에너지 측면에서 가능한 한 분사시키지 않는 방향으로 나아가고 있고, 최근에는 압연하는 재료에 요구되는 표면품질에 따라 사용하는 Descaling Header가 선택되고 있다. 또, R1 Pass와 최종 조압연기 Pass시만 Descaling를 분사하고 생략하는 경우도 있다.

3.4.5 AWC(Automatic Width Control)

자동 폭제어, AWC의 목표는 당초 Skid Mark에 의한 폭변동을 제어할 목적으로 채용되었으나, 실수율 향상을 위해 종합적인 폭제어 장치로서 보다 기능화되고 목표 폭제어, Head, Tail부 폭부족 개선, 기타 폭변동에 대한 제어를 할 수 있는 장치로 활용되고 있다.

이러한 AWC는 조압연기에서 Edger Roll의 개도를 제어하는 조압연 AWC와 사상압연기의 Stand간 장력을 제어함으로써 제어하는 다듬질 AWC로 나눌 수 있으며 그 특징은 다음과 같다.

표 3.10 AWC의 개요

구 분	방 식	검 출	조 작	비 고
조압연 AWC	하중 Feed Forward식	전단 Edger 하중	후단 Edger 개도	검출부터 조작까지의 시간지연 보상실시
	폭계 Feed Forward식	Edger 전면 폭계	폭계 후면 Edger 개도	검출부터 조작까지의 시간지연 보상실시
	하중 Feed Back 방식	Edger 하중	Edger 개도	AGC에 상당하는 응답성이 빠른 유압 AGC 적용
다듬질 AWC	Stand간 장력제어 방식	-	Stand간 장력	현재 각종 방법이 검토되고 있음

조압연 AWC는 AGC와는 다르게 단순히 Mill Spring에 의한 Roll Gap 변화만을 보상하는 것뿐 아니라 수평 압연에 의한 폭퍼짐까지 고려해야 한다. 또 Top, Tail부의 폭빠짐 개선을 위해 AGC의 보상기능에 상당한 것으로 Short Stroke 제어법을 이용한다. 이것은 수직 Roll의 개도를 실시간 제어하면서 Top, Tail부의 개도를 순차적으로 넓게 해서 압연하는 방법이다.

제4절 열연 사상압연 공정

4.1 개요

조압연에서 압연된 재료(Bar)는 6～7 Stand가 연속적으로 배열된 사상압연기에서 최종제품의 판 두께로 압연된다. 종래에는 6 Stand Mill이 대부분이었으나 생산성 향상, Slab대형화 등에 대응하기 위해 최근에는 7 Stand로 설치하여 압연속도의 고속화를 도모하고 있다. 또, 조압연 공정에서의 온도 Drop을 줄이기 위해 Bar 두께를 증대할 필요가 있어, 그 대응책으로 F1 Stand 앞에 F0 Stand를 설치하는 공장도 있다.

한편 이 공정에서의 작업성이 제품의 치수, 형상품질을 최종적으로 결정하므로 세심한 조업관리가 요구되며, 이를 위해 판 Crown 제어능력의 향상, 형상제어 능력의 향상 등을 목적으로 한 Work Roll Shift, Pair Cross 등 형상제어 압연기가 적용되고 있다. 또, 관련 설비로는 사상압연 소재인 Bar의 길이 방향, 폭 방향 온도편차를 감소시키기 위한 보열 Cover, Bar Heater, Edge Heater 및 선·미단부를 절단하여 사상압연시 치입성을 양호하게 하는 Crop Shear, 사상압연 전 Scale을 제거하는 FSB(Finishing

Scale Breaker) 등이 있다.

4.2 사상압연 설비

사상압연 설비는 Crop Shear, FSB, 사상압연기 본체, Delay Table 및 Run Out Table 두께계, 폭계, Shape Meter, 온도계 등으로 구성된다.

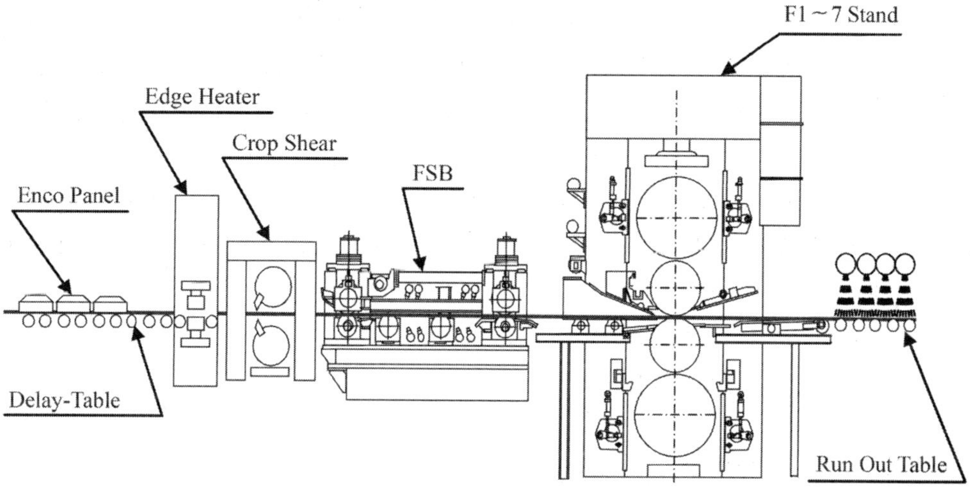

그림 3.23 ● 사상압연 설비의 구성

4.2.1 Crop Shear

열연 Slab, Bar의 선단 및 미단을 절단하여 사상압연기에서의 통판성을 양호하게 하기 위한 절단장치로 사상압연기 전단에 설치되어, 조압연기에서 이송되어온 재료 선단부를 Cut하여 사상압연기 및 Down Coiler의 치입성을 좋게 하며 압연재 선후단 Fish Tail부를 절단하여 박물재의 작업성을 개선한다. 또한 경질재 선·미단의 저온부를 절단하여 Roll Mark(저온부가 Roll에 물릴 때 진입 충격에 의한 Roll 표면의 흠) 발생을 방지한다.

최근에는 실수율 향상 측면에서 절단량을 가능한 적게 하는 경향으로 선후단의 형상을 TV형상으로 검출하여 자동적으로 최적절단 길이를 결정, Crop을 절단하는 System을 도입하여 실수율 향상에 큰 진전을 보이고 있다. 일반적으로 Crop Shear는 2쌍의 곡도와 직도를 갖고 있다. 곡도는 Bar의 선단, 직도는 Bar의 후단을 자르고 잔편은

Crop Chute를 통해 Crop Handling 장치로 떨어진다.

Knife의 교체는 Drum 전체를 유압실린더로 압연 라인 밖으로 인출한 다음 안전하게 교체한다. Crop Shear는 Housing, 2개의 Knife Drum 구동장치, Knife Change Sled, 입측 Roller, Chute로 구성되어 있다.

4.2.2 FSB(Finishing Scale Breaker; 사상압연 Descaling 장치)

사상압연기 전면에서 Bar 표면에 붙어 있는 2차 Scale(산화철)을 제거하기 위하여 100～170 kg/cm^{2}의 고압수로 분사하는 장치이다. Descaling의 수압은 초기에는 100 kg/cm^2 정도가 일반적이었지만 Mill의 고속화, 탈 Scale성의 요구로 150 kg/cm^2 이상이 주로 사용되고 있다. 그러나 최근 성에너지 측면에서 다시 Descaling 수압의 저압화에서도 충격력을 확보한 상태의 조업이 실시되고 있다.

사용하는 Header의 수는 2열이 일반적이다. 불필요한 토출을 없애기 위해 통판하는 재료의 폭에 따라 협폭용, 광폭용 등의 별도의 Header를 설치하여 그 수가 4열인 Mill도 있다.

4.2.3 사상압연기

(1) 사상압연기 배열

사상압연기 Stand수의 결정요소로서는 압연능력, 강종, 온도조건, 공정실수율, Crop 능력, 압연속도, 표면품질, 설비비 등이 있다.

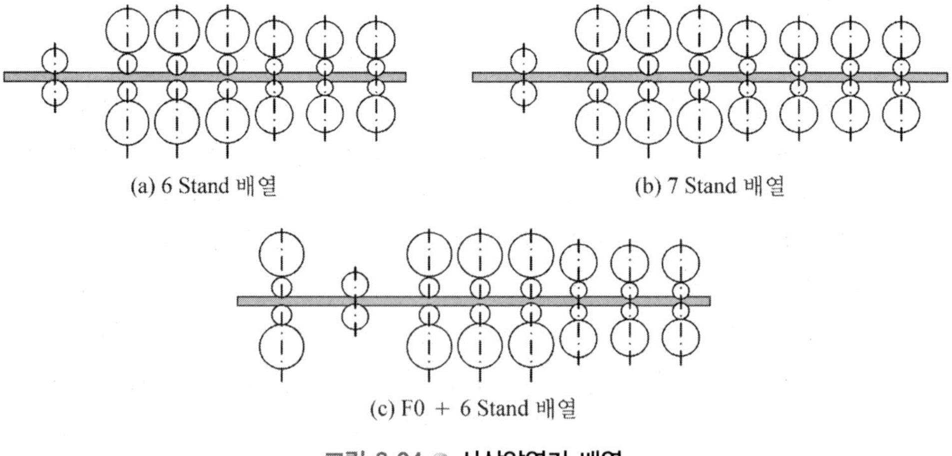

(a) 6 Stand 배열

(b) 7 Stand 배열

(c) F0 ＋ 6 Stand 배열

그림 3.24 ● 사상압연기 배열

종래에는 6 Stand Mill이 대부분이었으나 최근에는 생산능력향상, Slab의 대형화에 대응하기 위해 7 Stand Mill이 주종을 이루고 있으며, 최종 Stand의 압연속도를 고속화하고 있다.

(2) 구동장치

구동장치는 Mill Motor에서 Work Roll에 Torque를 전달하는 것으로서 Motor → 감속기 → Pinion Stand → Spindle → Work Roll로 Torque가 전달된다.

사상압연기 전단 Stand에서는 감속비 1 : 3 ~ 1 : 1.8 정도로 감속하며, 후단 Stand는 Motor와 Roll이 직결하고 있다.

Pinion Stand는 감속기 또는 Mill Motor에서 공급되는 1축의 Torque를 상하 각 Roll로 분배하는 것으로 1조 2개 Gear로 되며, Gear비는 1 : 1이다.

Spindle은 Pinion Stand에서 분배된 2축의 Torque를 각각 상, 하의 Work Roll로 전달하는 역할을 한다.

(3) 압하장치(Screw Down)

Screw Down은 두께 압하량을 적정량으로 조절하면서 압연하는 설비로 2단 감속기 및 Worm Gear를 거쳐 Screw를 상하 방향으로 구동하여 Roll의 위치를 결정하는 장치이다. 2대의 Motor가 Magnetic Clutch로 연결되어 있어 Leveling 동작을 취할 때는 Clutch가 분리되며 Work Side 단독 조정이 가능하게끔 되어 있다.

압하장치는 평치차 및 Worm치차 감속을 통해 제어하는 전동압하장치가 있고, 압하 Screw와 Chock와의 사이에 또는 하부 Chock와 Housing 하면과의 사이에 유압 Cylinder를 조립한 유압압하장치가 있다.

전동압하장치는 기계식으로 응답속도가 늦어 실시간 두께 제어(AGC: Automatic Gauge Control)를 하는 데에 한계가 있어, 고정도의 위치 검출장치인 Magne-Scale과 유압 Servo Valve에 의해 빠른 응답속도로 작용하는 유압압하장치(HGC: Hydraulic Gap Cylinder)를 주로 채용하여 AGC를 통해 판재의 두께 정도를 향상시키고 있다.

(4) 사상압연기 본체

사상압연기에는 통상 4단 압연기가 사용되고 있지만 최근에는 Roll 마모의 균일화에 의한 Schedule Free 압연, 판 Crown 제어 능력향상 등을 목적으로 4단 압연기에서 Work Roll이 Shift 하는 Work Shift Mill, 6단 압연기에서 Work Roll과 중간 Roll이 Shift하는 6단 Mill이 실용화 단계에 들어서고 있다.

Stand간 설비로는 Stripper Guide, Looper, Side Guide, Roll 냉각수 Header, Wiper 등이 있으며 압연기 본체에는 Roll Gap을 조정하는 Screw Down 장치, Housing 및 Roll 구동장치로 되어 있다.

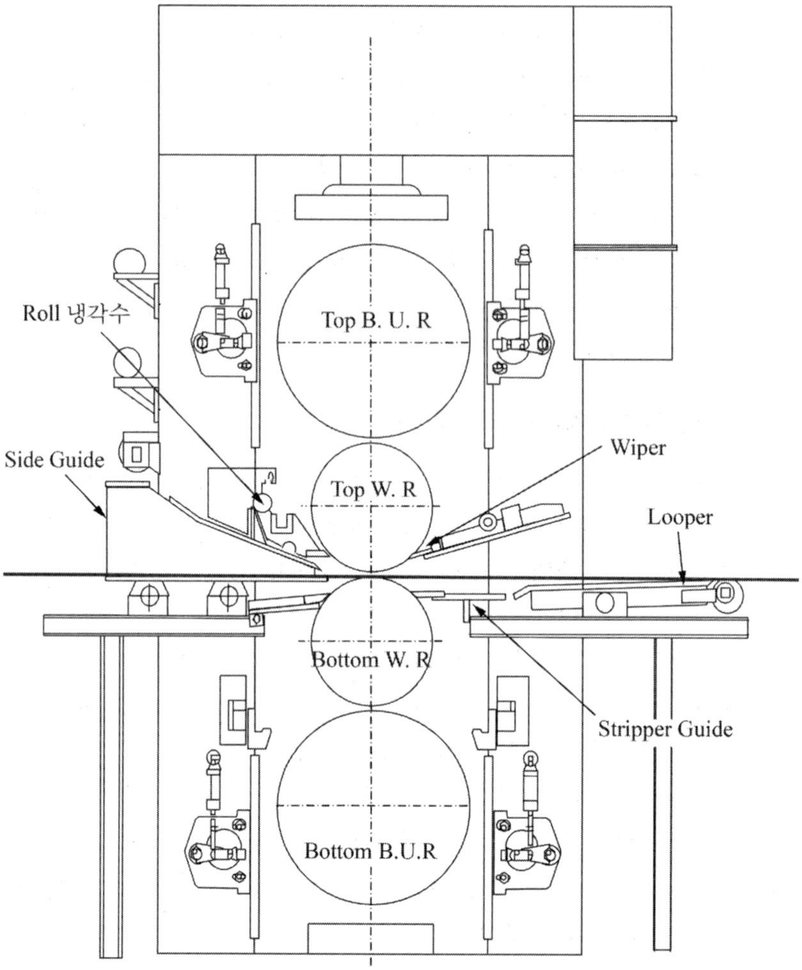

그림 3.25 ● Stand간 설비

① Stripper Guide

Stripper Guide는 상하 Work Roll 출측에 각각 배치된 유도판으로서 압연재가 Roll에 감겨 붙지 않도록 하는 기능을 한다. 또, Roll 냉각수가 압연재에 떨어지지 않도록 Wiper가 Roll 표면에 밀착되도록 설치되어 있다.

② Looper

사상압연기 Stand와 Stand 사이에 설치된 Looper는 압연재의 Tension과 Loop 상태를 제어하며, 통판성을 확보해 주고 전후 설비의 Balance를 조정하는 장치로 각 Stand 사이에서 감속기와 Shaft를 거쳐 Motor에 의해 구동되면서, Strip의 장력을 일정하게 유지한다.
이러한 Looper의 역할은 다음과 같다.

(ㄱ) Stand 사이에서 재료에 일정한 장력을 주어 각 Stand간 압연상태를 안정시키고, 제품 폭과 두께의 변동을 방지한다.
(ㄴ) 압연과정에서 재료가 Looper Roller 이외에는 접촉하지 않도록 하여 흠발생을 방지한다.

또한 Looper는 압연재에 순간적으로 발생하는 Loop로 인해 발생하는 겹침의 발생을 방지하기 위해 빠른 응답속도가 요구된다. 구동방식의 발전은 공기식 → 전동식 → 유압식으로 변하고 있다.

③ Side Guide

각 사상압연기 입측에 설치되어 Strip 선단을 압연기까지 유도하는 역할을 한다. 고온의 얇은 Strip을 사상압연기까지 양호하게 유도하기 위하여 상하, 좌우로 나팔형으로 벌어져 있는 Guide와 이것의 개도를 설정하는 기구로 구성되어 있다.
일반적으로 Strip의 두께가 두꺼운 사상전단 Stand에서는 Gap을 좁게 설정하고 두께가 얇은 후단 Stand로 감에 따라 넓게 설정하고 있다.

④ Wiper

Wiper는 Roll 냉각수나 이물질이 압연재에 떨어지는 것을 방지하고, 냉각수로 인한 압연재의 온도저하를 방지하는 역할을 한다. Wiper는 회전하는 롤과 접촉해야하기 때문에 마모 발생에 따른 교체가 필요한 소모품이다.

⑤ Roll 냉각장치

Roll 냉각수는 압연 중 Work Roll에 직접 분사해 Roll이 과도하게 열팽창 하는 것을 방지함으로써 Heat Crown(열 크라운)을 안정시키고, Roll의 표면거침을 막아 수명을 연장함과 동시에 제품의 표면을 깨끗하게 한다. 따라서 통반시에 냉각수가 Roll에 균등히 분사되지 않으면 부분적으로 Roll의 열팽창이 발생하여 압연이 불안정하게 되는 것뿐 아니라 Profile(Crown) 제어가 어려워짐에 따른 평탄도 불량 등의 문제를 일으킬 수 있다. 따라서 Roll 냉각수 Nozzle

의 막힘 점검, 마모 점검 등과 같은 일상 점검이 매우 중요하다.

Roll의 냉각 능력은 수량, 수압, 수온 외에 Roll 냉각 Header의 위치와 냉각수가 주수되는 면적에도 영향을 받는다. Roll 냉각 방식은 아래와 같이 구분된다.

(ㄱ) 저압(10 kg/cm^2 전후) 대용량 Nozzle을 사용하여 단위면적당 유량을 적게 하여 주수면적을 크게 하는 방식
(ㄴ) 고압(30 kg/cm^2 전후) Nozzle로 주수면적을 적게 하고, 단위면적당 수량을 증가시켜 냉각하는 방식.
(ㄷ) 양자를 병용하는 방식

일반적으로 냉각장치는 각 Stand의 상부 Back Up Roll에 1 set, 전후면 Work Roll 상하에 8 set의 배관이 부착되어 있고 배관에는 Spray Nozzle이 결합되어 있어 Nozzle을 통해 Roll에 직접 분사하게끔 되어 있다.

⑥ **열간 윤활유 설비**

열간압연 시에 아래와 같은 목적에 의해 윤활유 용액을 사상압연기 Roll에 분사하는 유압연을 실시하기도 한다.

(ㄱ) 압연하중의 감소
(ㄴ) 압연동력의 감소
(ㄷ) Roll의 마모 감소
(ㄹ) Roll 표면 거침의 개선

윤활유의 급유방식으로는 Water Injection 방식으로 Back Up Roll에 직접 분사하는 방식이 가장 일반적으로 사용되고 있다.

4.2.4 Run Out Table

최종 사상압연기와 권취기를 연결하는 설비로 Roller Pitch 약 290～600 mm 정도의 구동 Roller를 120～200 m의 거리에 설치하여 사상압연기를 빠져 나온 Strip을 권취기까지 이송하는 역할을 하며, Run Out Table 위를 달려온 Strip은 권취기 전에 있는 Side Guide 및 Pinch Roll에 의하여 권취기(Down Coiler)로 유도되어 Mandrel에 감기게 된다.

ROT에서 실시해야 하는 중요한 작업은 Strip 상·하부에 물을 뿌려 목표로 하는 권취온도를 얻을 때까지 냉각시키는 것이다. 매우 얇게 압연된 Strip을 긴 거리에 걸쳐

고속으로 이송하기 때문에 선단은 Loop가 발생하기 쉽고, 도중에 주름상으로 Strip이 Hunting하기 쉽다.

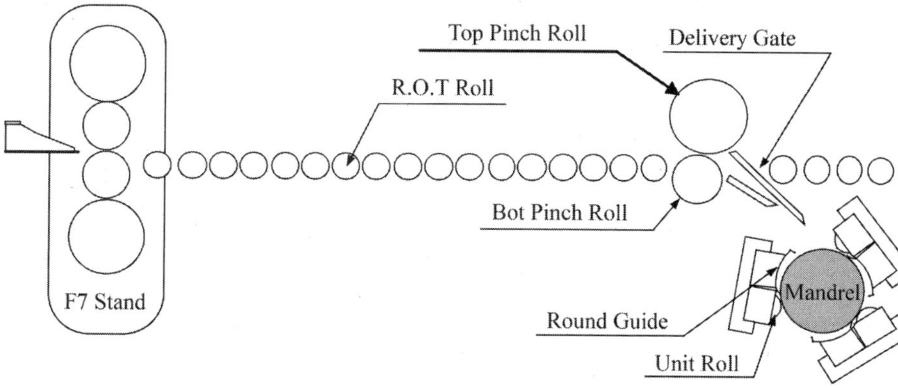

그림 3.26 ● Run Out Table

4.2.5 Run Out Table 냉각(Laminar Flow)

Laminar Flow는 열연 사상압연에서 압연된 Strip의 기계적 성질을 양호하게 하기 위하여 적정 권취온도까지 냉각시키는 장치이다. 사상압연 전 최종 Stand를 빠져 나온 Strip을 권취하기 전 ROT상에서 주행 중 Strip 상·하부에 냉각수를 뿌려 소정의 권취 온도(CT: Coiling Temperature)를 확보함으로써 강종별로 요구되는 기계적 성질을 얻게 된다. 대표적인 제품의 기계적 성질은 아래와 같다.

① 항복강도 (YS: Yield Strength)
② 인장강도 (TS: Tensile Strength)
③ 연신율 (EL: Elongation)

냉각방식은 냉각수를 노즐에서 분사시키는 Spray 방식과 상부에서 냉각수가 냉각 헤더에서 Overflow되는 형태로 Strip에 주수되는 Laminar 방식으로 구분된다. Laminar Flow 냉각은 냉각수의 흐름이 매끄럽게 형성되는 냉각방식으로 Strip 상부의 체류수를 뚫어주어 새로운 냉각수가 Strip에 닿을 수 있기 때문에 냉각능이 좋다. 대부분의 열연 공장의 냉각방식은 이러한 Laminar Flow 냉각방식을 채용하고 있다.

냉각수를 주수하는 단위 장치를 헤더(Header)라고 하며 이 헤더가 모인 그룹을 뱅크(Bank)라고 부른다. 정확한 권취 온도 제어를 위해서 각 뱅크마다 Strip 상부의 체류수를 제거하기 위한 Side Spray가 설치되어 있다.

최근에는 기존의 Laminar 냉각 대신 Strip 상하면으로부터 폭 방향으로 일정한 Curtain Wall 상의 수막 흐름을 형성시키는 Water Curtain Cooling 방식이나 고압 펌프에 의해 냉각수를 가압하여 주수하는 Power Cooling 등 냉각능을 향상시키기 위한 신설비들이 개발되어 적용되고 있다.

표 3.11 냉각방식

구분	상 부		하 부	
설비 형태	Multi-Orifice Laminar Flow	Hair Pin Laminar Flow	Full-Con Spray Nozzle	Pipe Laminar
Type	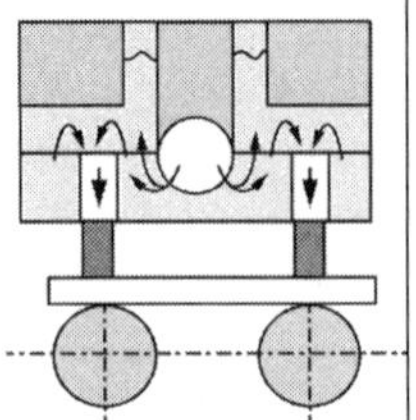	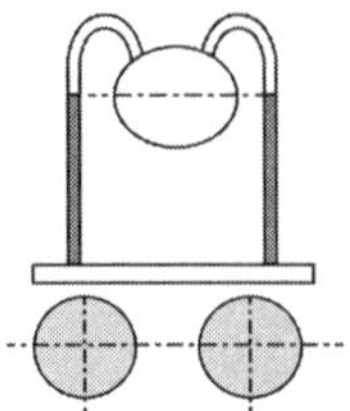	Strip 진행방향 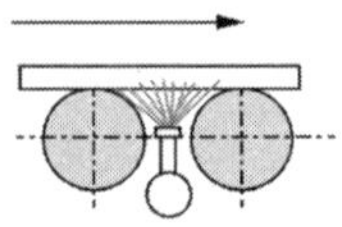	Strip 진행방향 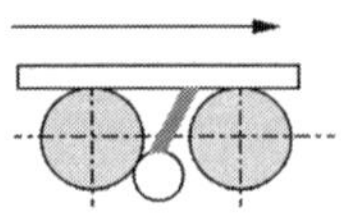

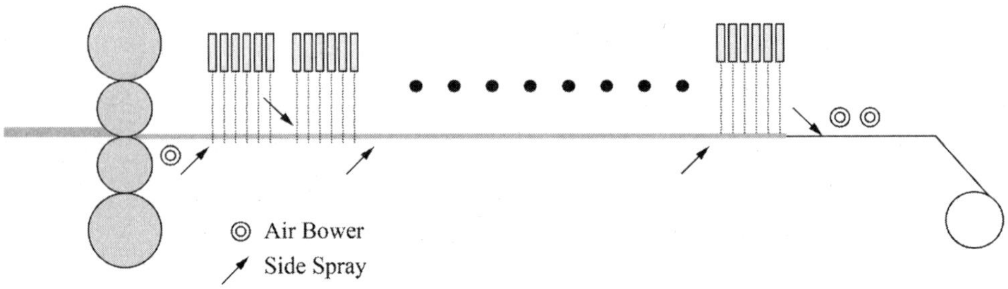

그림 3.27 Laminar 냉각

4.3 사상압연 작업

4.3.1 Roll 단위 편성

(1) Roll 단위 정의

Roll 단위(Rolling Campaign)란 사상압연 Work Roll 교체부터 다음 Work Roll 교체까지 동일 Roll로 압연될 수 있는 재료의 집합을 의미한다. Roll 단위 내에서 압연 순서는 실수율 향상과 Strip Crown, 표면 흠, 평탄도, 판 두께 정도 등에 영향을 미치는 사항들로 정의된 여러 가지 조건이 있다. Roll 단위를 편성할 때, 우선 Roll 교체 직후는 Roll 온도 등이 안정하지 못하기 때문에 비교적 압연하기 용이한 Size 및 재질의 소재를 몇 본 편성하는데 이것을 조정재라고 한다. 그 후에는 점차 광폭재가 편성되고 순서대로 중간폭, 최후에는 협폭으로 편성한다. Roll 단위 내에서 Strip의 목표 폭을 폭이 작아지는 방향으로 편성하는 이유는 Work Roll의 마모량 증가와 관련이 있다. Roll의 마모량이 증가한 상태에서 광폭재의 Strip을 압연하게 되면 Roll 마모 단차가 형성된 부분에 의해 Strip의 Side부에 과압하가 일어나 평탄도가 불량해질 수 있고 심한 경우에는 통판성도 저하시킬 수 있기 때문이다. 보통 판 두께는 두꺼운 것에서 얇은 것 순으로 압연순서를 결정하는데 이는 Roll 단위 내에서 변화가 있다.

① Roll 단위 편성 조건

(ㄱ) 가열로 재가열 온도

(ㄴ) Strip 목표 폭

(ㄷ) Strip 목표 두께

(ㄹ) 강종(목표 인장강도)

(ㅁ) 납기 등

(2) Roll 단위 편성 기본원칙

① 정수간 편성원칙

(ㄱ) 정기수리 후의 압연은 Back Up Roll의 Warming Up 및 온도 확보 등을 고려하여 부하가 적은 후물재를 편성한다.

(ㄴ) 정수전 및 노내재 단위는 가열로 수리, 보열 및 정수 직후의 압연조건을 고려하여 후물 또는 추출온도가 낮은 소재로 하며 냉연용 소재는 노내재로의 투입을 금한다.

(ㄷ) Roll 정비능력 등을 고려하여 박물단위는 연속적으로 3단위 이상 투입을 제한한다.

(ㄹ) Back Up Roll 마모로 인한 평탄도 불량을 고려하여 계획휴지 또는 정수 직전에는 극박물(1.6 mm t 미만) 및 광폭재는 투입하지 않는다.

② Roll 단위내 편성원칙

(ㄱ) 단위의 최초에는 Roll의 Thermal Crown 형성 및 Level 확인을 위해 압연하기 쉬운 초기 조정재를 넣는다.

(ㄴ) Work Roll의 마모를 고려하여 광폭재로부터 협폭재로 편성한다.

(ㄷ) 동일 치수 및 동일 강종은 모아서 동일 Lot로 편성한다.

(ㄹ) 동일 폭이 많을 경우 Work Roll의 동일 부위의 집중 마모로 형상불량이 우려되기 때문에 동일 폭의 연속압연 매수를 제한한다.

(ㅁ) 동일 치수에서 두께 공차 범위의 대·소가 있다면 큰 쪽에서 작은 쪽으로 편성한다.

(ㅂ) 동일 치수에서 강종이 서로 다르면 연한 것에서부터 경한 것으로 편성한다. ((ㅁ), (ㅂ)항이 겹치면 (ㅂ)항을 우선으로 결정)

(ㅅ) 압연이 어려운 치수인 경우 중간 조정재를 편성한다.

(ㅇ) 판표면 조도 엄격재 및 BP(Black Plate: 석도원판, 주석도금 가공 후 식음료캔 등의 제작에 쓰이는 강판)재는 Work Roll 표면 거침을 고려하여 가능한 단위 전반에 편성한다.

(ㅈ) Set 바꿈시는 치수정도의 확보를 위하여 두께, 폭 Set 바꿈량을 규제한다.

(3) Roll 단위 내 편성기준

① Roll 단위 내 편성개요

(ㄱ) Roll에 열 크라운(Thermal Crown)이 안정적으로 형성되도록 조정재를 투입한다.

(ㄴ) 사상압연 각 Stand별 부하배분 등 조업조건을 고려하여 Roll 단위 내 주체 Size의 통판성, Coil Crown, 형상 등이 양호하도록 편성한다.

(ㄷ) Strip의 목표 폭을 기준으로 Roll 단위 편성은 그림 3.28과 같이 한다.

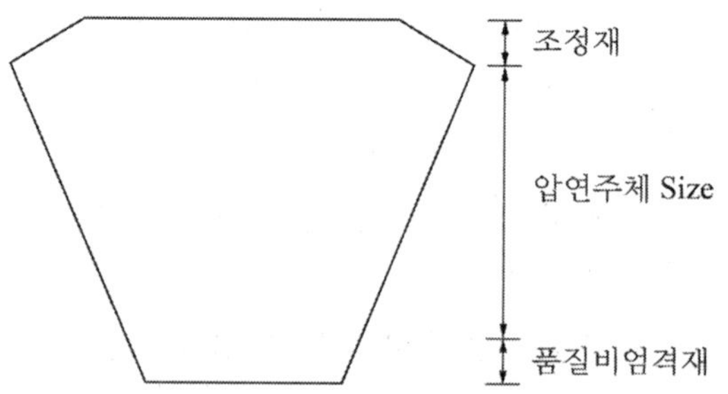

그림 3.28 ● Roll 단위 편성

② 조정재 기준

(ㄱ) 조정재

단위의 최초에 아래와 같은 조정재를 투입하여 Thermal Crown이 형성되도록 한다.

- 강종 : TS 40 kg/mm^2 급 이하 저탄소강
- Size : 두께 2.7～4.5, 폭 950～1150 mm
- 본수 : 3～5本
- 기타 : 치수 및 온도 엄격관리재는 제외

(ㄴ) 중간조정재(폭이행재)

최대 폭압연을 위하여 중간조정재를 투입하여야 하며 그 기준은 각 Roll 단위 편성기준에 따른다.

4.3.2 사상압연 Pass Schedule

사상압연기는 연속압연 방식인 Tandem Mill이고 제품의 최종품질에 큰 영향을 미치므로 아래 사항을 지키는 것이 중요하다.

① 정밀한 압하 Set로 정확한 두께 확보
② Mass Flow 일정법칙에 의한 각 Stand별 압하량과 압연 Speed의 Balance 유지
③ 각 Stand별 Motor 부하의 적절한 분배
④ 사상압연 출측 온도(FDT)가 목표 온도 범위 내에 적중될 것
⑤ 특정 롤의 표면 거침과 마모가 발생하지 않을 것
⑥ 통판성이 양호하고 판 형상(평탄도)이 좋을 것

이것들은 만족시키는 Pass Schedule을 정하기 위해서는 각 Stand에서의 입측, 출측 두께, 압연속도, 재료변형저항, Mill강성 등과 소비동력, 압하력, 온도 강하량 등과의 관계를 고려하지 않으면 안 된다.

4.3.3 사상압연 속도

(1) Threading Speed

판 선단이 사상 각 Stand를 통과하여 Run Out Table상에서 가속이 개시되기까지의 속도를 말한다. 속도는 사상온도 확보를 전제로 통판성 등을 고려하여 결정하며

박물에서는 700 mpm, 후물에서는 200 mpm 정도이다.

(2) 가속단계

Threading Speed로는 Strip의 Tail부의 압연소요시간이 너무 길어 Thermal Run Down에 의해 사상온도가 저하된다. 그러므로 판이 Mandrel에 걸리는 시점부터 최대속도까지 가속하는 단계를 통해 온도저하의 보상 및 생산성 향상이 이루어진다.

(3) 고속압연단계

가속종료 후 Run Out Table 냉각능력, Mill능력, 사상온도 공차 등을 고려한 최대 속도로 압연하는 단계이다.

(4) 사상압연 속도 패턴

사상압연의 속도 패턴은 일반적으로 아래와 같이 설정된다.

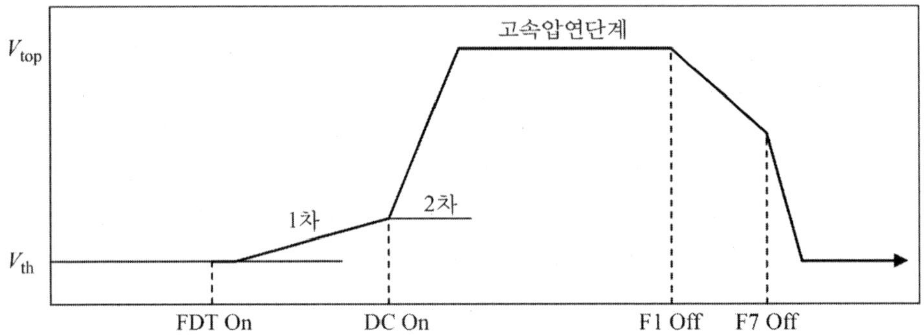

그림 3.29 ● 사상압연 속도 패턴

4.3.4 기타 작업

(1) Side Guide

압연에서는 Slab와 Strip의 Centering 상태가 Camber, Wedge, 통판성 등에 영향을 주기 때문에 Strip의 정렬 상태를 양호하게 만들어주는 Side Guide의 역할이 중요하다. 특히 사상압연에서는 판 Edge에 손상을 주지 않도록 하면서 Guide할 수 있는 적절한 Gap조정이 필요하다.

(2) Leveling

판의 편열, Roll 원통도, Mill 형식, Slab Wedge, Roll 편마모 등에 의해 압연 중에 판이 폭 방향으로 휘는 현상을 Camber라 한다. 이 Camber를 최소화하기 위해서는 Roll 편측의 Gap을 작업자가 증감하는 조정 작업을 하는데 이것을 Leveling이라 한다.

(3) 압연 Pitch 관리

압연 Pitch 관리는 생산성 향상을 위해 매우 중요한 사항이다. 압연 Line 전체의 진행을 예측하여 가열로에서 Slab의 추출 시점을 적절하게 설정할 수 있도록 해야 한다. 압연 Line에서는 Pass Time과 Idle Time을 단축하려는 노력을 해야 한다.

(4) Pass Line

Pass Line은 조·사상압연에서 공통적으로 통판성에 크게 영향을 미친다. Pass Line은 하부 Work Roll의 상면과 Roller Table 상면의 높이 차이를 의미하는데 이 Pass Line이 과도하게 높으면 판은 하향경향으로 되고, 낮으면 반대로 된다. Pass Line의 조정은 Roll경의 변화에 따라 Liner를 조정하는 방식으로 실시한다.

(5) Crop Shear

판의 선·미단은 Fish Tail 등이 생기기 쉽고, 온도저하도 있어 그대로 압연을 하게 되면 Miss Roll과 Roll Mark가 발생하기 쉽다. 때문에 사상압연 전면에서 Bar의 선·미단의 Crop을 절단한다. 이로 인해 실수율이 0.3～0.5% 저하되므로 최소 절단을 목표로 작업관리가 필요하며, 일부 Size, 강종에서는 No Cut작업을 하기도 한다.

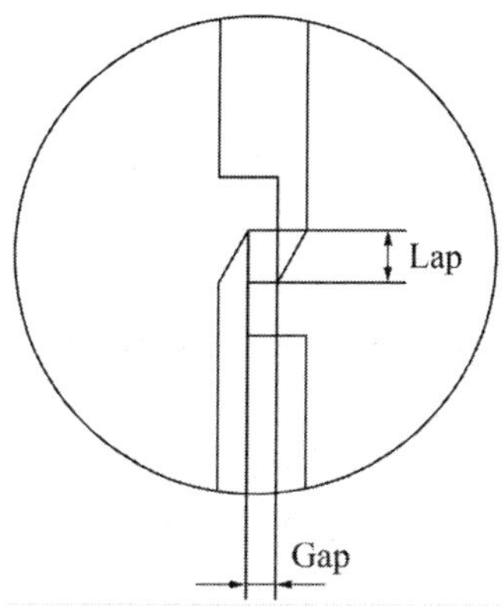

그림 3.30 ● 나이프 갭

4.4 품질제어 설비

4.4.1 Pair Cross Mill

열연 사상압연기에 설치되어 있고, 상하 Work Roll 및 Back Up Roll이 상호 Cross 되어 소재를 압연하는 설비로 품질상 요구되는 양호한 형상(평탄도)을 얻을 수 있는 장치이다. 입측 Cross Head와 출측 Cross Head로 BUR Chock 및 Cross Beam을 작동시켜 Work Roll의 Chock Clearance를 1.3 mm 정도 갖는다. 그림 3.31처럼 입·출측의 Cross Head를 동시에 동작시키는 것에 의해 Back Up Roll과 Work Roll을 Pair로 동작시키며 압연한다.

Pair Cross Mill의 원리는 Work Roll과 Back Up Roll을 Pair로 하여 상·하부 Roll 축 방향에 대해 Cross시키면 아래 그림처럼 상·하부 Work Roll의 Gap분포가 포물선 형태가 된다. 이것은 Work Roll에 Convex Crown(+Crown)을 준 것과 동일한 효과를 나타낸다. 즉, Pair Cross량을 조정함으로써 판 Crown 및 형상을 제어하는 원리이다.

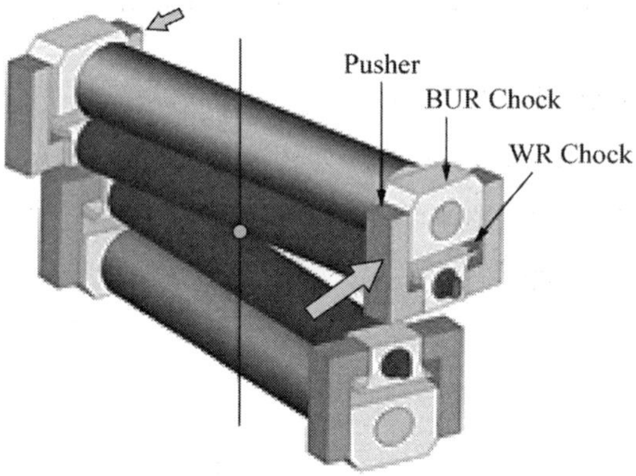

그림 3.31 ● Pair Cross Mill

4.4.2 A.G.C(Automatic Gauge Control)

AGC는 압연 중 Strip의 두께를 자동으로 제어하는 장치와 기능을 의미한다. 압연 중 Strip의 두께를 실시간으로 정확하게 제어하기 위하여 Screw Down Block 하단에 설치된 Load Cell에 의해 압연하중의 변화를 검출하여 현재의 위치를 탐지한 후 F7 후면에 설치된 X-ray가 판 두께를 측정하여 이 신호를 기반으로 하여 롤갭을 자동 제어하여 Strip 두께를 목표 두께로 제어하는 장치이다.

(1) AGC SYSTEM 관련설비

① Screw Down : AGC 유주 Control과 병행하여 Roll Gap 설정

② Top Beam : 압연 소재의 두께에 따라 유압으로 Roll Gap을 설정하는 장치로 Servo Unit, Inductosyn, Plunger, CYL′ 등으로 구성되어 있음

③ Bottom Beam : Beam 상부에 Bur 및 Sled를 안착하는 지지대

④ Screw Up : 내부에 Load Cell이 내장되어 Roll Force 검출 및 압연 Pass Line 조정

(2) AGC System 동작 개념도

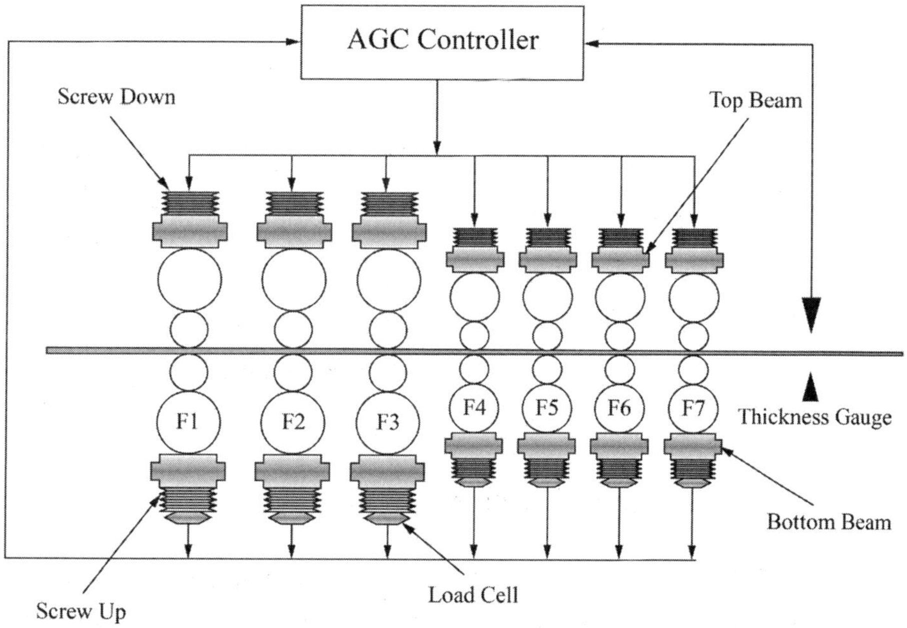

그림 3.32 ● AGC System 동작 개념도

4.4.3 Roll Bender

(1) 유압 Balance Cylinder

상부 Back Up Roll, 상부 Work Roll, 하부 Work Roll에 설치된 Over Head식의

유압식 Cylinder로서 이것은 Housing Window 내부에 설치된 Block내에 있다. 작업 시에는 Cylinder가 상승위치에 있고 Screw Down의 작동에 따라 Cylinder의 위치가 함께 움직여진다. Roll 교환식 및 Mill을 최초 구동 시에는 하강 위치에 놓여져 있어야만 한다.

(2) Roll Bender

열연 압연기에서 유압 Balance Cylinder를 통하여 압연 중 발생되는 Roll의 휨을 유압으로 상하 Cylinder를 통하여 휨 교정하는 장치로 Work Side/Drive Side 개별로 작용하는 P(Roll Force)에 대응하여 Bender력을 적절히 설정함으로써 판 형상을 개선할 수 있다. 즉, 그림과 같이 Bender를 증가시키면 Crown은 감소하고 Bender을 감소시키면 Crown은 증가하게 된다.

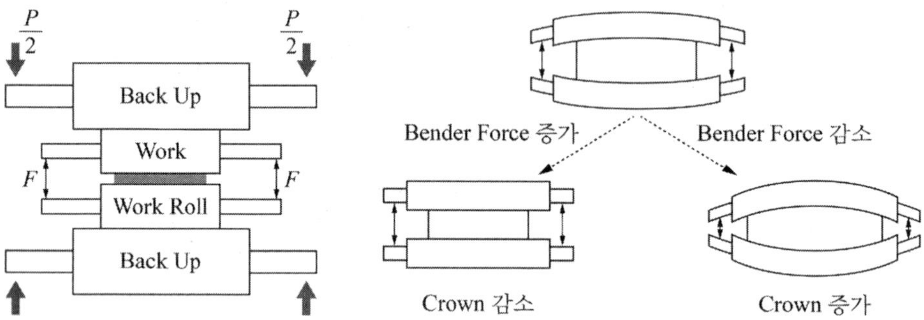

그림 3.33 Roll Bender

4.4.4 On-line Roll Grinder(O.R.G)

압연 시 Roll은 마찰로 인하여 표면의 손상 및 Roll 표면의 불균형적 마모로 압연에 영향을 줄 수 있다. ORG는 On-line 상태에서 적당한 Roll의 표면이 나올 때까지 압연기 내에서 Roll을 취외하지 않고 지석으로 연마하는 장치이다.

Roll 연마기능은 압연기내에 설치된 지석을 압력이 가해진 상태로 회전시키고 Roll 방향으로 Oscillation 구동하는 것에 의해 Roll을 연삭하는 것이다. 연삭은 그림 3.34와 같이 Cup 모양 지석의 회전축을 Roll 면법선에 대하여 소정의 미소각도(α)로 경사시키고 Roll축에 대하여 지석을 다시 Offset량만큼 경사시켜 지석을 Roll 축 방향으로 Oscillation한다.

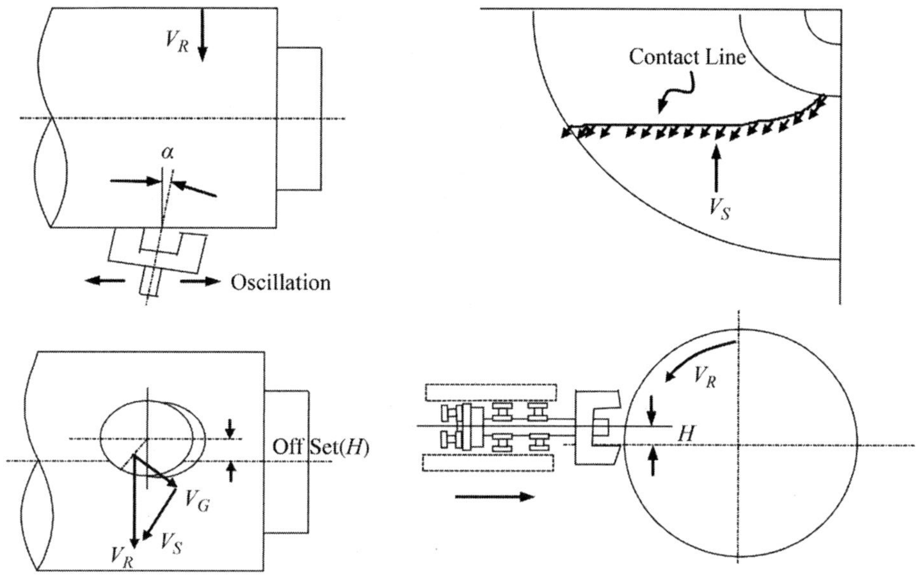

그림 3.34 ● On-line Roll Grinder

연삭방법으로는 압연에 의해 발생하는 Work Roll의 피로를 제거하기 위해 Work Roll의 전면을 연삭하는 전면연삭, 압연에 의해 발생하는 마모단차 등을 제거하고 Work Roll의 평활화를 위해 Work Roll의 양 Edge부만 연삭하는 단차연삭, OPM에 의해 계측된 Work Roll Profile 실적치에 의해 Work Roll 양 Edge부의 단차량 및 단차위치를 목표 연삭량, 위치로 구하여 연삭하는 Feed Back 연삭 등이 있다.

최근에는 구동형 ORG/OPM System을 채용하여 Set Up 계산기-Feedback 연삭기능의 예측 모델에서는 얻을 수 없는 Work Roll 형상을 OPM을 이용한 실측에 의해 Work Roll 단차 연삭을 실시함으로써 적정한 형상을 유지할 수 있다.

(1) OPM(On-line Profile Meter) System

Work Roll Profile 계측 기능은 압연기내에 설치된 초음파 변위계에 의해 Roll 표면 Profile을 계측하는 것으로 OPM 개략도는 그림 3.35와 같다. 계측은 초음파 변위계 Sensor Head를 Work Roll 표면에 접근시킨 후 Sensor와 Work Roll간에 수주를 만들어 Pulse 모양의 초음파를 발생시켜 비접촉으로 Sensor Head와 Work Roll 표면의 거리를 구한다. Roll 폭 방향으로 Oscillation시켜 Roll 전장을 계측한다.

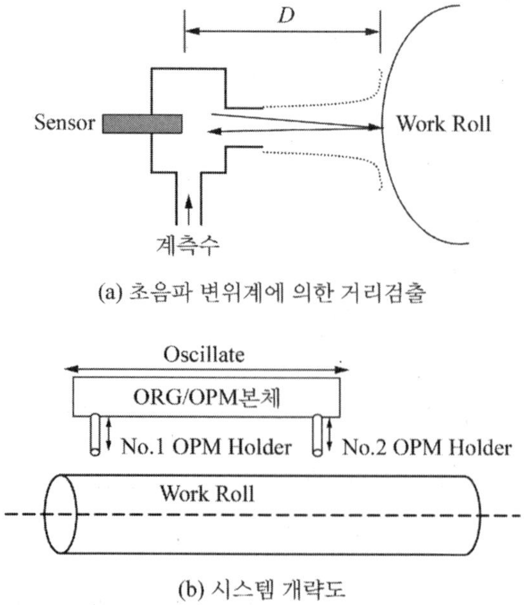

그림 3.35 ● OPM System의 개략도

4.5 두께 제어

4.5.1 사상압연 설정모델(FSU)

(1) 개요

FSU(Finishing Mill Setup)는 Level 3로부터 전송받은 압연소재 정보와 압연수식을 사용하여 Stand별 압하량, Speed, Descaling, Crop Shear, Side Guide, Edge Heater 등의 초기 설정값을 결정하는 프로그램이다.

(2) FSU 구성

① Set Up : 압연소재에 대한 초기 설정값을 예측 계산하는 기능.

② 학습 : 모델오차를 계산하여 Set Up에 Feed Back하는 기능

③ Dynamic Set Up : 전단 Stand 압연실적으로 후단 Stand를 재설정하는 기능

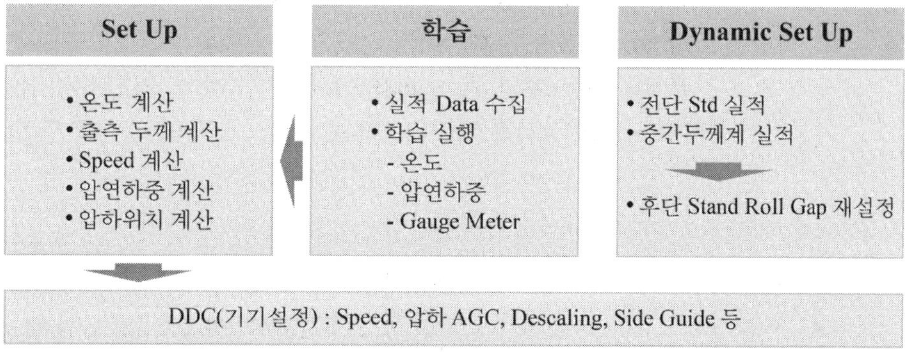

그림 3.36 ● FSU 구성

(3) FSU 수식 계산

① 온도 계산

(ㄱ) 공냉구간(RDT～FT0)

대류 열전달과 복사 열전달량 계산

FT0 = *f* (RDT, RDT～FT0 반송시간, Bar 두께, 재료 열방사율 & 비열 등)

(ㄴ) 수냉구간(FT0～FDT)

Descaling, Stand간 Spray, Roll과의 접촉에 의한 냉각현상과 소성변형 시 가공발열, Roll과의 마찰발열이 공존하여 해석이 어려움

FDT = *f* (냉각수 온도, FT0, 열전달계수, Coil 두께, Threading Speed)

② 출측 두께 계산

그림 3.37 ● 출측 두께 계산

(ㄱ) 목표 두께를 얻기 위하여 필요한 Power를 계산

누적소요동력 = *f* (FM 입측 온도, 강종계수, Bar & Coil 두께)

(ㄴ) 각 Stand 부하배분비 결정 : Table & 운전자 입력치

(ㄷ) 각 Stand 출측 두께 계산

부하배분비로부터 각 Stand의 출측 판 두께를 결정하기 위해서는 Power Curve 압연동력곡선을 이용하고 있다.

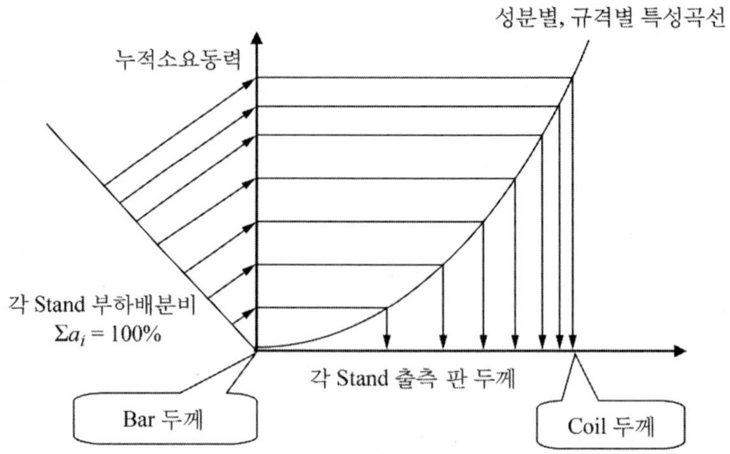

그림 3.38 ● 출측 판 두께 계산

③ 압연하중(Roll Force) 계산

압연하중 = 평균변형저항 × 투영접촉길이 × 판폭 × 압하력 함수

(ㄱ) 평균변형저항 : 압연 시 단위면적당 가해지는 힘

변형저항 = f (온도, 변형률, 변형속도, 성분, 조직, 마찰계수)

(ㄴ) 투영접촉길이 : Roll과 Strip 접촉면의 압연 방향 투영길이

투영접촉길이 = f (Roll경, 입·출측 판 두께, Roll 특성값, 예측압연하중 등)

(ㄷ) 압하력 함수 : 압연 시 필요한 압력과 계산된 변형저항과의 관계식(경험식)

④ 롤갭 계산

Roll Gap = 출측 두께 − Mill 연신량 + 보상값

(ㄱ) Mill 연신량 : 압하 시 압연기 탄성 변형량

㈁ 보상값 : Roll 마모, Roll Thermal Crown, Oil Film 두께(회전 시 Roll Gap 유막에 의해 변동되는 양) 등

4.5.2 AGC에 의한 두께제어 이론

(1) Roll Force AGC

① 개요

Lock On 시 출측 판 두께를 기준으로 압연력의 변화와 롤갭의 변화로부터 출측 판 두께를 산출하여 두께 편차를 줄이도록 롤갭을 제어한다.

② 제어 Flow

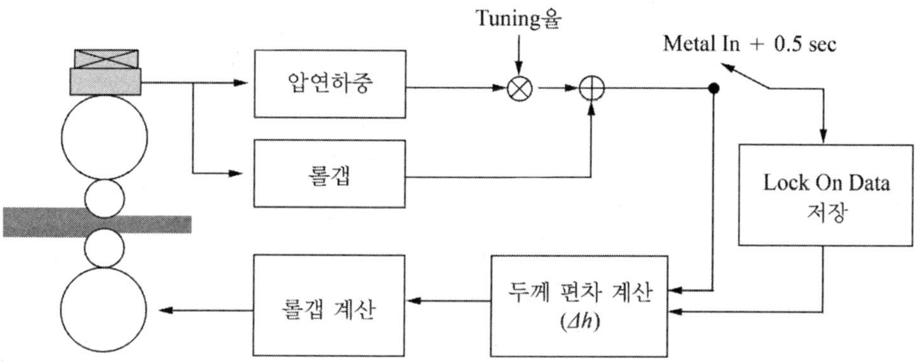

그림 3.39 제어 Flow

③ 제어원리

㈀ 두께 편차 계산

$$h_0 = S_0 + \left(\frac{RF_0}{M}\right)$$

여기서, h_0 : 압연기 출측 목표두께

S_0 : 무부하 상태 Roll Gap

RF_0 : 예측 Roll Force

h_n : 실석 누께

S_n : Roll Gap

RF_n : 실적 Roll Force

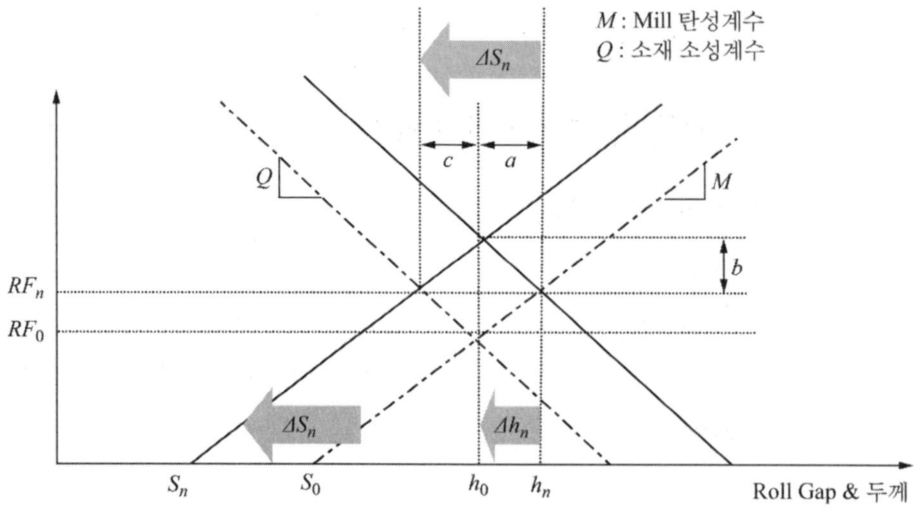

그림 3.40 ● 두께 편차 계산

그림 3.40에서는 AGC 두께제어의 원리를 설명하고 있다. 여기서 Mill 탄성곡선과 소재의 소성곡선이 만나는 점의 x축 값이 압연기 출측 두께가 되고 y축 값이 예측 압연하중이 된다. 그러나 모든 예측값은 실제 압연 시에 반드시 오차를 갖게 된다. 이 그림에서는 소재의 압연기 입측 두께가 예상보다 두꺼웠을 경우를 보여주고 있다. 따라서 Mill 탄성곡선과 소재 소성곡선의 교점이 바뀌게 되고 이는 당초 예상되었던 압연기 출측 두께와 예측 압연하중이 모두 증가하는 결과를 보인다. 여기서 AGC의 역할은 이와 같은 외부 변화요인에 신속하게 대응하여 롤갭을 변경 제어하여 당초 목표로 하였던 압연기 출측 두께를 얻는 것이다. 이를 위해 AGC는 롤갭을 S_0에서 S_n으로 변경하여 압연기 출측 두께가 h_0가 되도록 제어를 수행한다.

이와 같은 AGC 두께제어의 원리를 응용하면 소재의 강성이 예상과 다를 경우, 압연기의 탄성 특성이 예상과 다를 경우 등에 대하여 AGC가 대응해야 하는 방향도 쉽게 알 수 있다.

(2) 선단고속 AGC & Monitor AGC

① 개요

Monitor AGC는 X-ray 두께계로부터 두께 편차를 Feedback 받아 적분제어를 적용하여 두께를 제어한다. 선단고속 AGC는 Coil 선단부의 Off-Gauge 감소를 위해 응답성이 빠른 비례제어를 적용하여 선단부 두께를 제어한다.

② 제어 Flow

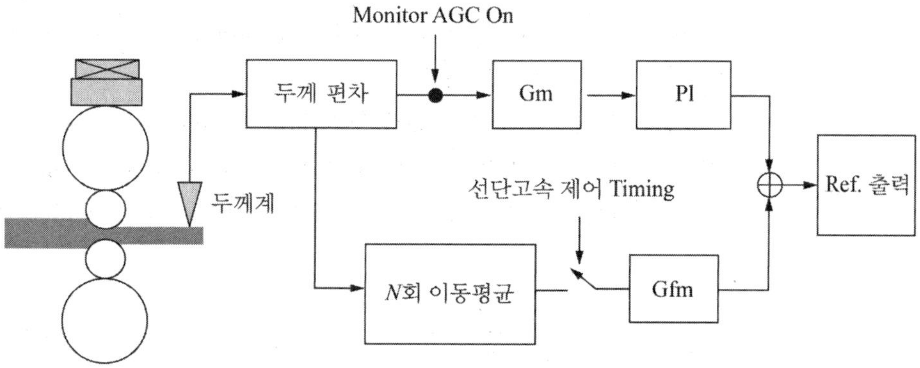

그림 3.41 ● 두께 편차 계산

③ 제어 원리

(ㄱ) Monitor AGC

사상압연기 출측 두께계로부터 판 두께 편차를 Feedback 받아 롤갭 제어에 실시간으로 반영한다.

(ㄴ) 선단고속 AGC

Coil 선단부의 Off-Gauge를 신속히 제거하기 위한 것으로 강종 및 Size, Stand별로 정해진 제어량(Gfm), 제어주기에 의해 판 두께제어를 실시한다.

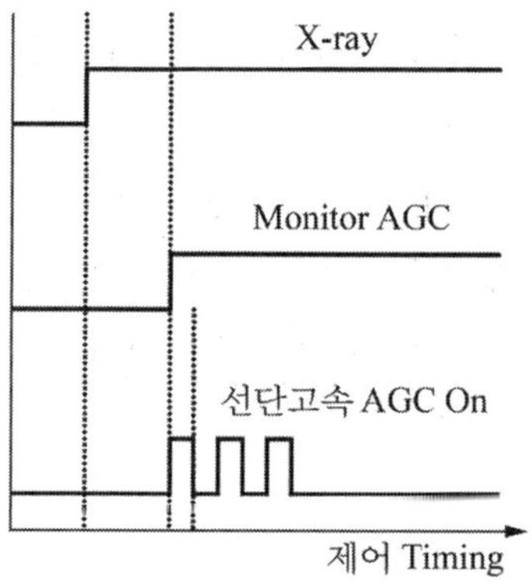

그림 3.42 ● 제어 원리

(3) Feedforward AGC

① 개요

Feedback 제어방식(Roll Force AGC, Monitor AGC 등)은 제어지연에 의해 두께제어 정도가 떨어지게 된다.

이와 같은 제어지연을 보상하기 위한 Feedforward 제어는 $N-1$ Stand의 실적(압연하중, 온도, Roll Gap)을 이용하여 N Stand의 Roll Gap을 수정하는 방법과, Stand간의 두께계 실적을 이용하여 Roll Gap을 수정하는 방법이 있다.

② 제어 Flow

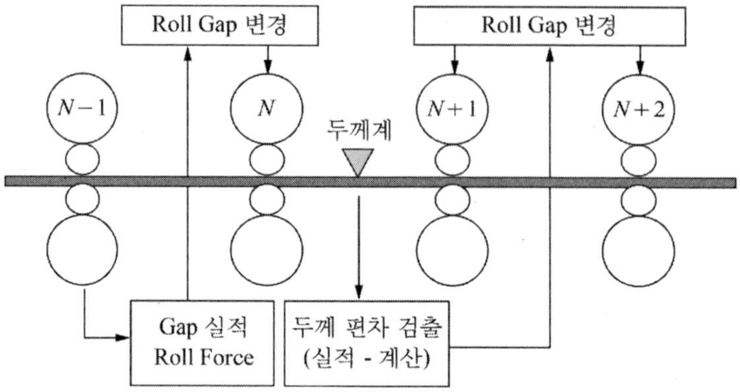

그림 3.43 ● 제어 Flow

③ 원리

$N-1$ Stand에서 계산된 출측 판 두께편차 $\Delta h_n - 1$ 및 출측 온도편차 T_n-1이 N Stand에 도달하면 N Stand의 입측 판 두께편차 ΔH_n 및 입측 온도편차 ΔT_n을 발생시켜 N Stand 압연 후 판 두께편차로 나타나게 된다. 이러한 판 두께편차와 Time Delay를 계산하여 Roll Gap을 제어한다.

Stand간 두께계를 사용하는 경우에는 두께계에서 검출한 판 두께편차 Δh_n과 온도 실적치 ΔT_n을 이용하여 $N+1$ Stand의 Roll Gap을 제어한다.

(4) 절대치 AGC

① 개요

각 Stand마다 PLC에서 계산한 GaugeMeter 판 두께와 목표 판 두께의 차가

"0"이 되도록 제어하는 기능을 말한다.
GaugeMeter 판 두께 계산정도를 높이기 위하여 학습을 실시한다.

(ㄱ) X-ray On 이전 : SCC에서 Bar to Bar 학습한 GaugeMeter Error 사용
(ㄴ) X-ray On 이후 : 실제 판 두께와 GaugeMeter 판 두께의 오차를 산출하여 PLC내에서 전장에 걸쳐 GaugeMeter Error를 보정

② 제어 Flow

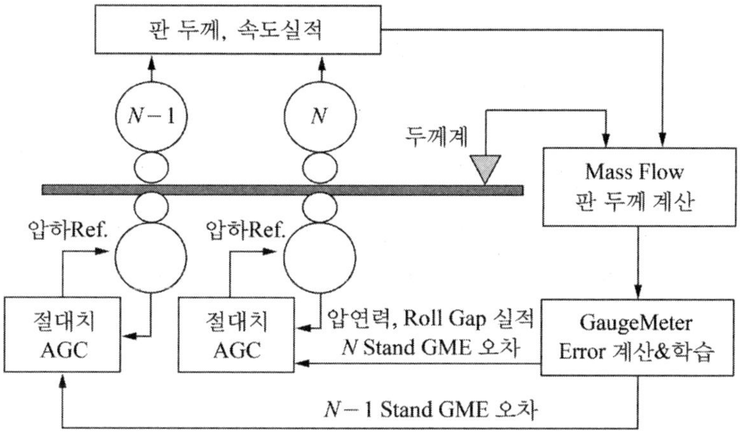

그림 3.44 ● 제어 Flow

③ 제어방법

(ㄱ) GaugeMeter Error 학습
Last Stand Metal In시 각 Stand GaugeMeter 판 두께 및 출측 속도를 Shift Count한다.

$$\text{GaugeMeter 판 두께}(h_{GMn}) = S_n + \frac{RF_{\text{실적}} - RF_{\text{영조}}}{M_n}$$

X-ray 두께계 On+0.5초 후에 X-ray 실적 및 Mass Flow 관계식을 사용하여 각 Stand의 실제 두께를 구한 다음 GaugeMeter Error 학습치를 결정한다.

$$\text{Mass Flow식} \quad V_L(1+f_L)h_{\text{X-ray}} = V_n(1+f_n)h_{GMn}$$

$$\text{실제 판 두께} \quad h_{MFn} = V_L(1+f_L)h_{\text{X-ray}} \,/\, V_n(1+f_n)$$

$$\text{GaugeMeter Error 학습치 } GME_n = h_{MFn} - h_{GMn}$$

여기서, V_n : N Stand Speed, f_n : N Stand 선진율,

V_L : Last Stand Speed, f_L : Last Stand 선진율

㈏ 두께제어량 계산

$$\Delta h_n = S_n + \frac{RF_{\text{실적}} - RF_{\text{영조}}}{M_n} - GME_n - \text{각 Stand 출측 목표두께}$$

(5) Target Change

① 개요

1.0 mm 미만의 초극박재 생산을 위하여 Coil 선단부는 1 mm 이상으로 안정되게 통판시킨 후 판 내에서 목표두께를 변경하고, Tail Out 시에는 다시 1.0 mm 이상으로 목표두께를 변경하여 Tail 통판성을 확보하는 제어방법

② 제어방법

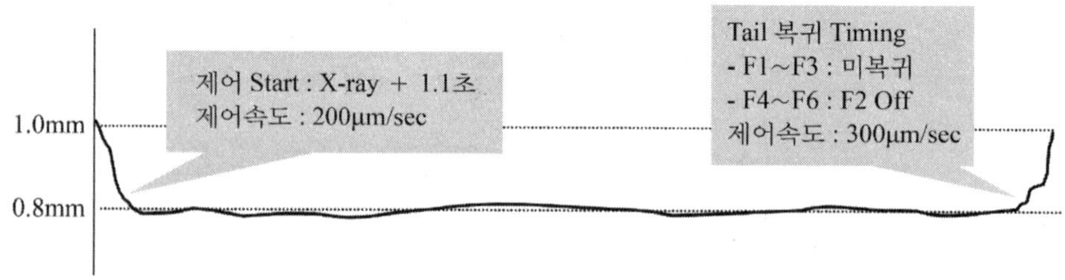

그림 3.45 ● 제어방법

4.6 Looper 제어 시스템

4.6.1 루퍼 제어 시스템의 개요

루퍼(Looper)는 압연 중 Mass-Balance의 불일치로 인한 요인을 보상하여 통판성 향상 및 조업 안정성을 도모하기 위하여 도입되었다. 이러한 고유의 기능을 수행하기 위하여, 소재 Tracking 기능, 루퍼 상승제어 기능, Soft Touch 제어 기능, 소재 장력제어 기능, 루퍼 각도제어 기능, 루퍼 각도와 소재장력간 비간섭 제어 기능, No-Whip 제어

등의 기능을 수행한다.

(1) 소재 Tracking 기능

Tracking 기능이란 압연 라인에 설치된 센서들과 롤러 테이블의 속도 등을 이용하여 현재 열연 판의 위치를 추적하는 기능이다. 이 기능을 이용하여 다른 일련의 제어 기능들을 수행하도록 Sequence 제어 기능을 적용할 수 있다.

(2) 루퍼 상승제어 기능

루퍼 초기 상승제어는 전단 압연기에 소재가 치입된 후, 초기 위치에 정지해 있는 루퍼를 기동하기 위해서 큰 값의 기동토크를 입력하여 루퍼 자체의 관성을 이기고 동작할 수 있도록 돕는 기능이다.

(3) Soft Touch 제어 기능

Soft Touch 제어는 루퍼 상승 초기에 소재에 부가되는 충격력을 완화시키기 위하여 소재와 루퍼롤과의 접촉구간 근방에서 루퍼 속도를 조절하는 방법이다.

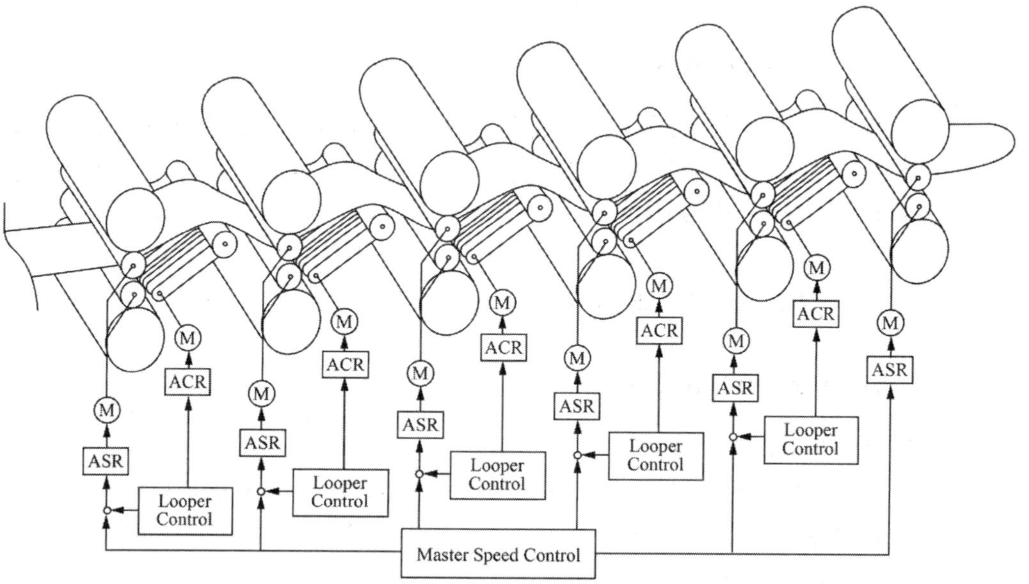

그림 3.46 ● 루퍼 제어 시스템

(4) 소재 장력제어 기능

소재 장력제어 기능은 루퍼가 동작위치에서 동작 중에 루퍼 모터에 작용하는 토크로부터 장력값을 구하거나, 루퍼롤 축에 부착되어 있는 로드셀을 이용하여 소재에 작용하고 있는 장력을 검출하여, 피드백에 사용함으로써 일정한 장력값을 유지하도록 제어하는 기능이다.

(5) 루퍼 각도제어 기능

루퍼 각도제어 기능은 루퍼롤 축에 부착되어 있는 PLG로부터 회전정도를 나타내는 Count값을 Input으로 받아들여 각도로 환산한 후, 이 값을 이용하여 루퍼 각도제어를 수행한다.

(6) 비간섭 제어 기능

비간섭 제어 기능(Non-Interactive Control)은 소재 장력과 루퍼 각도의 변수간 상호간섭이 존재(MIMO System)하기 때문에, 어느 하나의 변수만을 제어해서는 원하는 값 및 성능을 기대하기 어렵다. 따라서 이러한 변수간 상호간섭의 영향을 최소화하기 위하여 비간섭 제어를 수행한다.

(7) No-Whip 제어

No-Whip 제어 기능은 소재가 후단 압연기 Metal Off 직전에 루퍼의 높이와 장력의 참조값을 감소시킴으로써 열연판이 압연기를 빠져 나갈 때, 소재가 원활하게 통판되도록 하는 기능이다.

4.6.2 루퍼 제어 설계 개요

(1) 장력 제어 효과

① 압연 공정의 안정
② 스탠드간의 미끄러짐(Slip) 방지, Edge Wave, Center Buckle 감소
③ Mass Flow의 유지
④ 폭 변형 방지
⑤ 온도변화에 의한 변형 방지

(2) 루퍼 각도 제어

① 과도한 판재의 입력량 보완, 공정의 안정화

② 스탠드간의 장력 결정
③ 판재의 길이 결정

(3) 제어 목적

장력과 루퍼 각도를 일정한 양으로 조절함

4.7 형상제어 시스템

4.7.1 판 크라운 제어

판 두께가 두꺼운 전단 스탠드에서는 형상변화가 둔감한 평탄도 불감대 영역이 넓어 판 크라운 변화에 따른 평탄도의 변화가 작아 판 크라운 제어가 용이하다. 그러나 후단 스탠드에서 판 두께가 얇아지면 판 크라운 제어 시에는 평탄도가 매우 민감하게 반응하게 되어 Pair Cross 각도 사용에 제한이 생긴다. 따라서 전단 스탠드에서는 판 크라운 제어, 후단 스탠드에서는 평탄도 중심의 제어를 하는 것이 바람직하다.

그림 3.47은 각 스탠드별 평탄도의 불감대(Dead Band)를 나타낸다. 여기서 y축의 값은 상대 크라운의 변화를 나타낸다. 이것은 압연기 입측과 출측의 판 크라운을 각각 판 두께로 나눈 무차원 값이다. 전후 스탠드 상대 크라운의 차이가 클수록 양파 또는

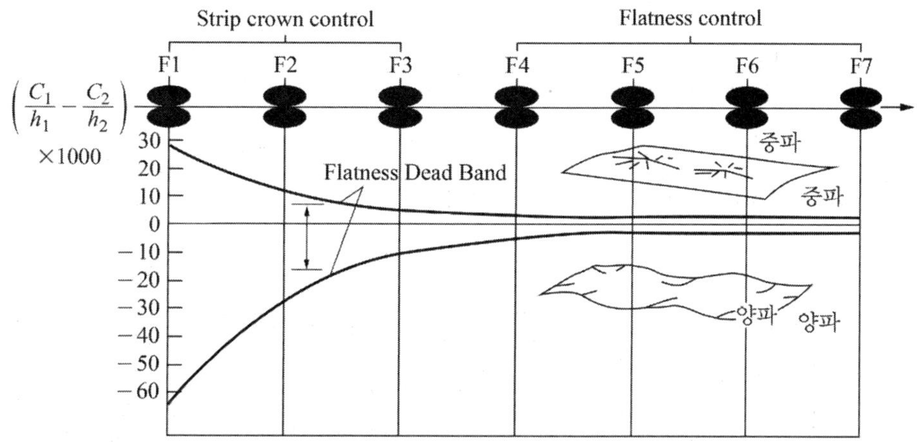

$$\delta = \frac{C_1}{h_1} - \frac{C_2}{h_2}$$

δ : 상대 Crown 변화량
C_1, C_2 : 입·출구측 판 Crown
h_1, h_2 : 입·출구측 판 두께

그림 3.47 ● 각 스탠드별 평탄도의 불감대(Dead Band)

중파가 발생하게 된다. 따라서 각 스탠드의 판 두께에 비례하여 크라운을 제어해야 하며 전단에서는 불감대 영역이 넓으므로 가능한 Pair Cross 각도를 크게 하고 판 두께 변화가 작은 후단에서는 Bender를 사용하여 Crown을 유지하는 것이 좋다.

열간압연에서 판 크라운은 전사율과 유전에 깊은 관계가 있으며 출측 판 크라운은 롤 형상(마모, 열, 초기 롤크라운 등)과 입측 판 크라운에 크게 의존한다. 전사율이란 롤 형상이 판 크라운에 미치는 정도를 나타내고 유전계수란 입측 판 크라운의 크기가 출측 크라운에 미치는 영향을 의미하므로 전사율과 유전계수를 합하면 1이 된다. 박물, 광폭재 압연 시에는 판 크라운 유전계수가 크게 되어 제어가 쉽지 않다. 냉연에서 판 크라운은 상당 부분 유전되므로 냉연의 크라운을 제어하기 위해서는 열연크라운의 크기가 중요하다.

4.7.2 Edge Drop 제어방법

Edge Drop은 전술한 판 크라운과 형상불량 메커니즘과는 달리 발생하고 판단부에서의 국부적인 변형에 기인하는 것이다. 판 중앙부에서는 압연압력에 의해 롤이 편평변형되지만 판단부에서는 소재의 폭 퍼짐에 의해 압연압력이 급격히 감소함으로 롤 편평 변형도 감소하여 Edge Drop이 발생하게 된다.

따라서 Edge Drop을 저감하기 위해서는 롤 편평 변형을 감소시켜야 하는데 다음과 같은 방법이 있다.

① 롤 소경화
② 롤 경도 향상
③ 압연하중의 감소

하지만 실제 압연에 적용하기는 매우 어려우며 열연에서도 아래 그림과 같이 Taper Roll Shift 방법을 적용하기도 한다.

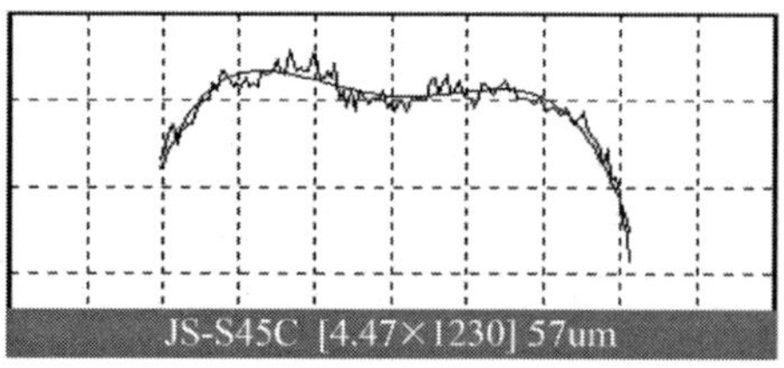

그림 3.48 ● Edge Drop

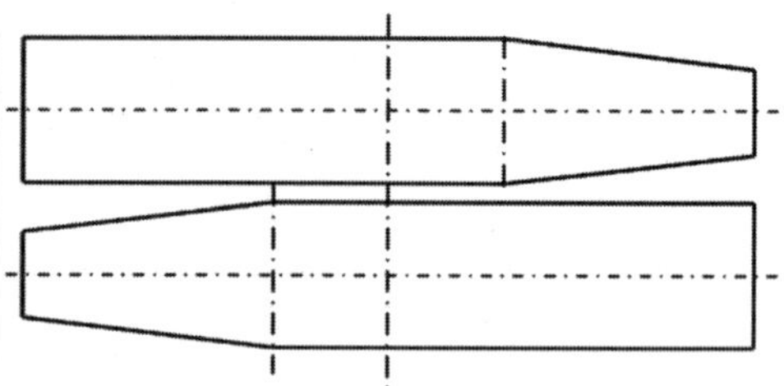

그림 3.49 ● Taper Roll

4.7.3 롤 벤더를 이용한 다이내믹 피드백 제어

벤더를 이용한 피드백 방법에는 아래와 같은 방법이 있다.

표 3.12 벤더를 이용한 피드백 방법

제어방법	제어내용
크라운 피드백	최종 스탠드 출측 프로파일메터 이용(4 또는 8초 주기) 출측 판 크라운을 목표치에 근접하도록 F4~F6 제어
평탄도 피드백	출측의 Shape Meter로부터 0.1초의 주기로 수신한 판형상 실측치 이용 최종 스탠드(1열연 F6) 벤더력 수정 제어
롤포스 보상	FSU Set-Up 계산치와 실적 롤포스의 차이를 벤더력으로 보상 제어

판 크라운/평탄도 다이내믹 제어 및 롤포스 보상제어는 Level 1에서 실시하고 형상제어모델에서는 제어 게인을 계산하여 Level 1으로 전송한다.

HMI 화면에는 Non Interaction Mode(비간섭 모드)가 있으며 이것을 사용하면 벤더 기능을 이용하여 크라운과 평탄도 제어 시 서로 비간섭 제어한다.

4.7.4 Work Roll Shift를 이용한 마모 분산

사상압연 스탠드의 WR Shift 기능은 Work Roll을 약 300 mm까지 이동하는 것이 가능하다. ORG가 본래의 기능을 다하지 못하였을 때 고정된 위치에서 판의 가장자리와 지속적으로 닿아서 발생하는 롤 국부마모를 감소하기 위한 목적으로 도입된다.

4.7.5 ORG를 이용한 압연기술

ORG의 운전은 SCC, PRESET 2가지 방법이 있으며 연삭조건 입력에 의해 연삭지령을 내리게 된다. 연삭패턴은 전면연삭, 단차연삭이 있다.

(1) 전면연삭

Roll Profile 개선과 Roll 엣지부 국부마모를 제거

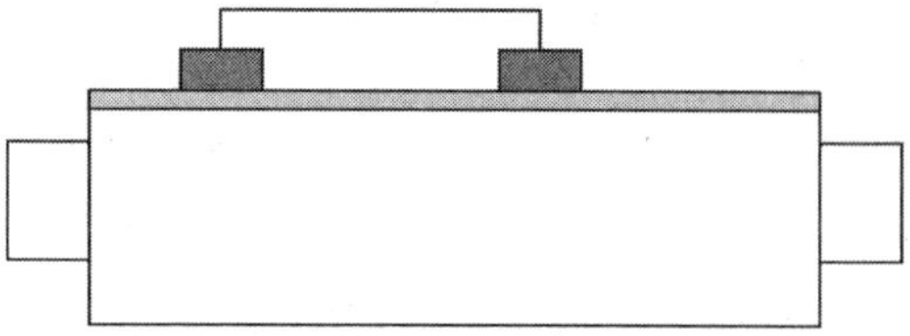

그림 3.50 ● 전면연삭

(2) 단차연삭

통판부와 비통판부와의 단차마모를 제거하여 초기 롤 Profile에 근사화

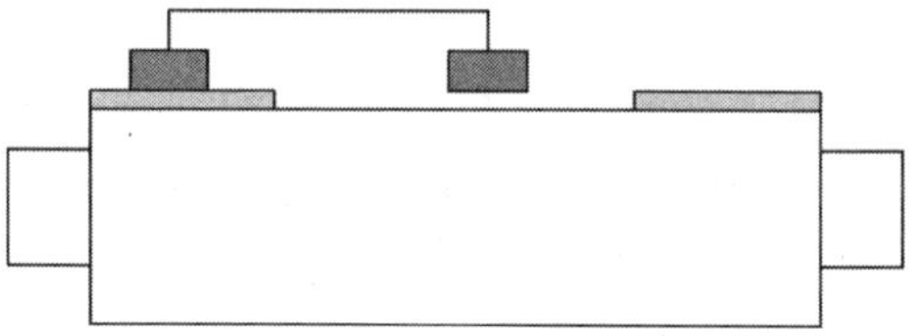

그림 3.51 ● 단차연삭

실제의 압연에서는 전면과 단차연삭을 모델 계산치에 따라 병행하여 연삭을 실시한다. 연삭특성을 결정짓는 요소로서는 WR 중심에서 ORG지석 중심을 45 mm 벗어나게 설정하여 연삭효율을 극대화 시키는 OFF-SET, 연삭시간, 압부압력, 롤주속, 지석회전수와 지석사양 등이 있다. 연삭을 실시한 결과 평가의 3대 요소로는 연삭능력(1분간 롤을 연삭한 량), 연삭비(연삭된 롤의 체적과 지석의 마모체적의 비율), 표면조도(롤 표면의 거칠기) 등이 있다. 실제로 롤과 지석표면을 확인하면 ORG에 의해 발생하는 문제점들의 대부분을 확인 가능하다. 따라서 매일 1회 정도 연삭 후 롤 표면, 프로필 및 지석의 상태를 확인할 필요가 있다.

(3) 연삭지석의 이상

ORG 사용 시 지석에 발생하는 문제점은 다음과 같다.

표 3.13 ORG 사용 시 지석에 발생하는 문제점

문제점	지석 표면에 나타나는 현상
표면 평탄도 불량	연삭 중 지석이 WR을 두들기는 듯한 연삭 지석표면의 면압이 증감으로 불균일 마모 방진고무 확인, 평탄도는 Dial Gauge로 측정가능
지석눈막힘	지석표면이 거울처럼 반사하고 매끄럽다. 자생되지 않아 연삭능이 급격히 저하 유압연 노즐 등을 점검하여 분사량이 많은지 조사
지석표면 탄 흔적	지석표면에 금속 융착(불빛을 비추면 금색을 띈다.) 접촉압력이 강하기 때문에 발생 연삭상태에 따라 접촉압력을 변경
지석의 파손	강한 외압, 충격 또는 규격 외의 지석을 부착 파손의 크기에 따라 교체여부 결정 롤표면의 연삭상태를 조사하여 접촉 시 충격 확인

(4) 롤에 발생하는 이상

롤에 나타난 이상으로부터 ORG의 부적합을 알 수가 있다. 본래는 롤에 이상이 나타나기 이전에 ORG 부적합을 수정하는 것이 바람직하지만 비교적 가벼운 경우는 알기가 쉽지 않다. 롤에 발생하는 마크에 관해서 다음과 같은 형태가 있다.

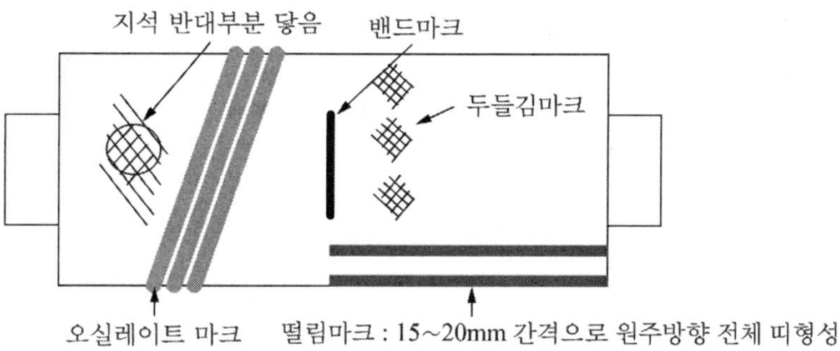

그림 3.52 롤에 발생하는 마크

아래 그림은 압연 후 롤정비에서 측정한 마모 Profile이다. D.S 측은 정상적인 연삭이 실시되었으나 W.S에서는 지석눈막힘에 따른 연삭능 저하로 좌우 편차가 발생한 이상마모를 나타낸다.

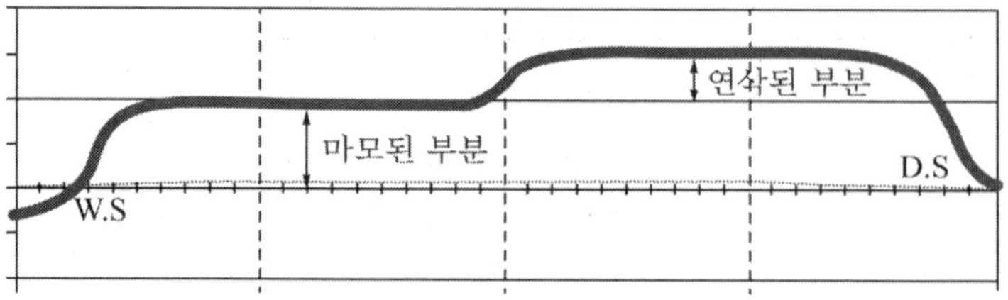

그림 3.53 ● 롤에 발생하는 마크

표 3.14는 롤정비에서 주기적인 롤마모 측정 후 이상발생을 다듬질, 설비관리반에 알려 지석교환 등의 긴급히 조치를 취해야 하는 사례를 나타낸다.

표 3.14 긴급 조치를 취해야 하는 사례

문제점	롤 표면에 나타나는 현상
오실레이트 마크	롤 주속과 OSC'속도가 서로 맞지 않을 때 발생 OSC'속도패턴이 고속/저속으로 롤 주속에 따라 조정
두들김마크 (타다키마크)	지석면의 평탄도가 나쁠 때 지석진동에 의해 발생 접촉압력을 낮춰 지석의 평탄도를 작게 유지
떨림마크 (채털링 마크)	압부력 및 지석 회전수를 롤 주속에 맞춰 조정 2열연 전단에서는 롤 주속이 느려 발생하지 않음
밴드 마크	지석의 후퇴속도가 느릴 때 주로 발생 접촉압력(PH) 및 PR 또는 밸런스 타이머 값을 확인
지석의 반대편 접촉마크	접촉압력이 크기 때문에 자주 발생 자주 발생하면 방진고무를 확인, 열화되었으면 교환
비구동 연삭마크	지석이 유압에 의해 회전하지 않고 롤에 의해 회전 회전용 밸브 또는 호스의 파열 등의 이상
정위치 연삭마크	OSC'가 정지한 채 ORG 연삭 롤에 선명하게 나타나며 길이가 지석폭과 일치
연삭마크	반드시 롤에 연삭마크가 발생하며 연삭마크의 각도를 확인하면 OFF-SET의 정상여부 판단가능

(5) 지석의 구분

지석은 연삭 시 절삭날 역할을 하는 지립, 이를 유지하는 결합제, 깍은 이물질을 배출하는 기공의 3요소로 이루어져 있다.

연삭 지석의 종류는 지립의 종류, 지립의 크기인 입도, 결합도, 강도로 구분한다.

알파벳 A~Z-Type의 의미는 결합도를 나타내고 A로 갈수록 연하고 Z로 갈수록 경함을 의미한다. 지석을 표시하는 숫자는 입도를 나타내며 숫자가 클수록 미립자이다.

4.8 권취 냉각제어

4.8.1 냉각제어 개요

열연권취 온도제어는 열연 공정의 다듬질 온도인 FDT(Finishing Delivery Temperature)를 읽어서 CT(Coiling Temperature)를 원하는 목표온도에 맞추도록 적절한 제어를 하는 시스템이다.

냉각 공정은 강의 인장강도(TS), 항복강도(YS) 및 연신율(EL) 등과 같은 기계적 특성을 결정하는데 매우 큰 영향을 미치므로 권취부의 최종온도인 CT를 원하는 목표온도에 최대한 근접시킬 수 있도록 냉각수량을 적절히 조절해 주어야 한다.

4.8.2 재료의 열전달

재료의 열전달 기구는 햇빛과 같이 열이 직접 전달되는 복사(Radiation), 열이 물체를 통하여 이동하는 전도(Conduction) 및 기체나 액체에서 물질이 열을 가지고 이동하는 대류(Convection)로 나누어진다.

냉각제어에서는 복사와 전도는 대류에 비하여 적은 영향을 미치므로 무시하고 대류에 의한 열전도만을 고려한다.

공냉지배방정식

$$\ddot{q} = \frac{q_r}{A} = -2\sigma\varepsilon T^4 dt \qquad q_m = \rho c V dT$$

$$q_r = q_m$$

(단, σ : 스테판-볼츠만 상수, ε : 방사율, A : 단면적, T : 온도, ρ : 밀도, c : 비열, V : 체적, t : 시간)

수냉지배방정식

$$\dot{q} = \frac{dq_w}{dt} = pcV\frac{dT}{dt} \qquad \Delta T_w = \frac{dT}{dt} = \frac{\dot{q}}{pcV}dt$$

$$\dot{q} = \dot{q}_u + \dot{q}_d$$

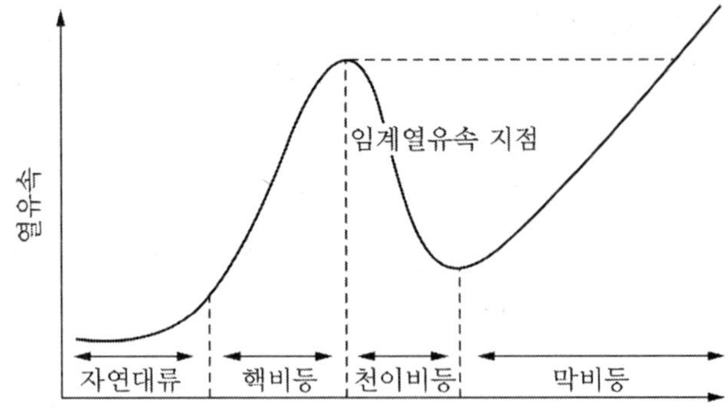

그림 3.54 ● Boiling Curve

(1) 자연대류

액상과 접촉하는 증기가 불충분하여 포화온도에서 비등을 일으키지 못한다.

(2) 핵비등(Nucleate Boiling)

핵생성 위치에서 유리된 기포가 형성되어 표면에서부터 분리된다. 이 역에서는 대부분의 열교환이 표면에서부터 표면근처에서 운동하는 액체로의 직접 열교환을 통하여 일어나며 표면에서 위로 올라가는 기포에 의해 일어나는 것은 아니다. 작은 값의 온도 차이에 의해 큰 열전달률의 대류열전달계수를 얻을 수 있다.

(3) 천이비등(Transition Boiling)

불안정 막비등 또는 부분 막비등이라고 한다. 기포의 형성이 급격히 일어나서 증기막 또는 증기포가 표면에서 형성되기 시작한다.

(4) 막비등(Film Boiling)

표면이 증기포에 의하여 완전히 둘러싸이며, 표면과 액체 사이의 열전달은 증기를 통한 전도에 의해 일어나기 때문에 냉각효과가 크게 떨어진다.

4.8.3 ROT(Run Out Table) 냉각

(1) 냉각특징

ROT 냉각은 고속으로 주행하는 Strip을 한정된 공간과 시간 내에 냉각하여야 하며, 냉각종료 온도도 다른 공정에 비해 엄격한 범위에서 제어되어야 한다. 최근에는 고속압연 작업등에 의해 높은 냉각능이 기대되고 있으며, 아울러 불균일 냉각에 의해 발생되는 잔류응력 등의 문제로 인해 설비 고성능화도 이루어지고 있는 추세다.

냉각장치 및 방식으로는 상부는 Laminar 냉각, 하부는 Spray 냉각방식을 채택하고 있는 경향이다.

(2) 냉각능력

ROT의 냉각능력은 평균 열전달률(kcal/m^2·hr·℃)로 표시된다. 상하 Spray방식의 냉각능력은 700～800, Laminar방식은 1200～1500이고, 최근에는 2000을 넘는 경우도 많다. Laminar방식의 원리는 냉각수의 수직 낙하운동 에너지로 증기막을 뚫어내어 냉각수와 Strip표면이 잘 접촉하여 열전달이 원활히 되도록 하는 것이다.

(3) 제어구성

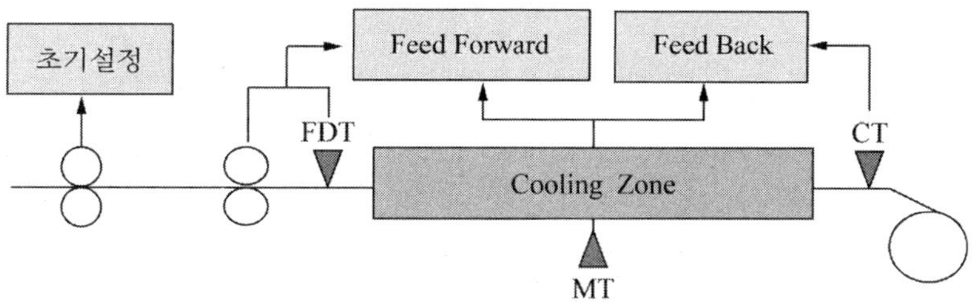

그림 3.55 ● 제어구성

표 3.15 제어기능

구분	제어기능명	기능설명
Preset	초기설정	F3-On 시점에 기동 되며 CT 명령정보와 실적정보를 토대로 각종 제어정보를 작성하고 밸브패턴 초기치 결정
Dynamic	Feedforward 및 Feedback	Coil 일정길이마다 제어 Point의 실적 Data를 수집, FDT 온도, 속도, 목표 CT 등으로부터 예측하고, 냉각량 변화에 대응한 밸브패턴을 Coil 내에 설정하고 실적 CT로부터 피드백 제어를 행한다.
기타	학습 및 Data 수집	Coil 길이 방향에 대한 실측 Data를 가지고 FDT～CT간 온도변화를 계산하여 모델 학습량을 수정 및 실적 Data 수집

4.8.4 신경회로망을 이용한 온도제어

(1) 개요

사람이 가지고 있는 자연지능을 인공적으로 구현해 보고자 하는 학문으로 인간의 두뇌와 행동방식을 모델링하여 기존의 방식으로는 제대로 수행하지 못한 여러 가지 문제들을 해결하는 기법으로써 최근에 널리 사용되고 있다. 신경회로망은 입출력 데

이터를 바탕으로 그 내부를 학습을 통해 조직화 하는데, 연상기억과 같이 주어진 데이터를 내부에 기억시키는 것과 주어진 입력을 출력으로 맵핑하는 시스템을 근사화하는 것으로 크게 나뉠 수 있다. 신경회로망을 통한 함수의 근사화 문제는 기본적인 신경망의 비선형 뉴런과 가중치(Weight)를 바탕으로 적절한 맵핑을 구하는 것이다.

(2) 신경회로망의 구성

$$f_1 = \sum_{k=1}^{N} W_k \phi_k \qquad 단,\ \phi_k = \exp\left(-\frac{\| X - C_k \|^2}{2\sigma_k^2}\right)$$

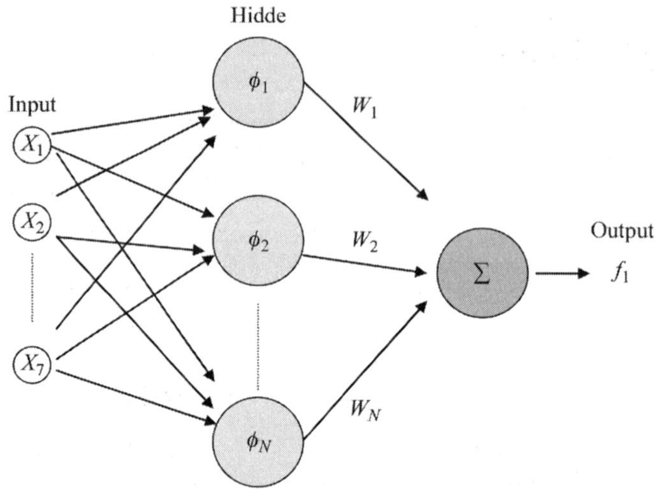

그림 3.56 ● 신경회로망의 구성

(3) 신경회로망 학습

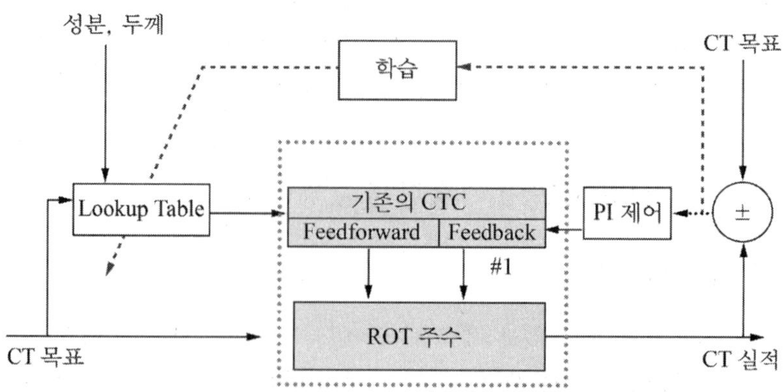

그림 3.57 ● 신경회로망의 학습

(4) 기존모델과 신경회로망의 비교

표 3.16 기존모델과 신경회로망의 비교

항 목	설정 및 제어모델	신경회로망
범용성	회귀분석에 의한 설정범위의 한계	입력변수에 따른 학습, 추론 가능
오차범위	일정오차 포함	학습 시 오차의 조정가능
이론적 배경	조건별 이론적 요인 추론 및 모델링 곤란 계산기 부하로 On-line 조업 곤란	다른 영향 인자 고려 가능 학습 시 입력변수의 선정 곤란 시 이상학습 발생 학습결과 사용으로 계산기 부하 없음
학습방식	프로세스용의 Error 학습	On-line 학습 시 시간 과다에 의한 학습 곤란

제5절 압연 Roll 및 권취 공정

5.1 개요

열연공장에서 사용되는 Roll은 종류도 많고 요구되는 특성도 다양하지만 어떤 스탠드에 어떤 Roll 재질을 사용할 것인가에 대한 선택은 각 스탠드의 열적/기계적 부하상태, 제품 품질에 미치는 영향도, 1회당 사용시간 등을 고려하여 결정해야 한다. 일반적으로는 제품의 표면 품질과 치수 및 형상에 직접 영향을 미치는 사상압연 스탠드에는 내마모성이 우수한 주철계 Roll을 사용하고, 비교적 장시간 사용하고 열피로 특성이 중요한 조압연 스탠드에는 주강계 또는 단강을 주로 사용하고 있다. 주조 Roll에서 C가 1.4% 이하인 경우는 주강 Roll이라고 하고, C가 2.4% 이상인 경우를 주철 Roll이라고 하며, 그 중간을 Adamite라고 일반적으로 구분하고 있다.

5.2 설비별 Roll 특성

현재 열연 공장에서 직접 압연에 사용되고 있는 Roll은 Edger Roll, 소압연 전·후단 Roll, 사상압연 전·후단 Roll, Back-Up Roll 등이며, 이들이 받는 손상과 이에 따른 재질의 요구특성은 다음과 같다.

5.2.1 Edger Roll

Edger Roll은 고온에서 장시간 사용되므로 내열피로, 내열충격성과 내산화 부식성이 요구된다. Roll 재질로는 Adamite, 구상화 흑연주철과 주강 Roll이 현재까지 많이 사용되고 있지만 최근에는 열피로 강도가 높고 내산화 부식성이 우수한 Hi-Cr 단강 및 육성 Roll로 변화되고 있다. 그러나 Slab와 Roll이 부착되는 Sticking이 중시되는 경우에는 흑연주철이나 흑연주강 등이 사용될 수 있다.

5.2.2 조압연 전단 Roll

조압연 전단은 주로 2단 압연기이고 슬래브 온도가 높고 압하량이 크므로 Roll은 우선 굽힘강도와 비틀림강도 등 강인성이 우수해야 하고 다음으로 내열피로, 내열충격성, 내슬립성 및 내마모성이 좋아야 한다. Roll 재질로는 저탄소합금 주강과 저탄소계 Adamite가 주로 사용되고 있는데, 최근에는 내열피로성에 대한 요구가 높아 단강 Roll로 변화되고 있다.

5.2.3 조압연 후단 Roll

조압연 후단은 4단 압연기이므로 Roll의 강도는 전단에 비해 큰 문제가 되지 않지만, 압연재의 온도가 높고, 압하량이 많으며 장시간 사용하므로 내열피로성(내거침성), 내마모성 및 내슬립성 등이 요구된다. Roll 재질로는 주로 저탄소계 및 고탄소계 Adamite 주강이 사용되고 있으나 최근에는 내거침성과 내마모성에 대한 요구가 높아 내거침성과 내마모성이 Adamite보다 2배 이상 우수한 Hi-Cr 주강으로 변하고 있다.

5.2.4 사상압연 전단 Roll

사상압연 전단은 조압연 후단 Roll과 거의 유사한 손상을 받지만 사상압연 Roll의 표면 거침 및 마모 손상이 제품의 표면 품질 및 치수, 형상에 직접 영향을 미치므로 Roll 재질은 내마모성뿐만 아니라 내열피로성(내거침성)이 특히 요구된다. Roll 재질로는 Hi-Cr 주철이 현재까지 보편적으로 사용되고 있는데, 최근 들어 박물 압연량 증가, 고강도강 증가, 고온 압연재(극저탄소강) 증가 등 압연조건이 가혹해지고 표면 품질 및 치수, 형상에 대한 요구가 엄격해짐에 따라 Hi-Cr 주철보다 강도가 높고, 내마모성 및 내거침성이 우수한 고속도강계의 주강 Roll(이하 HSS Roll이라고 칭함)이 사용 중에 있다. 그리고 스테인리스 압연 시에는 통판 Edge부에 발생하는 Sticking 문제를 방지하기 위해 흑연 정출형 Hi-Cr Roll을 사용하는 경우도 있다.

5.2.5 사상압연 후단 Roll

사상압연 후단으로 갈수록 마모 및 표면 거침이 제품의 치수, 형상과 표면품질에 직접 영향을 미치게 되는데, 후단 Roll은 열연 Roll 중에서 가장 내마모성이 요구된다. 사상압연 후단으로 갈수록 압연판 접힘에 의한 국부적인 열충격으로 균열 및 Spalling이 자주 발생하므로 내사고성도 요구된다. 이와 더불어 후단으로 갈수록 압연판과 Roll 사이의 Slip율이 증가되어 Roll과 압연판이 부착되는 Sticking도 발생될 수 있으므로 Sticking에 대한 저항성도 요구된다.

Roll 재질로는 Ni-Grain 주철이 오랫동안 널리 사용되고 있는데, 이 재질은 탄화물의 양이 많아 Roll 경도가 높고 표면이 미려하며, 흑연을 포함하고 있어 열전달이 빠르고 흑연이 균열성장의 완충 역할을 해주므로 열충격에 의해 발생되는 균열의 크기도 작다. 또한 흑연이 윤활 역할을 해서 마찰력도 감소되어 Sticking에 대한 저항성도 크다. 그러나 내마모성이 낮은 단점이 있어 이를 보완하기 위해 내마모성이 우수한 Hi-Cr 주철에 흑연을 정출시킨 흑연정출 Hi-Cr 주철롤이 개발되어 사용되고 있다. 근래에는 사상압연 후단 Roll과 마찬가지로 보다 더 내마모성을 향상시키기 위해 HSS Roll이 적용중인데, Ni-Grain 주철에 비해 내마모성이 훨씬 우수하고, Sticking에 대한 저항성도 높은 것으로 알려져 있지만 판접힘 발생 시 균열이 깊고 균열 진전도 빨라 내사고성에는 문제가 있어 이의 해결을 위해 노력중인 것으로 알려져 있다.

5.2.6 Back-Up Roll

4단 압연기에는 Work Roll을 지지하기 위해 Back-Up Roll이 사용된다. Back-Up Roll은 Work Roll과 접촉에 의한 전동피로(Contact Fatigue)로 Spalling 손상을 받으므로 내 Spalling성이 요구되고, 또한 내마모성이 요구된다. 따라서 고경도 및 고인성 Roll이 요구되지만 과다한 경도 증가는 Work Roll의 마모를 증대시켜 조기 거침을 일으킬 수 있으므로 Back-Up Roll의 선택은 Work Roll과 함께 고려되어야 한다. 현재 Back-Up Roll로서는 단강 및 단강 Sleeve Roll이 주로 사용되고 있다.

위에서 언급한 열연 공정에서 사용되는 Roll 재질의 요구특성 및 사용재질은 표 3.17과 같다.

표 3.17 열연 공정에서 사용되는 Roll 재질의 요구특성 및 사용재질

Roll 사용위치	주 요구특성	사용재질
Edger	내열피로/열충격성, 내산화부식성	구상흑연주철, Adamite, *Hi-Cr 단강, *육성 Roll
조압연전단(R1)	강인성, 내열피로/열충격성, 내slip성	저탄소 Adamite, *단강 Roll
조압연후단(R2～R4)	내열피로성, 내마모성, 내slip성	고탄소 Adamite, *Hi-Cr 주강 Roll
사상전단(F1～F3)	내열피로성, 내마모성	Hi-Cr 주철, *HSS Roll
사상후단(F4～F7)	내마모성, 내사고성, 내sticking성	Ni-Gr 주철, HSS Roll
Back-Up Roll	내마모성, 내spalling성	단강, 단강복합 Roll

* : 최근 사용되고 있는 재질

5.3 사상 Roll의 특성

5.3.1 Hi-Cr 주철 Roll

사상압연 전단에 주로 사용되고 있는데, Hi-Cr Roll의 제조 시 중요하게 관리해야 할 점은 다음과 같다.

① 열피로에 의해 발생되는 표면거침(Scale Banding)을 감소시키기 위해 편석을 방지하고 결정립을 미세화시켜야 된다.
② 내마모성을 향상시키기 위해 경도를 높여야 한다.
③ 내slip성을 증가시키기 위해 마찰계수를 높여야 하며, 이를 위해 C를 낮추어야 한다.
④ Shell과 Core를 완전하게 접합시켜야 한다.
⑤ Shell층의 Cr이 Core로 혼입되는 것을 최대로 억제하여 Core의 강도를 높여야 한다.
⑥ 열처리를 통해 잔류 Austenite를 3% 이하로 낮추고, 표면 압축잔류응력을 26 kg/mm^2 이하로 관리해야 한다.

Hi-Cr Roll의 열처리 방법은 주로 A_3점 이상의 고온으로 가열 유지하여 Austenite화 시킴과 동시에 Austenite 중에 과포화된 C, Cr을 2차 탄화물로 석출시켜 Austenite 중의 C, Cr의 농도를 낮추어 담금질 및 템퍼링을 쉽게 하는 불안정화 열처리이다. 불안정화 열처리의 최적 온도 구간은 950～1050℃로 알려져 있다. 열처리 후의 미세조직은 Tempered 마르텐사이트와 M_7C_3형 공정탄화물로 구성된다. M_7C_3형 탄화물은 다른

탄화물에 비해 경도가 높아 Hi-Cr Roll의 내마모성을 향상시키는데 크게 기여한다.

Hi-Cr Roll의 기계적 성질 및 물리적 성질은 대체로 모든 성질이 우수하지만 열전도도가 낮고, 압축잔류응력이 크기 때문에 압연초기에 과다한 열응력이 주어지면 Roll 파단이 발생할 수 있으므로 압연초기에는 Roll이 서서히 가열될 수 있도록 주의가 필요하다.

Core 재질로는 일반 주철 중에서는 가장 강도 및 인성이 우수한 것으로 알려져 있는 구상흑연주철(Ductile Cast Iron)이 주로 사용되고 있다. Core의 미세조직은 구상흑연과 Pearlite로 구성된다.

5.3.2 Ni-Grain 주철 Roll

사상압연 후단 Work Roll로서는 주로 Ni-Grain Roll이 많이 사용되고 있는데, Ni-Grain 제조 시 중요한 점은 다음과 같다.

① 내마모성을 증가시키기 위해 경도를 높여야 한다.
② 압연 오작(판접힘) 시 급속 가열, 냉각에 의해 발생되는 균열 깊이를 최소화하여야 한다.

Ni-Grain Roll에서의 마모는 압연 중에 깨진 탄화물에 의해 기지에 존재하는 흑연을 기점으로 발생하므로 흑연이 없는 재질을 사용하고 싶지만 이 경우 판물림이나 판접힘 등 압연 오작 발생 시 급속 가열, 냉각에 의해 균열이 발생하기 쉽다. 또한 내마모성 관점에서 Ni-Grain 주철 대신 Hi-Cr 주철을 사용해본 결과 내마모성은 좋지만 박물압연 시 Sticking 발생이 쉬우며, 압연 오작 발생 시 균열의 깊이가 증가하는 경향이 있다고 한다. 이와 같이 사상 후단 Roll에서의 흑연은 압연 오작에 의한 균열 발생 시 hole의 역할을 해서 균열 성장을 지연시켜줄 뿐만 아니라 윤활 역할도 하여 Sticking을 방지하는 역할도 한다. Roll에 존재하는 흑연량은 공장의 작업조건에 따라 달라지게 되는데, 압연 오작이 많이 발생하는 공장에서는 흑연량이 다소 많은 편이 좋고, 내마모성이 중시되는 공장에서는 흑연량이 적은 편이 좋다. 그리고 어느 경우든 흑연은 미세하게 분포하는 것이 좋다. Ni-Grain Roll이 Hi-Cr Roll에 비해 내마모성이 떨어지는 점을 보완하기 위해 내마모성이 우수한 Hi-Cr 주철에 흑연을 정출시킨 흑연정출 Hi-Cr 주철 Roll이 개발되어 사용되고 있다.

Ni-Grain 주철 Roll의 열처리는 주조 시 발생되는 잔류응력 제거와 조직의 안정화를 위하여 행하며, 온도는 400～600℃ 구간에서 템퍼링 처리를 한다. 열처리 후의 미세조직은 흑연과 세멘타이트(Fe_3C)와 마르텐사이트 및 베이나이트의 복합조직으로 이루어진다.

Ni-Grain의 기계적 성질 및 물리적 성질은 경도가 높은데 비해 열팽창계수가 작고, 열전도율이 높아 내사고성이 다른 Roll에 비해 일반적으로 작다.

Core 재질로는 구상흑연주철이 주로 사용되고 있다.

5.3.3 HSS Roll

최근의 열간압연의 조건은 Schedule-Free 압연, 생산성 향상, 박물비 증가, 고온 압연재 증가, 고강도강 증가 및 고품질 요구 등으로 점차 가혹해짐에 따라 고경도 및 고인성을 가진 Roll이 요구되고 있다. 이러한 추세에 따라 최근 HSS Roll이 개발되어 사용 중에 있다. HSS Roll은 경도가 아주 높은 MC 탄화물을 미세하게 분산 분포시키고, 기지를 마르텐사이트화 함으로써 인성을 떨어뜨리지 않으면서 고경도를 얻고자 하였다.

HSS Roll의 열처리 방법은 Hi-Cr Roll과 유사한 것으로 알려져 있으며, 미세조직은 탄화물(M_6C, MC)와 마르텐사이트로 구성된다.

HSS Roll의 기계적 성질 및 물리적 성질은 강도 및 경도가 다른 Roll에 비해 우수하다. 그러나 압축잔류응력이 크기 때문에 압연초기에 과다한 열응력이 주어지면 Roll 파단이 발생할 수 있으므로 압연초기에는 Roll이 서서히 가열될 수 있도록 주의가 필요하다. 열팽창계수를 비교해보면 Hi-Cr Roll과는 유사하고, Ni-Grain Roll보다는 크다. 이는 HSS Roll을 사상압연 전단에 사용할 때는 Initial Roll Crown을 수정하지 않아도 되지만 사상압연 후단에 사용할 경우에는 Initial Crown을 조정하거나 Roll 냉각 Pattern을 수정하지 않으면 열연판의 치수, 형상에 영향을 줄 뿐만 아니라 압연 사고도 발생할 수 있다. 열전도율은 HSS Roll이 다른 재질에 비해 커서 내열피로성은 우수할 것으로 여겨진다. Core의 재질로는 HSS Roll의 제조법에 따라 다르지만 CPC법의 경우에는 단강을 사용하므로 Core의 기계적 성질뿐만 아니라 물리적 성질도 다른 제조법에 비해 좋다.

현재까지의 HSS Roll의 사용에 관한 자료에 의하면, HSS Roll의 내마모성은 Hi-Cr Roll에 비해 3배 이상, Ni-Grain Roll에 비해 5배 이상이며, 내거침성은 Hi-Cr Roll보다는 다소 우수하고, Ni-Grain Roll에 비해서는 2~3배 우수한 것으로 알려져 있다. 그러나 압연하중이 증가되고, 박물 등 고부하 조건에서 Roll 거침은 경미한데도 제품에 Scale 흠이 발생되는 문제점이 알려져 있다.

(1) HSS Roll 제조방법

열연공장의 사상압연 전·후단용으로 최근에 사용 중인 HSS Roll의 제조방법에는 CPC법(Continuous Pouring Process for Cladding), 단조법, 원심주조법(Centrifugal

Casting) 등이 있다.

CPC법은 그림 3.58에 나타난 바와 같이 수직으로 서 있는 Core재와 수냉주형과의 사이에 외층재의 용탕을 주입하여 Core재와 용착과 더불어 응고시키면서 서서히 아래로 Core재를 당기면서 외층을 입히는 방법이다.

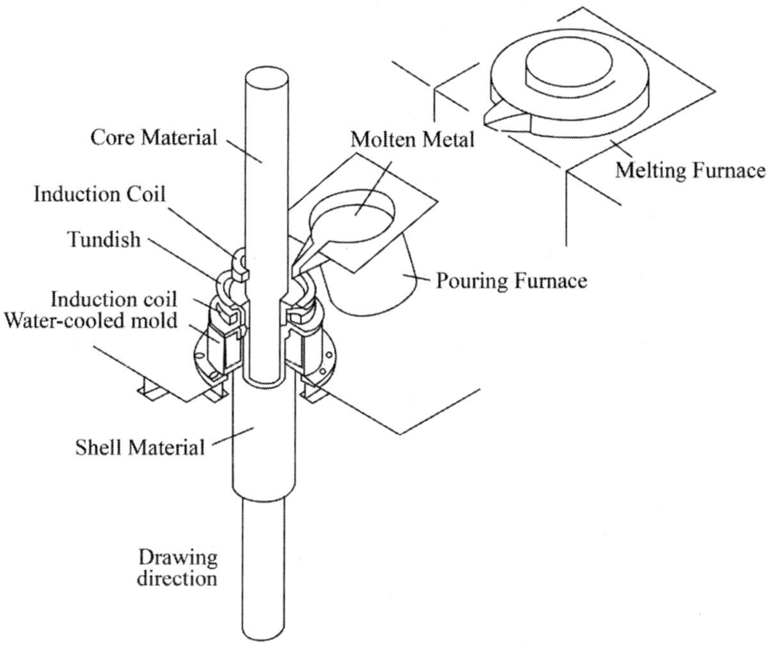

그림 3.58 CPC 제조법

표 3.18 HSS 롤의 제조방법에 따른 특성 비교

		CPC법	단조법	원심주조법
외층재	응고속도	조절가능, 빠른 냉각	느림	조절 어려움
	결정립도	미세함(50～150 μm)	조대함(150～300 μm)	조대함(150～300 μm)
	편석정도	약함	심함	보통
	두께	max 100 mm	CPC보다 작음	CPC보다 작음
	내마모성	Ni-Gr보다 5배 우수	Ni-Gr보다 5배 우수	Ni-Gr보다 3～4배 우수
	내균열성	판접힘 시 균열깊이는 세 방법 중 중간정도	판접힘 시 균열깊이는 가장 작음	판접힘 시 균열깊이는 가장 깊음
Core 재질		단조 Cr-Mo강 : 고강도, 고인성	외층재와 동일 : 고강도, 저인성	구상흑연주철 : 저강도, 저인성
Cost		중	고	저

단조법은 외층재로 하나의 Ingot를 만든 후 이를 단조하여 제조하는 방법이고, 원심주조법은 외층재 용탕을 원심주조기에 주입하여 우선 적절한 두께의 외층(Shell)을 만들고, 곧바로 내층재(Core)를 주입하여 Shell과 Core의 성분이 다른 Roll을 주조하는 방법이다. 각 방법으로 제조된 Roll의 특성을 비교해보면 표 3.18과 같다.

5.4 Roll 관리 및 정비작업

5.4.1 Roll 관리

(1) Roll 관리일반

열연 Roll은 압연 특성에 가장 적합한 재질을 선정하는 것도 중요하지만, Roll을 최적으로 사용하는 기술도 동시에 확보해야만 Roll 원단위 향상 및 표면 품질이 우수한 제품을 얻을 수 있다. Roll 사용 기술로는 Roll 냉각 기술, 유압연 기술, Roll 연삭 기술, Roll 표면 결함 검사 기술 등을 들 수 있으며, 이들을 정리하면 다음과 같다.

① Roll 냉각은 Roll 표면 거침의 방지를 위해 가장 중요하며, 최근에는 박물 및 고온 압연재의 증가에 의해 Roll 냉각의 필요성이 더욱 부각되고 있다. Roll 냉각 기술은 적정 냉각수량 및 수압 설정, 냉각 개시점의 Roll Bite 부근으로의 이동 및 냉각면적 확대방안, 적정 Header 및 노즐 선정 및 배치 등을 들 수 있다. 특히 HSS Roll과 같이 열팽창계수가 큰 경우에는 안정된 Thermal Crown을 얻기 위해 Roll 가운데 부위와 Edge 부위의 적절한 Nozzle의 배치가 필요하다.

② 유압연은 Roll 마모 및 표면 거침 방지를 위해 중요하다. 유압연 기술로는 내열 및 부착성이 좋은 압연유 및 유량 선정, 급유 방법 및 장치, 압연유 분사 제어 등을 들 수 있다.

③ 연삭 기술로는 최적 연삭량 설정, 연삭재 개발, On-line 연삭 기술(ORG) 개발 등을 들 수 있는데, HSS Roll 개발과 관련하여 새로운 연삭재 개발이 필요하고, Roll 표면거침을 줄이고, Schedule Free 압연을 위해 On-line 연삭 기술의 개발이 필요하다.

④ Roll 표면 결함 검출은 제품의 표면 품질 향상 및 Roll 사고 감소를 위해 중요하다. 특히 HSS Roll과 같이 고경도 Roll의 경우 미소한 균열이 잔류해도 균열 진전 속도가 빨라 Spalling 사고를 초래할 수 있으므로 사고를 방지하기 위

해서 Roll 표면 결함 검출이 아주 중요하다고 할 수 있다. Roll 표면 결함 검출법으로는 침투법(PT), 와류 탐상법(ECT), 초음파 탐상법(UST) 등이 있는데, HSS Roll 같이 균열이 작고, 기지와 탄화물의 경도차가 큰 경우에는 PT나 ECT로는 어렵고 표면 초음파 탐상법이 적용되고 있다.

(2) Roll의 피로 특성

① Work Roll 피로 특성

Roll 접촉면에서의 파괴에 가장 큰 영향을 미치는 응력은 표면 직하에서 생기는 전단응력 τ_{45}로서 약 $0.3P_{\max}$(접촉압력)이다.

통상적으로 Failure는 $0.7 \leq F \leq 2.2$ 범위에서 일어난다. FM Work Roll의 경우 위의 식을 이용해 직접 계산을 하면 통상 F가 0.1 이하로서 피로에 의한 Spalling 발생 가능성은 거의 없다. 연마량이 적을 경우 단위 간에도 피로가 누적되긴 하나 피로도가 가장 높은 F4,5 Stand의 경우 마모량+연마량을 0.8 mm 정도로 가정하고 계산하면 피로도 F는 0.01에서 0.04의 범위이다. Roll 재질에 따라 달라질 수는 있으나 큰 변화는 없다.

② Back Up Roll(BUR) 피로 특성

BUR의 Spalling은 주로 기계적인 피로, Slip/판물림 시의 충격에 의해 발생한 Crack의 진전, Roll 재질 불량의 세 가지가 주요 원인이며 Work Roll과는 달리 장기간 사용하는 BUR의 특성상 기계적인 피로의 누적에 의한 Spalling이 가장 흔하다. 피로가 주요 원인일 경우 FM 후단에서 주로 Spalling이 발생하는 것으로 보고되고 있고, 실제로 표면 피로층의 두께를 측정해 보면 FM 후단의 피로가 심함을 확인할 수 있다.

Work Roll과 BUR의 마모량 증가 시 단부의 응력집중 정도가 증가하고 마모량이 300 μm일 경우 단부의 응력은 30% 정도 증가한다(그림 3.59).

압연 후 연마량이 부족할 경우 피로는 누적되고 결국 파괴에 이르게 된다. 따라서 교체주기도 중요하지만 적정량을 연마하는 것도 중요하다. 적정 연마량을 결정할 수 있으면 교체주기도 연장 가능하다.

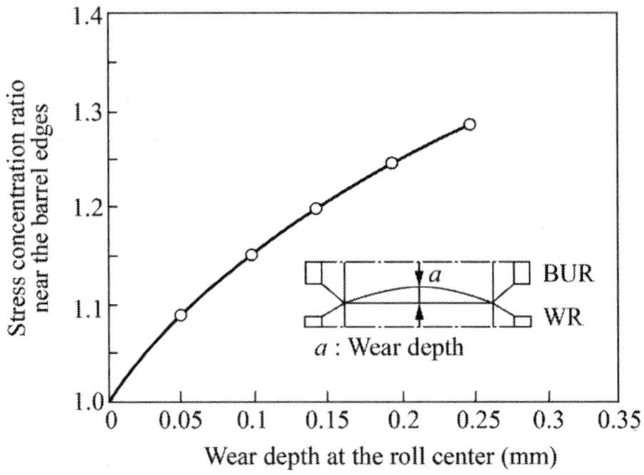

그림 3.59

(3) Roll 사고 원인과 대책

열연 Roll의 사고는 크게 Roll Barrel부 사고와 Neck부 사고로 분류할 수 있는데, 주로 발생하는 Roll Barrel부 사고는 Barrel부 절손과 Spalling으로 구분되는데, 각각의 사고 원인에 대해서 살펴보면 다음과 같다.

① Roll barrel부 절손

Roll barrel부 절손이 발생할 때 균열의 발생기점을 살펴보면 주로 Core쪽에서 나타난다. Crack이 Core쪽에서 발생할 수 있도록 Core쪽에 인장응력이 가해지도록 해주는 요인은 Roll 제조 시 발생하는 잔류응력과 열간압연 시 가해지는 열응력이라고 할 수 있다. 이와 더불어 Roll 재질의 주조결함이나 인성 저하도 사고에 기여하게 되는데, 3가지로 요약하면, 열응력 및 잔류응력의 과대, Core부 인성 부족, 주조결함 크기 증가 등이다.

이러한 절손사고의 대책으로는 압연측면에서는 열응력을 감소시키는 것이고, 재질측면에서는 우수한 재질을 만드는 것이라고 할 수 있는데, 좀 더 구체적으로 살펴보면 다음과 같다.

Core에 걸리는 열응력의 크기는 압연매수, 초기 Roll 온도, 냉각수 온도, Pitch비(압연시간/Pitch)에 따라 크게 변하게 되는데, 초기 Roll 온도를 조금 높이고(특히 겨울철), 냉각수 온도를 낮추고, 10～20매까지 Pitch를 길게 하는 것이 대책이 될 수 있다.

Roll 재질적인 측면에서는 잔류응력 감소, Core재의 파괴인성 및 강도 향상,

내부결함저감, 열전도도 증가, Young's modulus 감소 등을 들 수 있다.

② Spalling

Spalling은 표면 및 내부에 발생한 균열이 주로 Back-Up Roll과의 접촉전동 피로에 의해 진전되어 Roll 표면의 일부가 떨어져 나간 것을 말한다. 일반적으로 표면균열의 진전은 주로 압연 방향에 반대로 진전하고, 표면의 작은 균열이 내부에서 부채 모양으로 크게 성장하게 된다.

균열은 그 발생위치에 따라 발생 원인이 달라질 수 있는데, 균열 발생위치가 표면인 경우에는 주로 압연이상(예를 들면, 판접힘, 이물치입 등에 의한 국부강압)이 원인이 될 수 있고, 재질적인 요인으로는 표면부근에 존재하는 주조결함이 원인이 될 수 있다. 발생위치가 내부인 경우에는 주로 주조결함(경계부 접합 불량, 비금속개재물 존재)이 원인이 될 수 있다.

Spalling은 절손과는 달리 여러 번의 Roll 교체 및 연마 후에 발생하는 경우가 많기 때문에 최초로 균열이 발생된 위치 및 원인을 정확히 밝히는 것은 어렵다. 실제로 Spalling 사고 발생 시 약 50% 이상이 원인 불명인 것으로 보고되고 있다.

Spalling을 방지하기 위해서는 내균열성이 높은 Roll 재질 개발이 필요하고, 압연이상 발생 시에는 신속하게 사고 Roll을 인출하여 균열의 크기를 검출한 후 제거하는 것이 중요하다.

5.4.2 Roll 정비작업

Roll Shop 내에서의 작업은 압연에서 사용하고 난 Roll 표면의 연, 선삭, Chock의 분해, 세척, 조립정비, 축수 및 부속품의 점검, 교체 정비 등이 있으며 압연작업의 기본이 되는 Roll의 정비를 실시하는 곳으로 언제나 정하여진 기준에 따라서 정확하고 치밀한 작업이 필요하다. 최근 처리량도 증가하여 능률향상, 성력화가 필요하게 되어 연삭에서는 자동연삭, Chock 부착식 연삭이 진행되고 또한 Chock 착탈장치(Chock-Extractor)나 Bearing 세척장치도 도입되고 있다.

(1) Roll의 선삭 및 연삭

열연공장의 Roll은 그 용도에 따라 사용기간이 길고 짧음은 있지만 항상 고온에 노출되게 됨으로 Roll 표면 거침, Heat Crack, 마모 또는 피로층 등은 제품품질에 악영향을 미칠 수 있다. 따라서 일정기간 사용하면 Roll 표층을 연삭 혹은 선삭을 실시하여 제거해 줄 필요가 있다.

열연공장의 Roll Shop에서는 대형 선반 1대와 Roll Grinder를 5~10대 설치하고 있는 것이 일반적이다. 최근에는 Roll에 Chock(Bearing Housing)를 부착한 채로 선, 연삭 가능한 Chock 부착 Grinder가 사용되고 있으며 Grinder에 Mini-Computer를 채용한 자동 Grinder를 설치하여 사용하고 있다.

① 저석의 구조와 연삭작용

저석의 구조는 그림 3.60에 보이는 것처럼 Fraise의 Cutter와 같이 Roll을 깎으면서 움직이는 연삭재와 그 Cutter의 Holder로서 무수히 작은 연삭재를 결합시키는 결합제로 되어 있고, 연삭재와 결합제 간에는 Cutter 간의 공간으로서 깎인 층을 배출하는 것을 가능하게도 하고, 연삭 발열을 억제하는 기공이 있다.

주강계 Roll 연삭에는 WA(AlO_2O_3질), 주철계 Roll 연삭에는 GC(SiC질) 저석이 통상 사용된다.

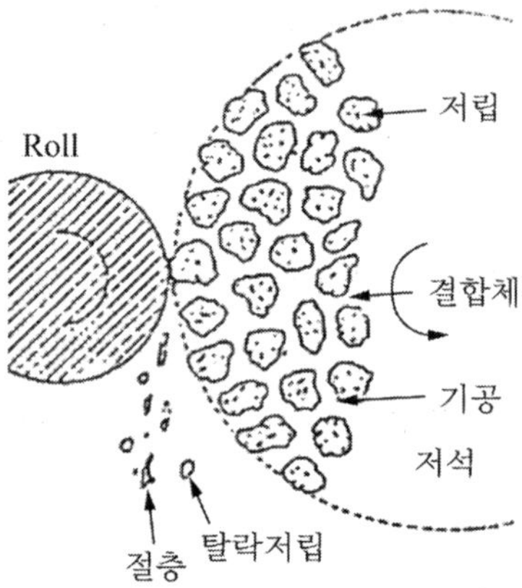

그림 3.60 ● 저석의 구성과 연삭 기구

② 선삭 및 연삭량

조압연기의 Work Roll은 조압연 단계에서 Roll 표면이 제품 품질에 미치는 영향이 작기 때문에 Roll 표면 거칠기보다는 Crack 진행에 의한 Roll의 일부분이 떨어져 나가는 것이 문제이며, 이것을 방지할 목적으로 압연량 및 선, 연삭량을 결정한다.

Work Roll 교체에서부터 다음 교체까지의 압연 톤수는 조압연 전단 Work Roll(2Hi)에서 60~150천 ton/회, 조압연 후단 Work Roll(4Hi)에서 7~50천 ton/회이고, 선·연삭량은 조압연 전단 Roll에서 2.0~5.0 mm/회, 조압연 후단

Roll에서 0.5～2.0 mm/회 정도이고 Initial Crown은 통상 부여하지 않는다. 사상압연기의 Work Roll의 마모, 표면 품질에 미치는 영향이 크고 압연 톤수는 1,000～2,500 ton/회, 연삭량은 0.2～0.6 mm/회이다. Initial Crown은 제품 형상에 영향을 미치므로 Initial Crown을 부여하는 것이 보통이고, 열연제품의 용도에 따라 凹 형상으로부터 凸 형상까지 다양하다.
Back Up Roll은 직접재료에 접촉하지 않기 때문에 제품에 미치는 영향은 마모에 의한 판 형상뿐이므로 Work Roll에 비하여 사용기간이 상당히 길다. 따라서 사용 중에 전동 피로에 의한 Roll 손상이 발생한다. Back Up Roll의 연삭 시에는 이점을 충분히 고려할 필요가 있고 사용 후의 Roll은 수회의 교체마다(Roll 손상이 발생하지 않은 범위) 피로층 제거를 위해 선반으로 수 mm씩 선삭하는 것이 좋다. 선삭된 Roll은 Grinder로 연삭하는데 사상압연기의 Back Up Roll의 경우는 마모 대책으로서 50～100 μm 정도의 Initial Crown을 부여하는 공장도 있다.

(2) Roll 축수의 관리

Roll은 몸통부(Barrel부), Neck(Journal), 연결부(계수)의 3부분으로 되어 있다. Neck부에는 축수를 끼워 넣어 Roll이 작동한다. Work Roll용 축수는 회전 축수이고 Back Up Roll 축수에는 유막축수가 사용된다. 열연공장의 Roll Neck용 축수는 Roll 냉각수, Scale, 고하중, 고열 등의 가혹한 조건하에 작동하므로 그 보수도 Roll Shop의 중요한 임무다.

(3) Roll 교체장치

Work Roll의 교체에는 종래 Porter Bar 혹은 C-Hock를 이용하여 천장 Crane으로 실시했지만 최근에는 Roll 교체장치(Roll Buggy, Locomotive)를 설치하여 FM 6～7 Stand의 교체 시간이 종래의 30분여에서 5～10분으로 단축되고 있다.

5.5 권취설비

5.5.1 개요

권취기(Down Coiler)는 사상압연기를 통과한 Strip을 Coil 모양으로 감는 최종설비이다. 권취는 제품에 따라

① 박물재용
② 일반 Size용
③ 극후 고장력강

의 3종류로 분류하지만 실제로 설치되는 Coiler는 투자 효과를 고려하여 겸용 Coiler로서 설치되는 경우가 많다. 박물재는 Strip 선단부의 Hot Run Table 주행성을 고려한 Threading 속도에 제약이 있다. 따라서 박물재로서 Threading 시간을 단축시켜 생산성(ton/hr) 증대 및 사상온도 확보를 위하여 사상압연기 최종 Stand에서 40～70 m 정도에 위치한 근접 Coiler도 있다.

권취기는 Laminar Flow설비의 냉각능력을 감안하여 최종 사상 Stand에서 125～160 m 정도 위치에 설치된다. 그러나 사상 - 권취 간의 거리는 멀어도 박물재용의 기능을 달성하기 위해서 Run Out Table Roller의 Pitch를 375～290 mm 정도까지 줄여서 박물재의 Hot Run 주행성 개선을 도모하고 박물 일반 Size의 Coiler를 겸용으로서 가지고 있는 Mill도 있다. 두께 12.7～25.4 mm의 극후 고장력강용으로는 석유, 천연 Gas용 Pipe Line소재로 그 수요증가가 예상되어 이에 대응하기 위해 1970년 전후에 강력한 Pinch Roll과 Unit Roll 압력, 강력한 Mandrel Torque를 갖춘 Coiler가 설치 또는 개조되고 있다.

이 강력한 Coiler는 극후물뿐만 아니라 일반재도 권취 가능하고 Mandrel 감속기의 감속비 절환, Mandrel을 구동하는 2대의 Motor에서 1대의 Motor로 전환 등을 갖추고 있는 Mill도 있다.

5.5.2 권취설비

권취기는 Coil 진입에 따른 충격 등으로 대단히 가혹한 조건하에서 사용되고 고장 발생률도 높은 경향이 있다. 그러므로 설비의 정도가 권취 형상에 커다란 영향을 미치기 때문에 다음의 특성이 요구된다.

① 반복되는 충격력에 견디는 고강도
② 설비 보전이 용이한 기구
③ 고장발생 확률이 낮은 기구일 것

권취기를 구성하는 주요 장치는 그림 3.61과 같다.

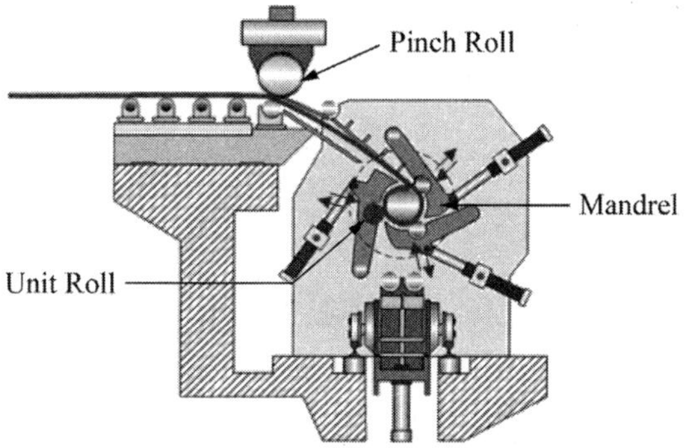

그림 3.61 ● Down Coiler 구조

권취기 직전에는 Side Guide, Pinch Roll이 있어 Strip을 권취기로 유도하는 역할을 한다. Side Guide는 Strip을 폭 방향 중심으로 맞추어 Telescope가 없는 Coil을 만들기 위하여 필요하다. Pinch Roll은 수평으로 주행하는 Strip의 선단을 밑으로 구부려 Mandrel에 Strip이 감기기 쉽게 하는 동시에 선단이 감긴 후에는 Mandrel과 그 사이에 일정한 장력을 유지시켜 Coil을 Tight하게 감기 위한 역할을 한다. 권취기는 Coil을 권취하는 Mandrel, 그 Mandrel의 외주에 접하여 회전하는 2～4개의 Unit Roll, Unit Roll 간을 연결하고 Mandrel에 따라 설치되어 있는 Guide 등으로 구성되어 있다.

Pinch Roll을 통과한 Strip 선단은 Over Guide을 지나서 Mandrel과 첫 번째 Unit Roll 사이로 인입되어 감겨진다. Unit Roll의 회전에 의해 Strip이 Mandrel에 권취되는데 이때 Unit Roll의 누르는 압력과 Lead속도에 의하여 Mandrel에 Tight하게 감겨져서 장력이 생기면 Unit Roll은 불필요하게 되므로 외측으로 열린다.

(1) Mandrel

Mandrel은 권취된 Coil을 Mandrel로부터 인출이 가능하도록 Segment가 이동하여 Mandrel 경을 변화시킬 수 있는 구조로 되어 있다. 이 Mandrel 경의 확대 및 축소 동작은 유압에 의해 이루어진다.

최근 Coil 단중 증대 등에 의해 Mandrel에 걸리는 하중이 커지기 때문에 Center에 대응하는 Mandrel 축의 직각도 등의 설비 정도를 유지할 목적으로서 Mandrel에 선단지지 기구(Out-Board)를 설치하는 경우가 일반적이다. Mandrel 구동은 감속기를 통한 Motor에 의해 이루어진다.

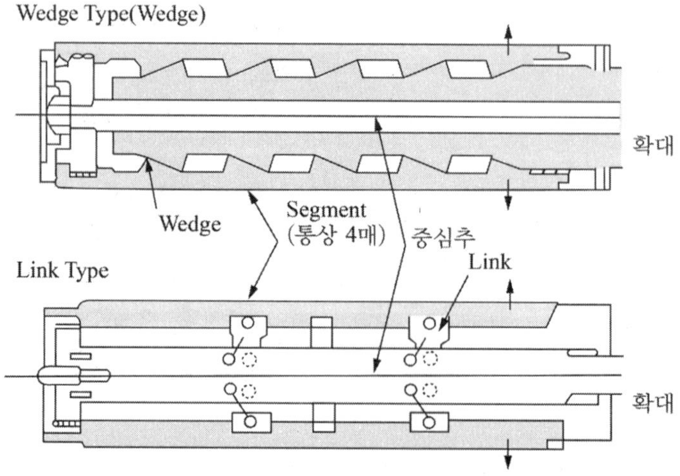

그림 3.62 ● Mandrel의 직경 변환구조

(2) Unit Roll

Unit Roll은 기구적으로는 Slide식(그림 3.63)과 Swing식(그림 3.64)이 있으며, Slide식은 구조가 간단하여 정비 및 보수가 간단한 이점이 있으며 Swing식은 각각의 Unit Roll을 독립으로 설치, 제어할 수 있는 이점이 있다.

Unit Roll은 Mandrel Side Guide와 함께 Strip 선단을 Mandrel의 원주에 유도함과 동시에 Strip을 Mandrel에 눌러서 Strip과 Mandrel 간에 마찰력을 발생시키는 역할을 한다. 또한 Unit Roll은 권취 완료 직전에 Coil을 눌러줌으로써 Strip의 Tail이 권취기 내에서 주위의 설비에 부딪치는 일이 발생하지 않도록 하여 정속 운전을 유도한다.

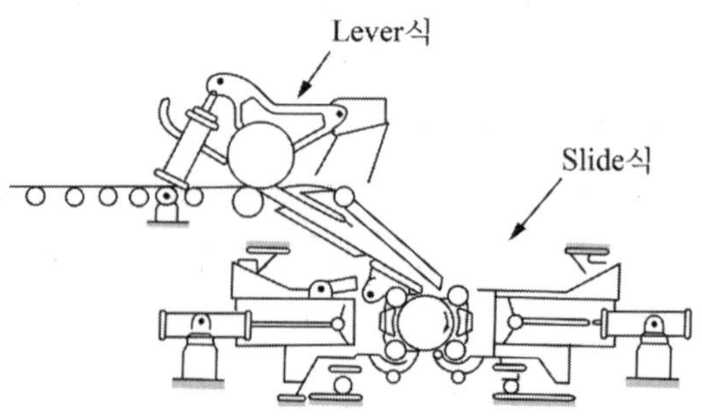

그림 3.63 ● Lever식 Pinch Roll 기구, Slide식 Unit Roll 기구

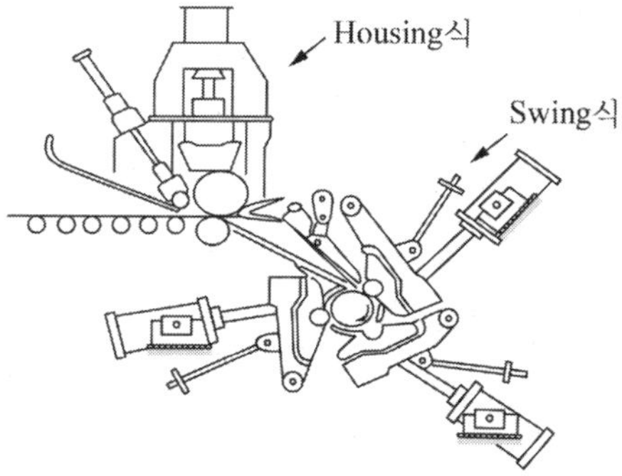

그림 3.64 ● Housing식 Pinch Roll 기구, Swing식 Unit Roll 기구

Unit Roll과 Mandrel 간의 Gap이 판 두께에 비하여 너무 크면 Mandrel과 Coil 간에 충분한 마찰력이 생기지 않고 Slip이 발생하여 권취 불량 Coil이 발생하게 되고, 너무 작으면 Strip 선단이 원활하게 Mandrel 주위에 진입하지 못하고 「선단겹침」 현상, 즉 Miss Roll이 발생하게 된다. Unit Roll을 누르는 압력은 Air Cylinder로 이루어지지만 최근 유압 Cylinder 방식도 채용되고 있다.

(3) Pinch Roll

Pinch Roll은 기구적으로 Lever식(그림 3.63)과 Housing식(그림 3.64)이 있으며 과거에는 Lever식이 일반적으로 적용되었지만 최근에는 상하 Roll의 Gap Levelling 정도 향상, 극후물 고장력강 권취 시의 강력한 Back Tension 확보 등을 목적으로서 Housing식이 채용되고 있다. Pinch Roll은 Strip 선단을 Over Guide의 방향으로 유도 및 Strip의 Tail이 사상압연기 최종 Stand를 빠져나온 후에 Back Tension을 부여하는 역할을 하며, Pinch Roll Gap의 조정에 의해 권취 형상을 확보할 수도 있다.

Pinch Roll은 상하 1대의 Roll로 구성되어 있으며, 하부 Roll에 비하여 상부 Roll의 경이 크고, 상하 Roll 간에 10~20° 정도의 Off-Set 각도 θ(그림 3.65)를 주게 되고, 이로 인해 Hot Run Table을 주행해 온 Strip 선단을 쉽게 하향시킬 수 있다. 상하 Pinch Roll 간의 Gap 초기 설정은 통상 판 두께의 80~90% 정도로 설정한다.

Pinch Roll의 압력은 Air Cylinder에서 주어지기 때문에 Strip이 Pinch Roll에 물리고 나면 상하 Pinch Roll의 Gap은 Strip의 두께와 같게 된다.

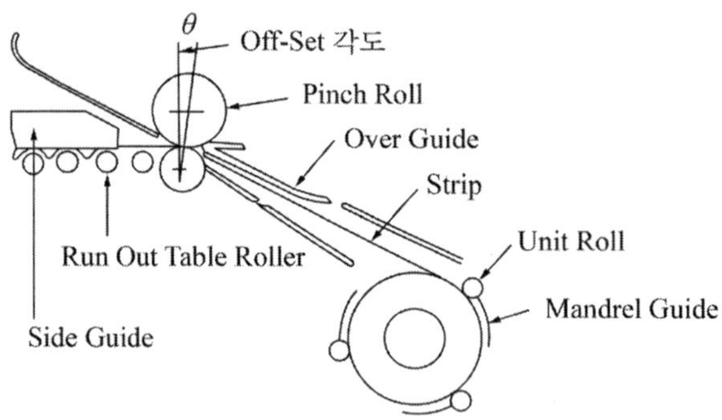

그림 3.65 ● Coiler 기본 구성

Pinch Roll에 의해 유지되는 Back Tension양은 Pinch Roll 압력 및 상하 Pinch Roll을 구동시키는 각각의 Motor용량에 의해 결정된다. 압력이 약하면 Strip 상하 Pinch Roll 간에 생기는 최대 마찰력이 적게 되고, Mandrel 출력 설정에 대응한 Back Tension이 얻어지지 않아 Pinch Roll과 Strip 간에 Slip이 발생하여 Tail 겹침 및 파단의 원인이 된다. 반대로 너무 강하면 Strip이 횡 방향으로 밀려서 Telescope 발생 원인이 된다. 또한 Mandrel과 Pinch Roll의 평행도, 상하 Pinch Roll 간의 평행도는 권취형상에 커다란 영향을 미쳐 Coil 내·외권부에 Telescope를 발생시킨다.

이 때문에 Pinch Roll은 Strip 선단이 물릴 때의 충격, 장력을 받을 수 있는 기계적 구조 및 강도가 요구된다.

(4) Side Guide

Side Guide는 사상압연기에서 주행해온 Strip의 최선단부를 Coiler에 원활히 유도시키며, 권취 중의 Strip이 폭 방향으로 밀리는 것을 방지하는 역할을 한다. Strip의 선단부는 Mill Line의 중심에 대하여 좌우 쪽으로 다소 치우칠 수 있기 때문에 Strip 선단부가 들어오기 전에는 Strip의 폭보다 80～100 mm 정도 넓게 설정할 필요가 있다(Short Stroke 기능).

Strip의 선단이 Coiler에 치입되면 권취 불량을 방지하기 위하여 Side Guide는 Air Cylinder 등에 의해 설정된 판 폭까지 좁혀지게 된다.

(5) Coil 인출장치

권취 완료된 Coil은 Mandrel에서 인출되어 다음 공정으로 연결되는 Conveyor로 이송된다. 권취가 완료되면 Coil Car의 Cradle Roll을 상승시켜 Coil을 지지하고 그 후에 Mandrel 경을 축소시켜 Coil Car에 의해 Coil을 밖으로 인출한다. 다음에 Coil

은 Up Ender(회전장치)에 의하여 Conveyor에 옮겨진다. 그림 3.66은 Up-Ender로서 Coil을 전도시켜 Conveyor 위에 놓이게 되는 것을 보인 것이다.

그러나 Strip 두께가 1.2 mm, 1.6 mm 등 박물재의 경우는 Up Ender에서 Conveyor 위에 적재될 때 Coil 내·외권부의 Telescope부분이 겹쳐지고 이 부분을 다음 공정에서 제거해야 하기 때문에 실수율 저하를 유발한다. 따라서 박물재를 주로 생산하는 Mill에서는 Down Ender 상태로 Conveyor 위에 적재하는 경우도 있다.

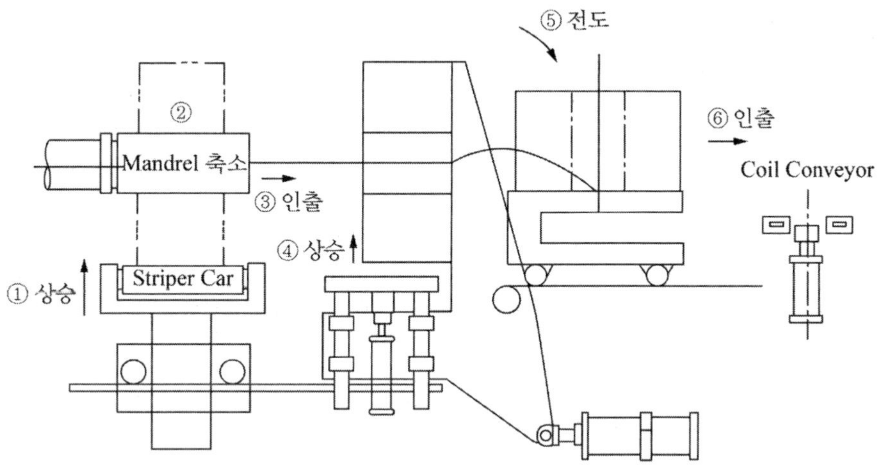

그림 3.66 ● Coil 인출장치(Up-Ender)

5.5.3 권취 작업

(1) 속도제어

각 설비의 초기 속도 설정은 사상압연기 최종 Stand 속도 설정에 의하여 이루어진다. Run Out Table 속도는 Strip을 잡아당겨 주행시켜야 하기 때문에 압연속도보다 10～25% 빠른 속도로 설정된다. Pinch Roll은 Strip의 느슨함을 방지하기 위하여 압연속도보다 5～20% 빠른 속도로 설정된다. Mandrel은 소정의 권취 Torque를 Coil에 전달해 권취가 잘 이루어지도록 압연속도보다 10～35% 빠른 속도로 설정된다. Unit Roll은 Strip 권취 시에 Brake로 작용되지 않도록 압연속도보다 15～40% 빠른 속도로 설정된다.

또한 Strip의 권취가 시작되면 Run Out Table 및 Pinch Roll 속도는 Strip 속도에 동기되어 가속 압연에 따라 변화될 수 있도록 제어되며, Mandrel 속도는 설정 장력을 유지하도록 제어되고 Unit Roll은 Coil과 접촉하여 있는 동안은 Strip 속도와 동기되도록 제어한다. 그림 3.67은 Coiler 속도 Pattern의 사례이다.

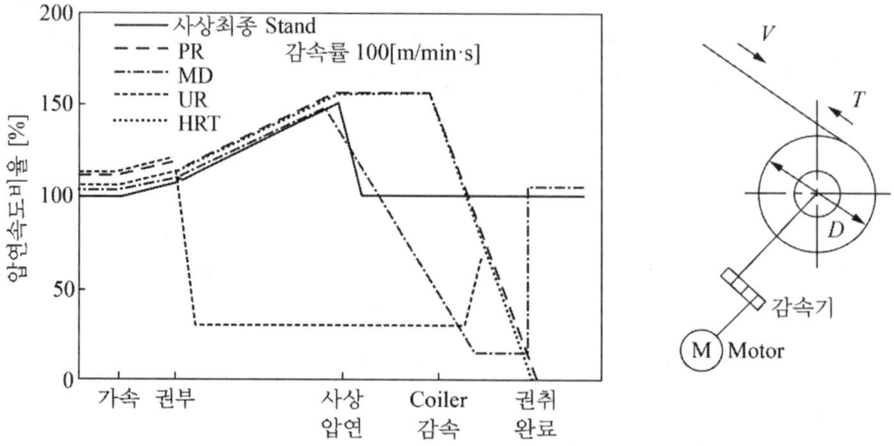

그림 3.67 ● Coiler 속도 Pattern

(2) Mandrel 장력제어

일반적으로 Strip 선단이 Mandrel에 감겨진 후 일정한 장력을 기준으로 해서 권취된다. 이때 일정한 장력상태를 유지하기 위해서는 Coil경에 따라서 권취 Torque(장력 Torque, 굽힘 Torque, 가속 Torque)를 증대시킬 필요성이 있다.

일정 장력제어는 다음과 같은 방식으로 이루어지며, 사용기호는 아래와 같다.

W : Motor 회전각 속도(rad/s)

τ : Motor Torque(N · m)

N : Motor 회전수(rpm)

D : Coil 직경(mm)

T : 권취장력(kg_f)

r : 감속비

V : 권취속도(m/min)

Motor 출력 P_u(kW)은

$$P_u = W\tau \times 10^{-3}$$

$$= \frac{2\pi N}{60} \times \frac{9.8D \cdot T \cdot r}{2} \times 10^{-3} = \frac{\pi DNrT}{6,120} \text{(kW)} \qquad (3\text{-}1)$$

한편 $V = \pi DNr$이므로 식 (3-1) 및 효율 η을 고려하여

$$P_u = \frac{TV}{6,120\eta} \text{(kW)} \qquad (3\text{-}2)$$

또한 Motor의 역기전력 CEMF는 $KC\phi N$이므로 전기자 전류를 I(A)라 하면,

$$P_u = \text{CEMF} \times I = KC\phi NI \text{(kW)} \qquad (3\text{-}3)$$

여기서, ϕ : 계자속(Wb)

따라서 식 (3-2), (3-3)의해 장력 T(kg_f)

$$T = K_F \times \frac{\phi}{D} \times I \qquad (3\text{-}4)$$

$$K_F = \frac{6,120KC\eta}{\pi r} \text{(정수)}$$

로 표시된다.

식 (3-4)에서 장력 T를 일정하게 유지하기 위하여 일반적으로 아래의 ①, ② 제어방식이 채용되고 있다.

① 전기자 전류 I를 일정하게 유지하고 Coil 지름 D의 증가에 따라 계자속 ϕ를 증가시켜 간다.

② 전기자 전류 I를 D/ϕ에 비례하도록 한다.

방식 ①은 Coil 지름 D에 따라 계자속 ϕ가 제한되는 것에 비하여, 방식 ②는 제한 받지 않으므로 제어가능 범위에서 계자속 ϕ를 크게 할 수 있기 때문에 Motor Torque를 유효하게 이용할 수 있다. 그림 3.68은 제어의 한 사례를 보여준다.

이 사이에 가감속에 대해서는 관성력의 영향이 장력에 미치지 않도록 관성 보상 제어를 한다.

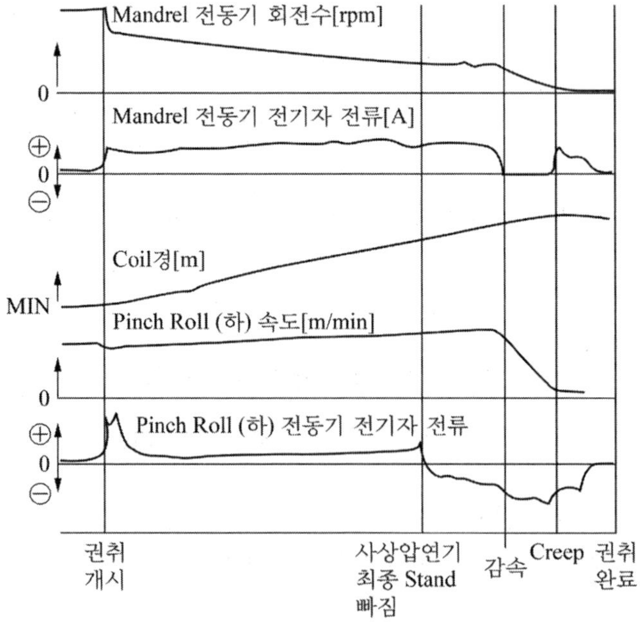

그림 3.68 ● Coiler 제어

(3) Coiler 단차부 회피제어(QOC; Quick Open Control)

Strip 권취 시에는 그 선단부가 2바퀴 이후의 층과 Mandrel 간에 끼이기 때문에 Coil 선단부가 있는 표면에 단차가 형성된다. 이 단차부는 권취 1회째에 Unit Roll과 Coil 간에 큰 충격을 발생시켜 Strip 선단부의 각이 그 위에 중첩되고 Strip 이면에 수바퀴까지 Top Mark가 생긴다. 이를 해결하기 위해 단차 회피제어(QOC)를 채용하여 사용 중에 있다.

QOC는 Strip 선단을 Tracking해 Strip 선단이 각 Unit Roll에 접근하면, Unit Roll 유압 Servo기기를 구동하여 소정의 Jump량으로 Unit Roll을 개방하고 선단이 통과하면 다시 설정 압력으로 눌러주는 동작을 미리 설정된 횟수만큼 반복적으로 실시한다.

(4) Coiler 운전

Coiler 운전의 초기 설정 예는 표 3.19와 같다.

또한 각 설정항목에 대하여 유의할 점은 표 3.20에 표시된 바와 같다.

표 3.19 Coiler 초기 설정 예

설비항목		설정치
Hot Run Table	Lead 속도	114%
Side Guide	초기 개도 Short Stroke 이후 개도	1,100 mm 1,000 mm
Pinch Roll	Gap Lead 속도 압력	1.40 mm 106% 선단 23T, Tail 4T
Unit Roll	Gap Lead 속도 압력 개도 Timing	2.0 mm #1: 120%, #2: 125%, #3: 130% #1: 5T, #2: 7T, #3: 9T #1: 3.0초, #2: 4.0초, #3: 3.0초
Mandrel	Lead 속도 Unit Tension	115% 1.8 kg/mm^2

주 1) Strip Size : 2.0×1,000
2) Lead 속도는 Strip 속도에 대한 비율임

표 3.20 Coiler 설정항목과 유의점

설 비	설정항목	유의점
Side Guide	개 도	1. Camber, Flying에 의한 걸림 방지 2. Strip의 횡 방향 진동 방지 3. 지나친 Close에 의한 Strip Edge부 손상 방지
	Short Stoke Timing	1. Coil 내권의 Telescope 방지 2. 조급 실시에 의한 Strip 걸림 방지
Pinch Roll	Gap	1. Gap과대에 의한 Slip 방지 2. Strip의 한쪽 쏠림 방지를 위한 좌우 Gap Balance
	속 도	1. 속도 과소에 의한 느슨한 Strip의 진입 방지
Unit Roll	Gap	1. 양호한 권취성 확보 2. Top End Mark 감소
	속 도	1. Strip 선단의 원활한 유도 2. Mandrel 출력을 감소시키지 않게 설정
	압 력	1. 양호한 압력(누르는 힘) 확보 2. Top End Mark 감소 3. Strip 선단 통과 시 원활한 유도
	Open Timing	1. 조급실시에 의한 권취불량 방지 2. Open 지연에 의한 Top End Mark 방지
Mandrel	속 도	1. 양호한 권취성 확보를 위한 적정한 Lead 속도 2. 과도한 Lead 속도에 의한 판 두께 및 폭 Necking 방지
	장 력	1. 장력부족에 의한 느슨한 권취, Telescope 등의 권취형상 불량 방지 2. Strip의 Tail이 압연기를 빠져 나온 후 과대한 설정에 의해 발생되는 Pinch Roll Slip 방지

5.5.4 권취품질

(1) 권취형상

권취 공정에 있어서의 주요한 품질사항은 권취형상이다. Coil은 여러 방법으로 취급되며 이송되기 때문에 Telescope가 발생되어 있으면 Edge부가 손상되어 실수율이 저하됨으로 양호한 형상을 갖도록 해야 한다.

표 3.21에는 Coiler 요인에 의한 주요 권취 불량 및 그 대책이 나열되어 있다.

표 3.21 권취형상 불량 원인과 대책

항 목	원 인	대 책
내 권 Telescope	1. Strip 선단의 Camber 2. Side Guide 정도 불량 3. Side Guide 개도설정 불량 4. Short Stroker Timing 불량 5. 상하 Pinch Roll, Unit Roll Mandrel의 평행도 불량 6. Mandrel 진동	1. 압연제품 냉각 시 Camber 방지 2. 각 기기의 평행도 관리 3. Mandrel 진동량 관리 4. 좌우 Gap차 관리
외 권 Telescope	1. Strip Tail부의 Camber 2. Side Guide 개도설정 불량 3. 상하 Pinch Roll, Unit Roll Mandrel의 평행도 불량 4. Back Tension 과대 5. Strip의 Tail이 최종 압연기를 빠져나오기 전후에 있어서 속도차 과대	1. 압연제품 냉각 시 Camber 방지 2. 각 기기 평행도 관리 3. 좌우 Gap 차 관리 4. 권취장력 설정 적정화(Taper Tension 등 실시) 5. 급격한 속도변화 시정
Edge 이상	1. Side Guide 개도설정 불량 2. 권취 개시 불량 3. 권취 장력 부족	1. Side Guide 설정 적정화 2. 권취성 향상을 위한 설비정비 3. 권취성 향상을 위한 설정치 적정화
주발형 Telescope	1. 권취성 불량 2. 권취 장력 과대	1. Mandrel Segment부의 팽창 축소 기구 등의 정비 2. 권취성 향상을 위한 설정치의 적정화 3. 장력 과대에 의한 권취 시의 Slip 방지
느슨한 권취	1. 권취성 불량 2. 권취 장력설정 불량 3. Bottom Tension 부족	1. Mandrel Segment부의 팽창 축소 기구 등의 정비 2. 권취성 향상을 위한 설정치의 적정화 3. 장력 과대에 의한 권취 시의 Slip 방지 4. 장력설정 적정화 5. Pinch Roll Gap 적정화

(2) 표면품질

권취형상은 이외에도 판 폭 Necking, Top Mark, Edge 손상, 이물질 압입 등의 품질이상이 있으며 표 3.22에 각 종 대책이 나열되어 있다.

표 3.22 표면품질 불량의 원인과 대책

항 목	원 인	대 책
Top End Mark	1. Unit Roll 압력과대 2. Unit Roll Gap 과소 3. Unit Roll Opening Timing 지연	1. Unit Roll 각종 설정의 적정화 2. Unit Roll 위치 제어
Mandrel Segment Mark	1. Unit Roll 압력과대 2. Unit Roll Gap 과소 3. Unit Roll Opening Timing 지연 4. Segment 확대 시 진원도 불량 5. Segment 모서리부의 가공 불량	1. Unit Roll 각종 설정의 적정화 2. Mandrel Segment Wedge부 수정정비 3. Segment 형상관리
Roll 흠	1. Slip에 의해 소착 발생 2. 이물취입	1. Slip을 방지하기 이한 설정치 적정화 2. Line 청소 3. Side Guide의 지나친 Close 방지 4. 이물제거 Spray 설치 5. Roll 재질 개선
마찰 흠	1. 느슨 권취에 의한 각 권간의 마찰	1. 느슨 권치 방지 대책
귀 흠	1. Side Guide와의 강압 접촉	1. Side Guide의 Centering 2. Camber 방지 3. Side Guide Liner 관리
이물취입 흠	1. Side Guide 강압 접촉에 의한 Strip Edge부의 떨어져 나감 2. 설비로부터의 녹이 떨어짐	1. 1.Side Guide의 Centering 2. Camber 방지 3. Side Guide Liner 관리 4. Line 청소 5. Side Guide의 지나친 Close 방지 6. 이물제거 Spray 설치
판 폭 및 두께의 Necking	1. Mandrel Lead율 설정치 과대	1. Mandrel Lead을 설정치 적정화
Coil 변형 (짱구)	1. 느슨 권취 2. 권취 온도 지나치게 높음	1. Mandrel Segment부의 팽창 축소 기구 등의 정비 2. 권취성 향상을 위한 설정치의 적정화 3. 장력 과대에 의한 권취 시의 Slip 방지 4. 품질설계의 재검토

제6절 열연 정정 공정 및 품질

6.1 열연 정정 일반

6.1.1 개요

(1) 정정 공정의 기능

Hot Strip Mill(압연 공정)에서 압연된 Hot Coil을 냉각장으로 분기시켜 냉각을 시킨 후에 제품검사를 하면서 다음 공정이나 수요가의 요구에 맞는 치수, 형상, 표면성상, 중량으로 조정하면서 Coil 관리, 운반, 결속, 포장, 제품표시, 출하관리 등을 포함하는 공정을 정정 공정이라 한다. 그리고 Hot Coil 운반은 Conveyor(또는 Walking Beam) System에 의해 각 Line으로 분기가 이루어지고 분기되는 Coil은 CLTS(Crane Local Tracking System)에 의해 위치를 추적 관리한다. (CLTS : Crane에 의해 수입, 보급, 정리, 입고, 출하까지의 물류 진행에 대한 정보를 HOST 컴퓨터에서 효율적으로 관리하는 시스템이다.)

(2) 주요 정정 Line의 기능

① Skin Pass Line : 경미한 냉간압연에 의해 평탄도, 표면성상 및 기계적 성질을 개선한다.

② Dividing Line : 수요가의 요구 단중으로 Coil을 분할하거나 Strip양 Edge를 연속 Trimming하는 설비이다. (최근에는 Skin Pass 기능을 포함한 설비로 구성되어 있음)

③ Final Line : 압연에서 권취된 상태 그대로 냉각시킨 Coil을 수작업 또는 자동 포장 설비에 의해 포장한다.

④ Shear Line : 소정의 폭, 길이의 Sheet로 절단하고 품질을 판정, 선별한다.

⑤ Slitter Line : 광폭의 Coil을 폭 방향으로 분할하여 협폭의 대강(Skelp)을 만든다.

⑥ 산세 Line : 염산 또는 황산을 사용하여 Coil 표면의 Scale을 제거한다.

(3) 정정 Lay Out

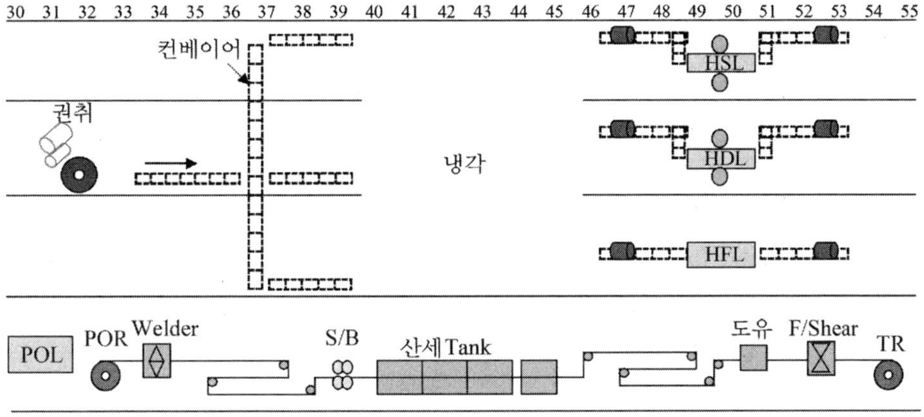

그림 3.69 ● 정정 Lay Out

(4) Coil Yard(냉각 Yard)

압연 Line으로부터 Conveyor에 의해 이송된 Hot Coil은 500℃ 전후의 온도로써 자연 냉각의 경우 상온까지 되는 데는 2～4일 정도 걸린다. 정정 소재(Hot Coil)의 표면온도가 정정 작업 시 곱쇠 발생 및 Roll의 Thermal Crown에 영향을 미쳐 평탄도 불량의 인자로 작용하기 때문에 충분한 냉각이 필요하고 냉각방식에는 자연 공냉과 Fan을 이용한 강제 공냉이 있으며 최근에는 냉연재의 제조공기를 단축하기 위해 냉연재에 한해서 물에 의한 강제 냉각방식을 채택하고 있다.

표 3.23 냉각방식 비교

구분	SPRAY (포항제철소)	침적식 (광양제철소)
사진		
냉각능력 (코일/일)	1열연 : 400 (200 × 2회) 2열연 : 400 (200 × 2회)	1열연 : 336 (84 × 4회) 2열연 : 256 (64 × 4회) 3열연 : 216 (54 × 4회)
냉각수량	20 L/min · coil	437 L/min · coil

6.1.2 산세(Pickling Oil) Line

산세 Line을 통과하는 Coil은 산세 후 출하되는 산세 Coil(일명 PO Coil)을 제외하면 거의 대부분 냉연향 Coil이며, 냉연 또는 열연 공정에 포함된다.

(1) 열연 Coil 표면의 산화철(Scale) 제거

열연 Coil은 사상온도 800～900℃에서 열간압연되기 때문에 그 표면에 다량의 Scale이 생성된다. Scale은 모재(Matrix)와 성질이 다르므로 제거해야 한다. 즉, Scale은 그 조직의 경도가 높아 잘 늘어나지 않기 때문에 성형가공 시에 박리가 되기도 하고 Matrix에 결함으로 남기도 하여 표면 성상을 악화시키게 된다. Scale의 조성은 Matrix 위에 FeO, Fe_3O_4, Fe_2O_3 등의 3가지 층으로 이루어져 있다.

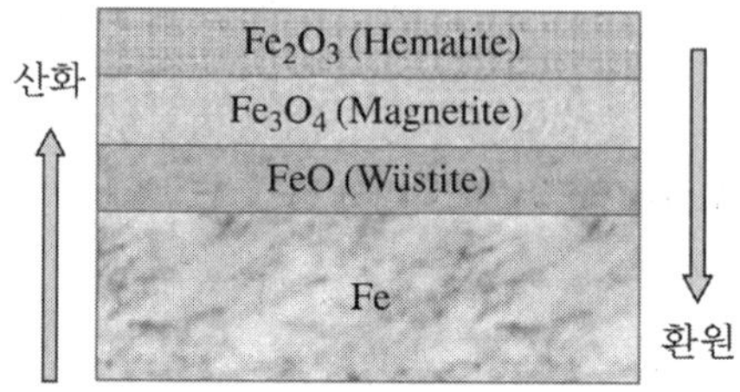

그림 3.70 ● Scale 조성

(2) 황산 산세

황산과 Scale의 상층 Fe_2O_3, Fe_3O_4와의 화학반응은 지극히 늦으므로 FeO와의 반응으로 산세가 진행된다. 또 Scale 조성의 상층부는 높은 경도로 잘 부스러지므로 상층 2층에 미리 기계적인 반복 가공을 주어 균열을 일으키는 예비처리(Scale Breaking)가 필요하다. 그리하여 균열부에 침투된 황산이 FeO 및 Matrix와 반응한다. Matrix와 반응으로 발생한 수소 Gas의 압력으로 Scale은 기계적으로 박리된다. 따라서 FeO층의 비율이 중요한 인자가 된다. FeO층의 비율을 결정하는 열연의 사상온도, 권취온도는 산세시간을 좌우한다. 또 Scale Breaking의 정도도 산세시간에 영향을 주게 된다.

(3) 염산 산세

염산의 경우는 황산과 다르게 Scale과의 화학반응은 매우 빠르고 상층 Fe_2O_3, Fe_3O_4, FeO와는 순차적적으로 반응한다. Matrix와는 역으로 반응이 늦어지고 표면

상태는 대단히 양호하다. 또 산세속도가 빨라 Line Speed는 황산에 비하여 약 2배 정도 빠르다. 이처럼 산세 성능이 좋고 표면의 사상이 깨끗하여 품질 측면에서 우수하다. 이러한 이유로 최근의 산세 Line의 대부분은 염산 산세를 채용하고 있다.

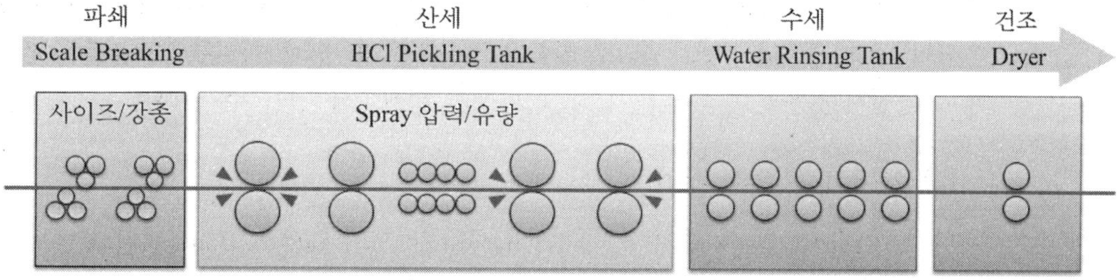

그림 3.71 ● 산세 공정

6.2 조질압연(Skin Pass Mill) 설비

6.2.1 조질압연 목적

조질압연은 열간압연된 Coil 그대로는 Coil Break가 발생될 위험이 있고 평탄도도 좋지 않기 때문에 Skin Pass Mill 공정에서 적당한 압하력을 가해 연신율 0.1~4.0% 정도의 가벼운 냉간압연을 행하여 (1) 평탄도 교정(폭 방향 평탄한 형상)과 (2) 기계적 성질을 개선(항복점연신 제거)하여 표면성상을 개선시켜 품질을 향상시키고 (3) 표면에 조도를 부여하는 것을 목적으로 한다.

6.2.2 Skin Pass Mill의 역사

열연정정 설비에 있어서 Skin Pass Mill의 역사는 그리 오래되지 않았고 일본에서 1958년에 최초로 설치되었다. 당시 생산량은 1개 라인에서 월 10,000~20,000톤 정도였지만 그 후 열연 Coil의 수요가 증대되고 또 수요가로부터의 품질에 대한 요구가 엄격화 됨에 따라 지속적으로 신설되었다. 최근에는 압연기의 고속화와 Coil 단중 증대로 월간 100,000톤 이상의 생산능력을 갖춘 Line이 설치되고 있다.

6.2.3 Skin Pass의 기능

(1) 평탄도의 교정

강판은 일반적으로 평탄함이 요구된다. 그러나 Hot Strip에서 압연된 Coil은 경우에 따라 평탄하지 않은 경우가 있다. 이러한 평탄도를 개선하기 위해 Hot Coil을 상온까지 냉각 후 Skin Pass Mill로 압하율 1% 전후의 경압하를 주어 Strip을 일정형태로 연신시키는데 이 과정을 통하여 소정의 평탄도를 얻을 수 있다.

(2) 기계적 성질의 개선

열간압연된 Coil을 되감기하면 Stretcher-Strain 또는 Luders Band(뤼더스 밴드)라고 하는 주름상의 표면결함이 발생한다. 이 원인은 재료의 항복점 연신에 기인하는 것인데 Skin Pass 시 0.1～4.0%의 연신율을 가하면 제거할 수 있다.

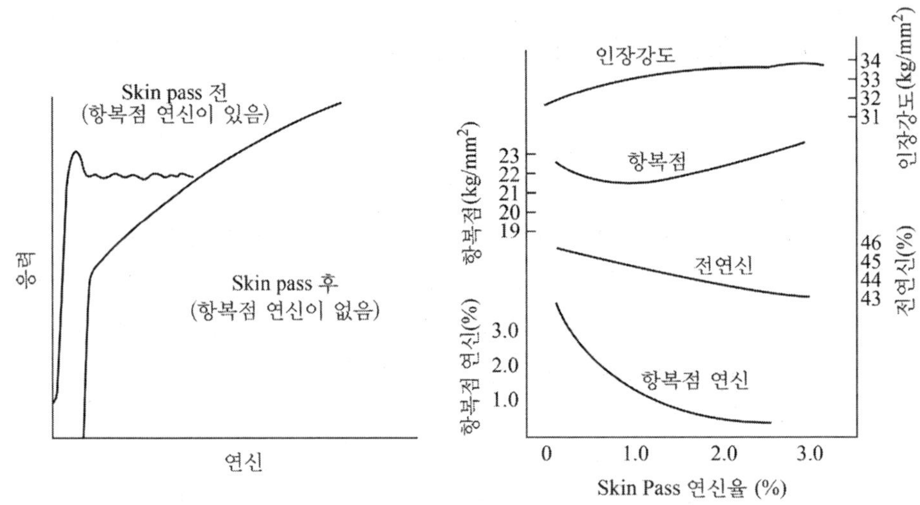

그림 3.72 ● Skin Pass에 의한 기계적 성질의 변화

그림 3.72에 Skin Pass에 의한 응력 - 연신곡선과 Skin Pass 압하율이 기계적 성질에 미치는 영향을 나타냈다. 이 그림에서 알 수 있듯이 Skin Pass 전의 상태에서는 항복점 연신이 심하지만 Skin Pass 후는 제거된다. 또 Skin Pass 압하율을 0.1～4.0%의 범위 내에서 증가시키면 압하율에 따라 다음과 같이 기계적 성질이 변화한다.

① 항복점 연신 : 압하율 1.0% 부근에서 급격히 저하하여 3.0%에서는 거의 없어진다.

② 항복점 : 1.0% 부근에서 저하하여 그 후 점점 증가한다.
③ 인장강도 : 조금씩 증가한다.
④ 연신 : 완만하게 감소한다.

일반적으로 연신율 증가에 따라 항복점 연신은 감소하지만 인장강도는 증가하고 연신은 저하하며 연성 자체는 열화 되기 때문에 적절한 연신율 관리가 필요하다.

(3) 표면성상의 개선

열연 Coil의 표면정도는 열간압연의 사상압연기 Roll 상황에 의해 변화하지만 보통 10 μm 전후이다. 최근에 수요가의 요구가 엄격하여 미관을 중시하는 용도에는 Skin Pass를 하여 표면조도를 개선하고 있다. 또 산세 소재에 대하여 연성의 열화가 허용되는 범위에서 얼마간의 연신율을 주는 것에 의해 Strip 표면 Scale에 균열을 주어 산세시의 탈 Scale성을 도모하게 하는 경우도 많다.

(4) 기타

① Coil 중량 조정
수요가의 설비능력 제한으로 대단중의 Coil을 납품할 수 없는 경우는 수요가가 요구하는 단중으로 분할한다.

② Coil 내경, 외경, 권취형상의 교정
요구된 내경, 외경은 수요가의 Coil 장치 설비에 따라 변화한다. 때문에 이것에 맞게끔 내경, 외경의 수정이 필요하게 된다. 이 작업방법은 내경의 경우 Reel 경의 조정으로 처리하고, 외경은 분할작업으로 실시한다. 또 앞 공정에서 발생한 Telescope, 겹침, 느슨, 접귀, 째귀 등의 권취형태 불량 Coil 중에 교정이 가능한 Coil은 Skin Pass에서 불량부분을 제거하기도 한다.

③ 치수, 표면, 형상검사
두께는 Line 출측에서 Micro Meter나 X-ray 두께계, 폭은 Convex Rule이나 광전광식 폭계 등에 의해 규정 허용공차 내에 들어 있는가를 Coil마다 검사한다. 표면형상에 대해서는 육안검사에 의한 경우가 많은데 최근 자동결함 검출계, 형상계 등이 도입되고 있다.

6.2.4 설비의 구성

Skin Pass Mill의 일반적인 설비 배치는 Coil 삽입설비, Coil을 되풀어 주는 Pay

Off Reel, Mill 본체, Coil의 Top 및 Tail부를 절단하는 Crop Shear Coil을 권취하는 Tension Reel, 그리고 권취 Coil의 인출설비 등으로 구성되어 있다.

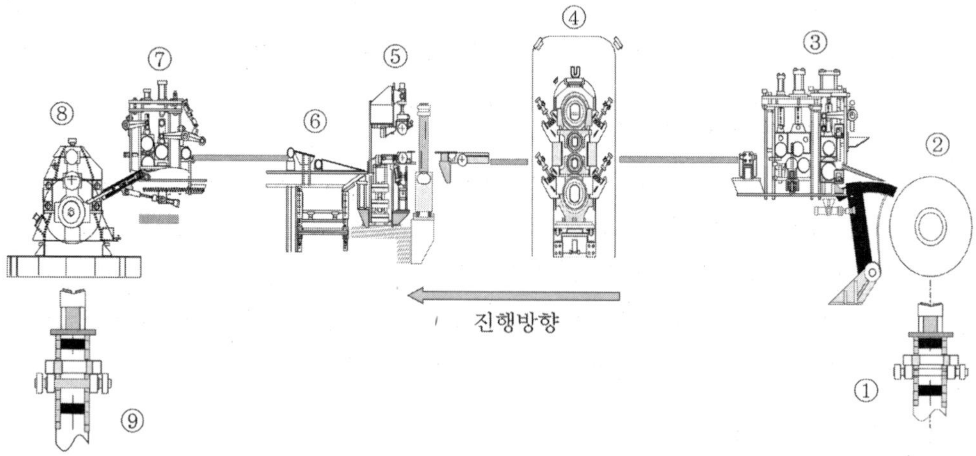

① Entry Coil Car, ② Pay Off Reel, ③ Straightener Roll, ④ Skin Pass Mill, ⑤ Up Cut Shear, ⑥ Scrap Handling System, ⑦ Deflector Roll, ⑧ Tension Reel, ⑨ Delivery Coil Car

그림 3.73 ● Skin Pass Line의 Lay Out

① Coil 삽입설비

Coil을 Pay Off Reel에 삽입하기 위한 설비로는 Coil Conveyor와 Coil Car 설비가 있다.

② Pay Off Reel

Pay Off Reel은 Coil을 풀어주는 설비이다.

Coil을 풀 때 발생하는 Coil Break을 방지하기 위해 Mandrel 상부에 통상 Pressure Roll을 설치한다.

③ Straightener Roll

Straightener Roll은 2개의 Bottom Roll과 1개의 Top Roll로 구성되어 있고 Pay Off Reel에서 되풀려진 Strip의 Threading을 용이하게 하기 위해 Top, End부를 거의 Flat하게 하는 목적으로 사용한다.

④ Skin Pass Mill 본체

Skin Pass Mill에는 상하 Work Roll로 구성된 2중식(2 High Mill)과 Work Roll과 Back Up Roll이 상하 각 2본씩으로 구성되어 있는 4중식(4 High

Mill)이 있다.

⑤ Up Cut Shear

Up Cut Shear는 Coil의 분할 및 Top, Tail의 불건전부를 절단하는데 사용한다.

⑥ Scrap Handling System

Up Cut Shear에서 Cut된 Top, Tail Crop을 Scrap-Bucket까지 운반하는 Roller Table Type의 Conveyor이다.

⑦ Deflector Roll

Deflector Roll은 Top과 Bottom Roll로 구성되어 있으며 Motor로 Top Roll을 구동하여 Strip 선단부를 Tension Reel에 안내하며 통판 시에는 Roll을 상승시키고, Bottom Roll은 Idler Roll이며 통판 시는 Deflector Roll로 사용한다.

⑧ Tension Reel

형상교정올 완료한 Coil은 소정의 장력으로 Tension Reel에 권취된다.

⑨ 출측 Coil 인출설비

Line 출측의 Coil 인출설비로는 Coil Car와 Conveyor 설비가 설치되어 있으며 Conveyor상에서 평량, 결속, 제품 표시작업을 한다.

6.2.5 Skin Pass Mill의 형식과 특징

표 3.24 Skin Pass Mill의 형식과 특징

형 식		특 징
압연기 형식	2 High	설비비는 저가이나 Roll Crown 여러 종류로 사용해야 하므로 작업성이 나쁘고 Roll 상비수가 많이 필요하다.
	4 high	설비비는 고가이나 Roll Bending에 의한 Roll Crown을 조정할 수 있기 때문에 작업성이 좋고 교정능력도 크다.
압하방식	전동식	압하 제어기구는 간단하지만 응답성이 낮고 Maintenance에 비용이 든다.
	유압식	압하 제어기구는 복잡하지만 응답성이 좋고 고장도 적다.

6.3 형상(평탄도) 교정작업

6.3.1 평탄도 기초이론

정정에서 사용되고 있는 Work Roll은 압하력에 의해 변형을 일으키므로 압하력에 비례한 변형량을 보상해 주기 위해 새로운 Roll에는 항상 Initial Crown을 부여하는데 2단 Roll은 (+) Crown, 4단 Roll은 평 또는 (−) Crown을 부여한다.

① 열연정정의 조질압연기는 대부분 유압식으로 압하력을 제어하는 유압 Cylinder (Mill Push Up Cylinder)는 Mill Roll Housing 양측 하부에 각각 단독으로 설치되어 있다.
즉, 그림 3.74와 같이 Mill Push-Up Cylinder는 하 Work Roll(4단 압연기는 하 Bur 상부에 위치)의 하단 양측에 설치되어 압하력을 걸어 압연 시 하 Work Roll 양단(Roll 교환대체와 함께 하 Work Roll Chock를 Push Up함)을 밀어 올려 압연하는 형식이다.
여기서 Push Up Cylinder에 압하를 걸어 Roll을 상승시키면 하부 Roll은 Roll 사이의 Strip에 닿을 때까지는 평행을 이루겠지만 점점 압하가 커지면 당연히 그림 3.75와 같이 Roll은 Bending하게 된다(Bending량은 압하력에 비례).
그래서 Roll에 압력을 가할 때 Roll이 Bending되는 양만큼 Roll 연마 시 미리 (+) Crown을 주어 압력을 주었을 때 Roll Gap이 어느 정도 같아지도록 한 것이다.
그림 3.76은 Roll 연마 시 미리 (+) Crown을 부여한 Roll로 아직 Strip에 압하가 걸리지 않은 상태의 그림이다.

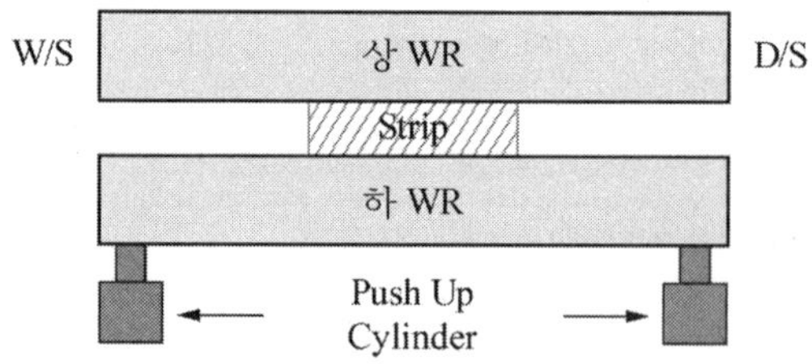

그림 3.74 ● 압연기 설치 구조도

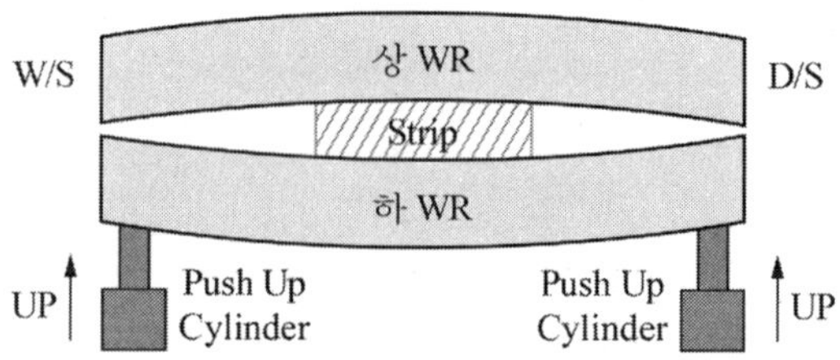

그림 3.75 ● 압하를 걸었을 때 Roll의 휨 발생도

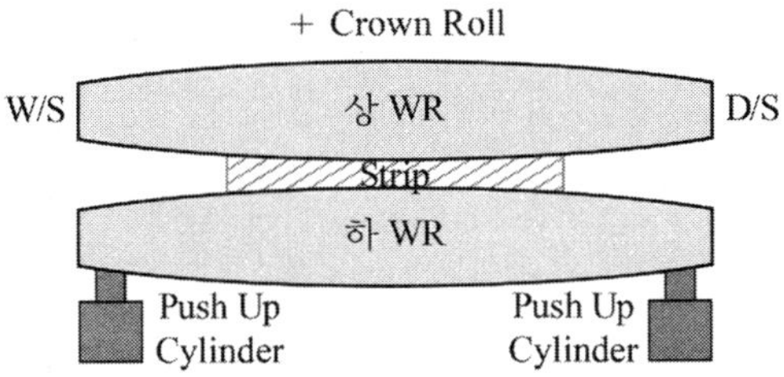

그림 3.76 ● 압하를 주지 않은 상태의 Roll

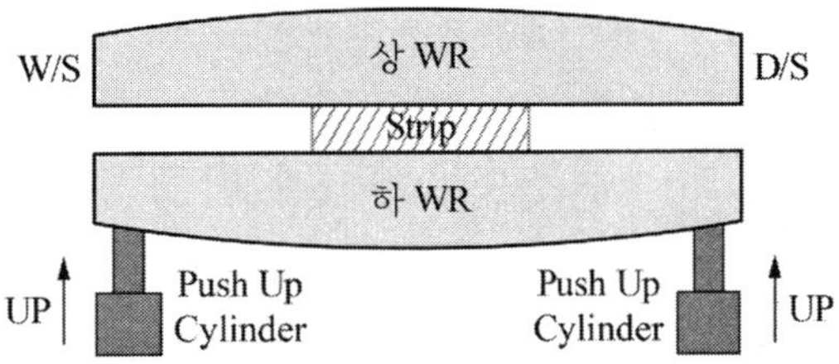

그림 3.77 ● 압하가 걸려 Roll Gap이 같아진 상태

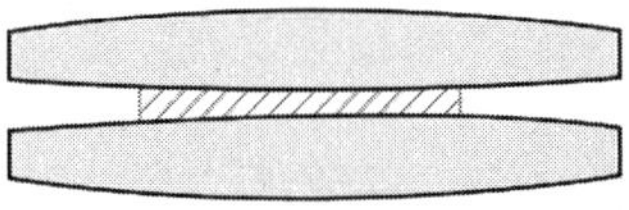

그림 3.78 ● 압하력이 낮을 때

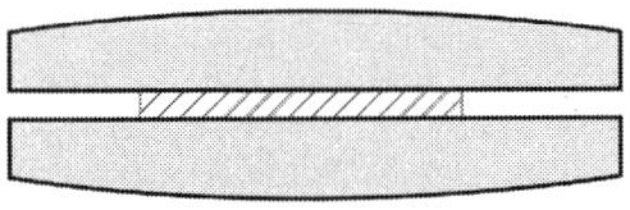

그림 3.79 ● 적정 압하력시

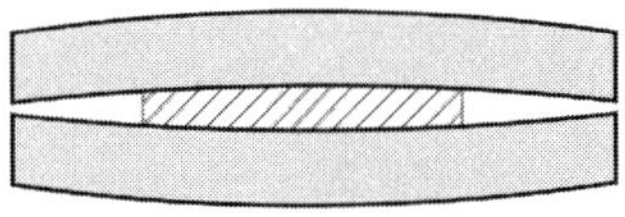

그림 3.80 ● 압하력이 높을 때

이때는 Crown이 들어간 만큼 Roll Gap이 양쪽보다 가운데가 좁은 상태이지만 압하가 걸리기 시작하면 Roll은 점점 Bending되어 어느 정도의 압이 되면 Roll Gap이 같게 되어 그림 3.77과 같은 상태가 된다.

그림 3.78은 압력을 낮췄을 때의 현상으로 Roll Bending량이 적기 때문에 Roll Gap이 적은 가운데 부분이 양쪽보다 많이 압연되어(Roll Gap이 좁은 부분이 넓은 부분보다 더 많이 눌리므로) 중파가 발생되고, 그림 3.79는 Roll Bending량을 적정하게 유지한 상태가 되어 양호한 평탄도를 얻을 수 있으며, 그림 3.80은 Roll Bending량이 커진 상태로 그림 3.78과는 반대로 양쪽 Roll Gap이 적게 되어 자연히 Strip 양쪽이 힘을 더 받아 양파가 발생된다.

② 4단 Roll은 (−) Crown을 부여하는 이유로는 4단 Roll은 Back Up Roll과 Roll Bender가 있기 때문이다.

그림 3.81은 4단 Roll의 구조도로서 그림과 같이 Push Up Cylinder가 하부 Bur 양쪽에 설치되어 있어 압력을 가할시 Work Roll은 직접 Cylinder에 의해 힘이 전달되는 것이 아니라 Bur에 의해 전달되므로 직접 Cylinder에 의해 전달될 때보다 Bending량은 상대적으로 적다고 본다.

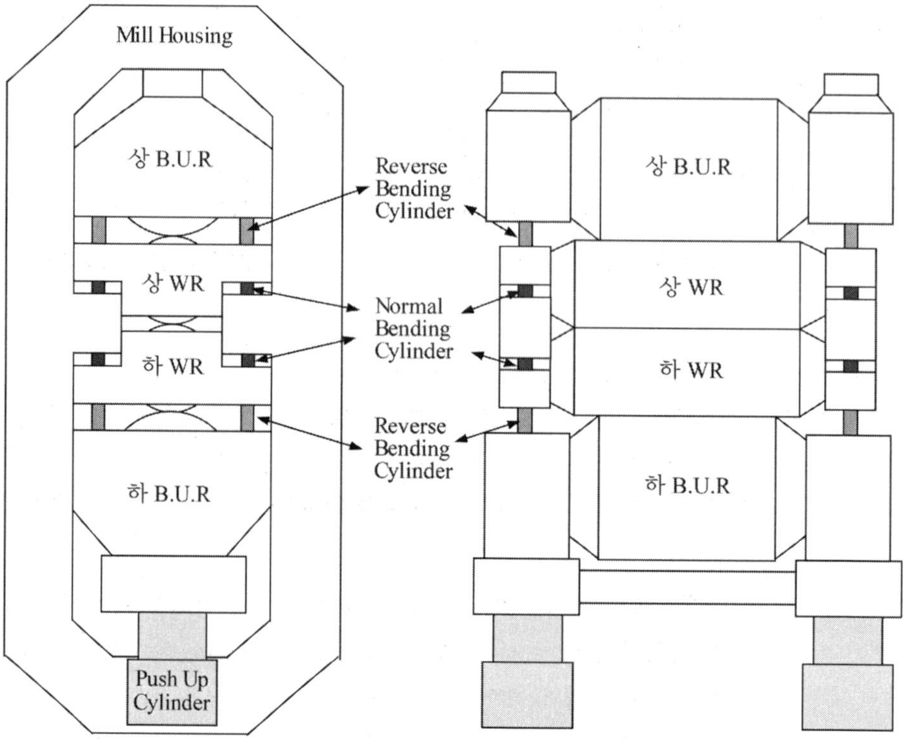

그림 3.81 ● 4단 Roll의 구조도

6.3.2 평탄도 교정수단 및 영향인자

(1) 통판중의 Coil 형상 교정수단

① Mill Roll 압하력 조정법
② Mill 입·출측의 장력조정법
③ Initial Roll Crown의 선택법
④ Mill Roll Heating법
⑤ Mill Roll Bending 장치 사용법

(2) 판형상에 영향을 주는 요인

① Mill Roll의 Initial Roll Crown
② Mill Roll의 표면 마모
③ Mill 압하력 또는 W/S와 D/S의 압하력 편차

④ Mill 입·출측 장력
⑤ Mill 출측 통판 Roller의 편마모
⑥ CPC Centering 정도
⑦ 통판 소재의 Size, 재질, 형상 및 온도

6.3.3 평탄도 교정 향상방안

① Mill Roll의 적정 Initial Roll Crown 사용
② Mill 입측의 형상이 극히 불량하여 형상교정이 어려울 때(압하력을 상승하면 꼬임이 발생하려 할 때)는 Mill 입·출측 장력을 가능한 한 크게 설정한다.
③ Mill 입측의 형상이 극히 불량할 때는 압하력을 올려 연신율을 크게 한다. (2단 Roll의 경우 Initial Roll Crown이 큰 Roll 사용)
④ 냉각불량 Coil 작업 금지
  ㈀ 소재 냉각기간 준수
  ㈁ 보급된 소재의 냉각불량 Coil은 반송처리(50℃ 이상)
  ㈂ 냉각된 소재의 복사 전열을 방지하기 위해 Yard 정리 및 충분한 Yard 확보
  ㈃ 냉각 Cooling Fan의 정상가동 관리
⑤ 무리한 폭 역전금지
  ㈀ 동일 폭 관리는 폭편차 ±10 mm로 동일 폭 편성
  ㈁ 저탄강, 초극박 및 평탄도 엄격재는 동일 폭 내 소 LOT 편성
⑥ Roll 교환주기 준수
⑦ Mill 출측 형상 관찰 강화
  ㈀ 형상 교정상태를 확인하기 위해 필히 Line을 정지하고 장력 Off 상태에서 Mill 출측 형상 확인
  ㈁ 형상 교정상태가 의심스러우면 재작업 실시 재작업 Coil 투입 시 Roll 단위 기준편성작업이 곤란하면 보류 후 Roll 교체하여 새 Roll 단위에 편성 작업
  ㈂ 평탄도 관리 엄격재는 가능한 한 통판초기 저속 통판으로 Mill 출측 형상을 관찰한 후 정상 통판 Speed 유지

6.4 열간압연 품질

6.4.1 제품의 기계적 성질

(1) 압연온도와 제품의 기계적 성질과의 관계

제품의 기계적 성질은 강의 화학성분, 사상압연온도(최종 사상압연기의 출측 온도), 권취(냉각종료)온도에 의해 결정된다. 사상압연온도는 Ar_3변태점 직상에서 압연하는 것이 바람직하고 그 범위에서는 비교적 미세하고 균일한 정립 조직의 결정립이 얻어지며, 기계적 성질 중 연신율이 큰 재질이 된다. 가공성이 엄격한 제품을 압연하기 위해서는 특히 사상온도에 주의해야 한다. 권취온도는 기계적 성질 중에서 인장강도와 항복강도를 결정하는 요인이 되고 목표강도를 얻기 위해서는 목표 권취온도를 적절히 설정하는 것이 중요하다.

① 탄소강(보통강)압연의 경우

(ㄱ) 사상출구온도와 권취온도 등이 결정의 상변화와 관계가 가장 깊다.

(ㄴ) 사상온도는 제품의 결정입도에 지극히 큰 영향을 끼친다.

(ㄷ) 양호한 야금학적 성질(결정입도)을 얻기 위해서는 A_3변태점 이상에서 사상압연을 완료하고 A_1변태점 이하에서 권취하는 것이 필요하다.

6.4.2 두께 정도와 제어방법

(1) 두께 정도

① 두께 변동에 영향을 주는 요인

(ㄱ) 압연기 설비

(ㄴ) 재질의 변동

(ㄷ) 압연온도의 변동

(ㄹ) 압연속도의 변동

(ㅁ) 스탠드(Stand)간 텐션(Tension)의 변동

(ㅂ) 야금학적인 원인에 의한 변형저항의 변동

(ㅅ) 롤(Roll)경의 변동(압연 중 Roll의 열팽창)

② 압연온도의 변동과 두께 변동

그림 3.82에 재료온도 변화와 두께 변화의 관계를 모형적으로 표시하고 그림

3.83에는 실제의 사상출구온도와 X선에서 측정된 사상두께를 나타냈다. 코일(Coil)의 선·미단부는 온도 손실이 크기 때문에 발생하는 온도강화와 압연장력이 걸리지 않는 특성 때문에 판 두께가 두꺼워지기 쉽다.

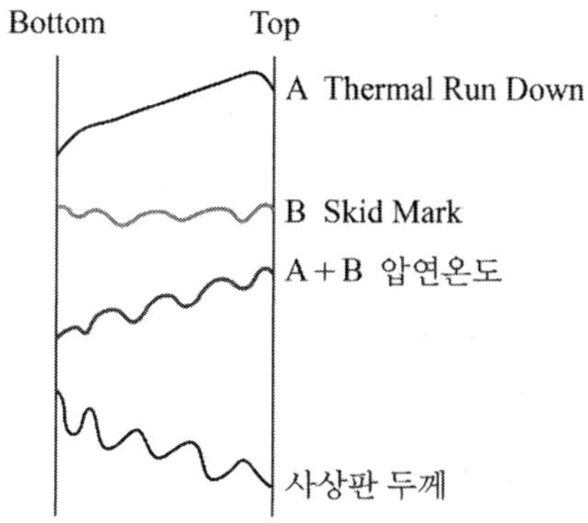

그림 3.82 Coil 길이의 방향 온도에 따른 두께 변동

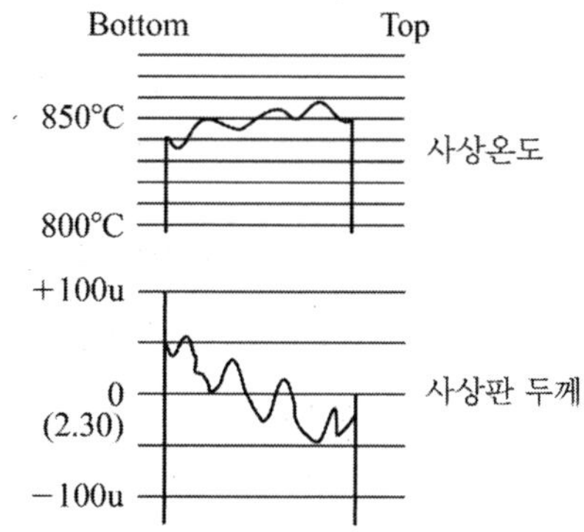

그림 3.83 압연온도와 사상판 두께(2.3 mm)의 예

③ 두께 정도 향상 방법

㈀ 서멀 런다운(Thermal Run Down)에 대해 가속 압연의 채용

㈁ 장력 변동에 대해서 루퍼(Looper)일정장력 시스템(System) 채용

㈂ 전체 두께 변동요인에 대해서 자동두께 제어장치(A.G.C)의 채용

(2) 두께 정도 관리

① 두께 정도의 표현

호칭 두께에 대해 상하한 허용차를 함께 표현한다.

예 4.5 mm ± 10% 또는 4.5 mm ± 0.45 mm라고 표현하면 코일(Coil) 또는 강판의 가장 큰 엣지(Edge) 이외(통상 Edge보다 25 mm)의 곳을 측정하였을 때 그 두께가 4.05 mm와 4.95 mm 사이에 들어간다는 것을 의미한다.

② 두께 차이에 따른 길이 방향 두께 변동

㈀ 두께가 얇은 경우는 길이 방향 두께 변동은 적다.

㈁ 두께가 두꺼운 경우는 스키드 마크(Skid Mark) 등의 변동효과가 크게 나타나 두께 변동이 크게 된다.

6.4.3 폭 정도와 제어방법

(1) 폭 정도에 영향을 주는 요인

① 슬래브(Slab) 폭의 변동

② 조압연에서의 에저(Edger)에 의한 바(Bar) 폭의 변동

③ 사상압연에서의 텐션(Tension)의 변동

④ 스키드 마크(Skid Mark) 등의 편열

(2) 폭 정도 향상 방법

① Edger의 압하량을 크게 하고 판 폭 목표치에 대한 오차를 적게 한다.

② 사상압연기의 Stand 간 Tension을 일정하게 유지한다. Looper의 높이와 Torque 및 Mill Motor의 속도제어에 의한 Stand 간 Tension을 일정하게 유지하는 장치인 Looper 제어 System의 채용

③ Coil의 전후 끝에서는 Tension이 걸리지 않기 때문에 Edger Set를 Bar의 전후 단만 변동시킨다.

④ Coil Top부에 대해서는 압하 및 Speed의 초기 설정을 정확하게 한다.

6.4.4 Crown과 제어방법

압연제품은 통상 폭 방향으로 두께의 편차를 갖게 되는데 이것을 Crown이라 한다. Crown은 중앙부 두께와 양 엣지부 두께 평균과의 차이로 나타낸다. 크라운(Crown)의 여러 가지 종류는 표 3.25와 같다.

$$\text{크라운(Crown)} = T_c - \frac{(T_e + T_e')}{2}$$

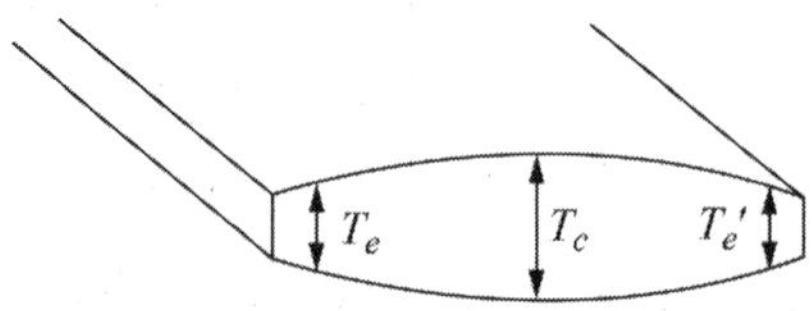

그림 3.84 ● Crown

표 3.25 Crown의 여러 가지 종류

명 칭	Profile	발생 이유
1. Body Crown (양 Edge를 제외한 부분)	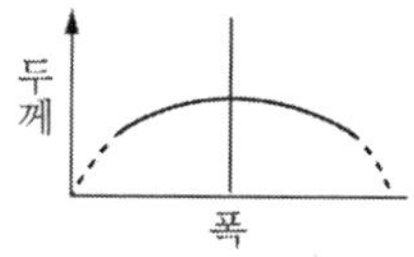	• Roll 휨 (재료 폭, 압연반력에 의해 변동한다.)
2. Edge Drop (양 Edge부 두께가 급격히 변동하는 부분)	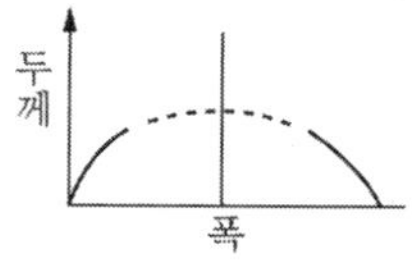	• Roll의 편평 (Roll경, 압연반력 등에 의해 변동한다.)
3. Wedge	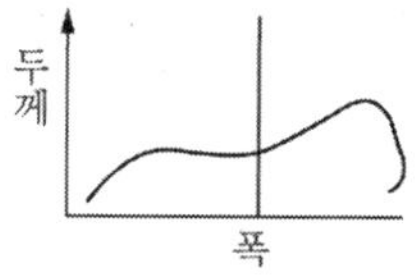	• Roll 평행도 불량 • Slab의 편열 • 통판 중 판이 한쪽으로 치우침
4. High Spot	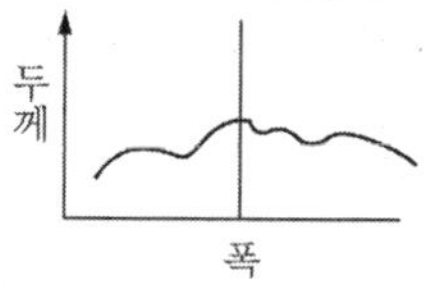	• Roll의 이상마모 • 국부적인 Roll의 열팽창

Crown은 그 값이 양의 값이면 Plus(Positive) Crown이라 하고, 음의 값이면 Minus (Negative) Crown이라 한다.

① 열연 제품으로는 전부 크라운(Crown)이 없는 상태가 이상적이다.

② 냉연 재료로서는 통상 0.04～0.09 mm 정도가 좋다.

6.4.5 형상과 제어방법

(1) 형상

제품의 평탄도는 압연 시 폭 방향의 압하율 차에 의해 발생한다. 제품으로서 가져야 할 형상 조건으로는 양파, 중파 또는 휘어짐이 없이 평탄해야 한다.

① 형상의 발전기구

(ㄱ) 양파(Edge wave) : 판의 양끝에 지나치게 압하를 가한 경우

(ㄴ) 중파(Center wave) : 판의 중앙에 지나치게 압하를 가한 경우

이와 같은 형상은 압연하중의 변화, Roll 축의 휨, 롤(Roll)의 마모 열팽창에 의한 Crown의 변화 등에 의해서 시시각각 변화하여 형상에 영향을 준다.

그림 3.85 ● Edge Wave (Side Wave)

그림 3.86 ● Center Wave (Center Buckle)

② 형상의 표시방법

형상 파형에서 파의 Pitch와 파의 높이로 계산

$$급준도(\alpha) = \frac{H}{P}$$

여기서, P : 형상 파형의 파 Pitch

H : 파고

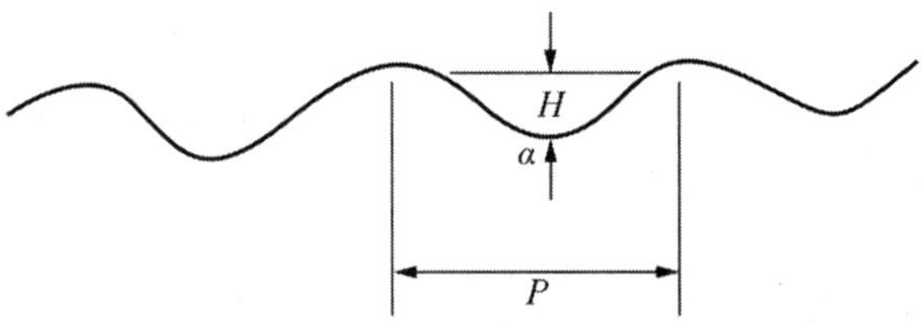

그림 3.87 ● 형상의 표시방법

(2) 형상제어

① Crown 형상의 변동요인

Crown 형상의 변동요인을 들면 아래 그림 3.88과 같다.

이 도표에서 알 수 있는 바와 같이 Hot Strip Mill에서 Crown 형상요인은 대단히 많고 그 관계는 지극히 복잡하다.

② 형상제어

압연판재의 치수, 형상품질에 대한 수요가의 요구는 날이 갈수록 엄격해지는 추세이다. 판 두께에 관해서는 길이 방향의 정도뿐만 아니라, 폭 방향의 판 두께, 즉 Crown에 대해서도 엄격하다. 박물재, 경질재일수록 형상품질 요구는 엄격하며 그 제어 또한 어렵다.

③ 형상제어 압연기의 종류 및 특징

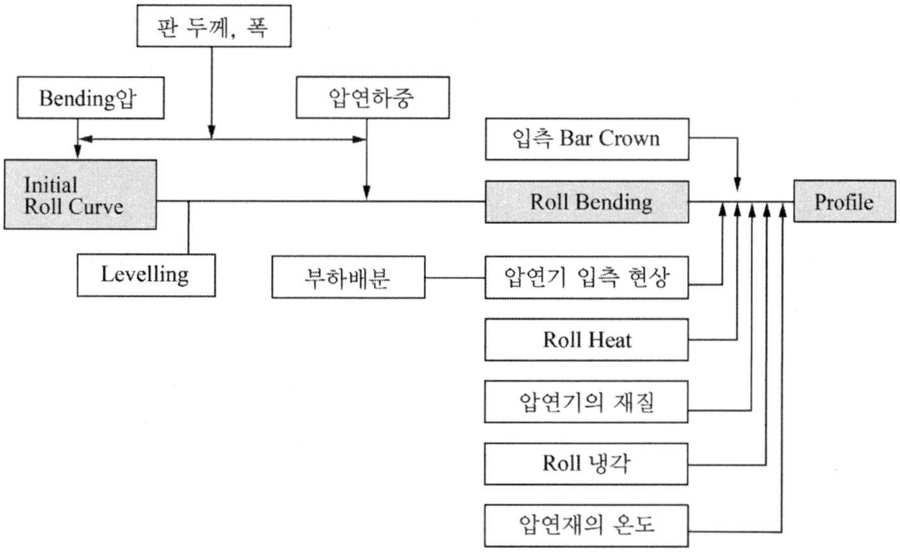

그림 3.88 ● Profile 형상제어 흐름

표 3.26 형상제어 압연기의 종류 및 특징

구분	4 Hi 재래식	4 Hi Shift Mill	Pair Cross Mill
압연기 구조	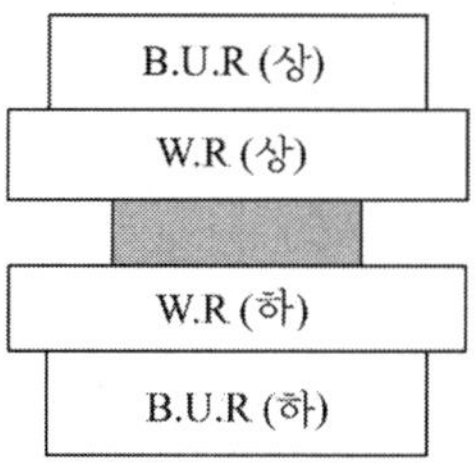	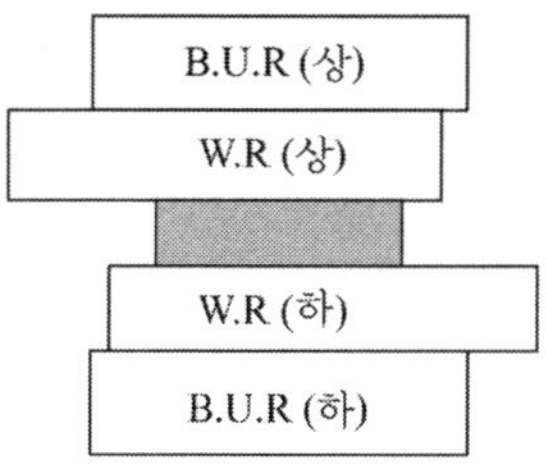	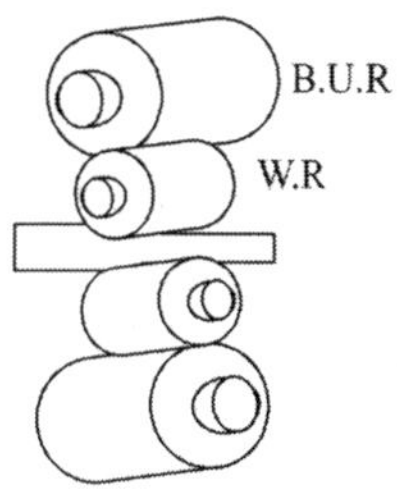
형상 제어 설비	Work Roll Initial Crown Work Roll Bender	Work Roll Shift Work Roll Bender	Work Roll Cross 장치 Work Roll Bender On-line Roll Grinder
주요 특징	Crown, 평탄도 제어 능력 미흡 Coffin Schedule	On-line Feedback Control Schedule Free 가능 롤마모 분산능력 우수	On-line Feedback Control Schedule Free 가능 Crown 제어범위대

④ Shift Mill에 의한 형상제어 압연방법

(ㄱ) Cyclic Shift법

효과 1. 매 Coil 압연 시마다 Work Roll을 Shift하여 국부마모를 방지하고 Thermal/Wear Crown 분산

2. Roll 단위 증대 및 동일 폭 압연, 폭역전 기준 완화(Schedule Free 가능)

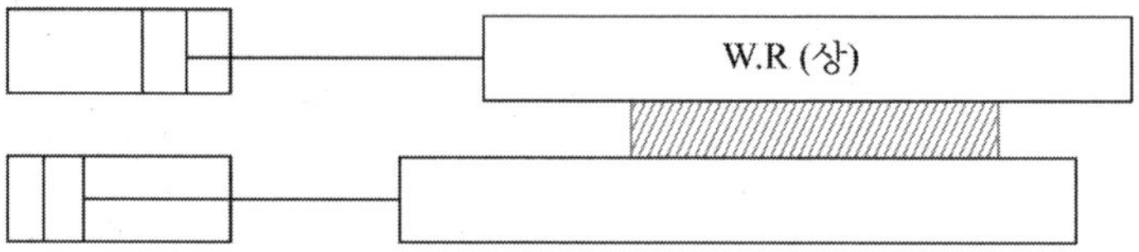

그림 3.89 ● Cyclic Shift법

(ㄴ) Taper Adjust법

효과 1. 압연재가 Roll의 Taper부를 통과함에 따라 그 부분의 판 두께가 증대하고 판 Crown량은 평탄화한다.

2. Strip의 폭에 따라 일정량의 Taper를 주어 Strip의 Edge Drop 감소

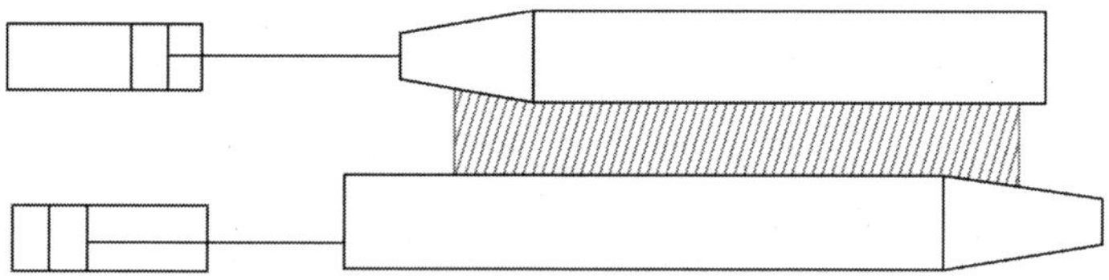

그림 3.90 ● Taper Adjust법

⑤ Shift 실시에 따른 마모 분산효과

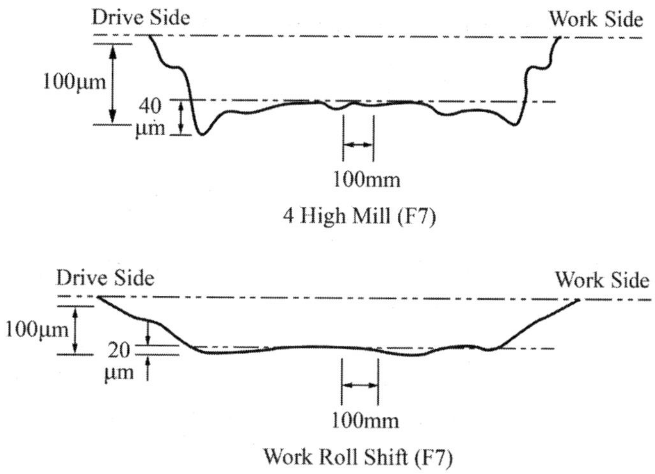

그림 3.91 ● Work Roll 마모 Profile

⑥ Pair Cross Mill에 의한 형상제어 방법

4 Hi Mill의 상하 Work Roll을 교차하여 그 교차각을 변화시키는 것에 의해 압연재의 Profile 형상을 제어하기 위해 Cross Mill이 개발되었다.

Cross Mill에는 그림 3.92와 같이 Work Roll만 교차시키는 Work Roll Cross 방식과 Back Up Roll, Work Roll을 Pair로 Cross시키는 Pair Cross방식이 있으며, Roll 마모와 Energy 손실을 극도로 증대시킬 우려가 있는 Roll간 Cross가 없는 Pair Cross방식이 실용화되는 추세이다.

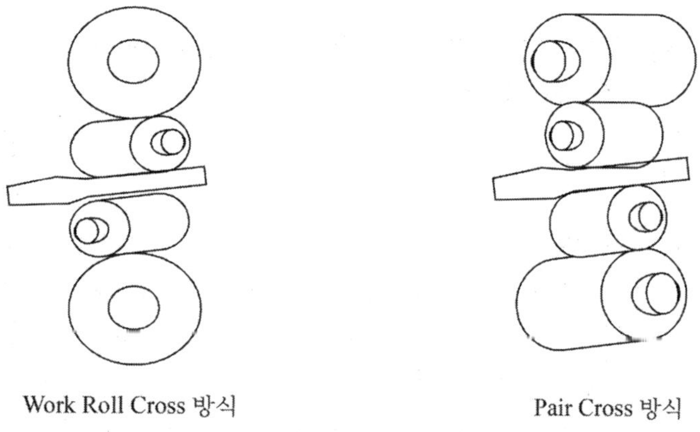

그림 3.92 ● Cross 압연 방식

㈀ Pair Cross Mill의 효과

Pair Cross에 의한 Strip Crown 개선으로 제품 품질향상과 On-line Roll Grinding(또는 Dressing이라고 함) 채용에 의한 Schedule Free Rolling으로 생산성향상에 효과가 있다.

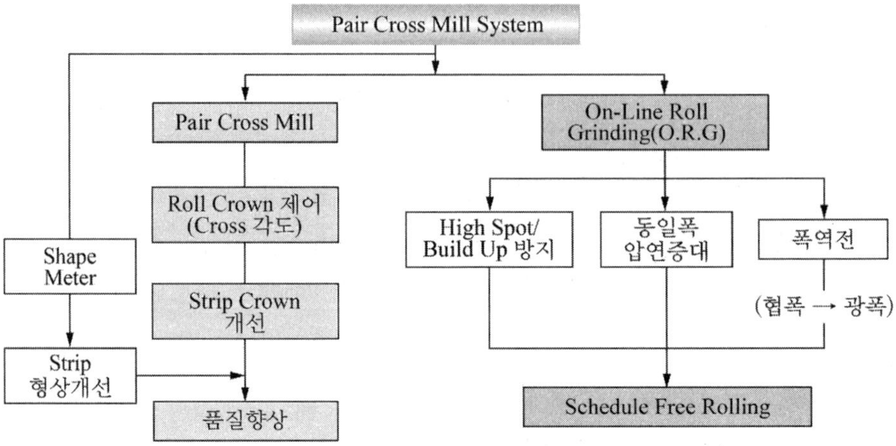

그림 3.93 ● Pair Cross Mill System

6.5 결함의 종류와 발생원인

6.5.1 스케일(Scale)

Scale은 발생 형상에 따라 방추형, 비늘형, 붉은 형, 유성형, 선상, 모래형, 나이테형, 박리형 등으로 분류한다.

(1) 방추형 Scale

① 발생상황

㈀ 방추상으로 길게 치입된 Scale로서 적갈색 또는 황갈색으로 폭 방향 전면 또는 band상으로 발생.

㈁ 위치는 일정하지 않고 산재하는 경우도 빈번

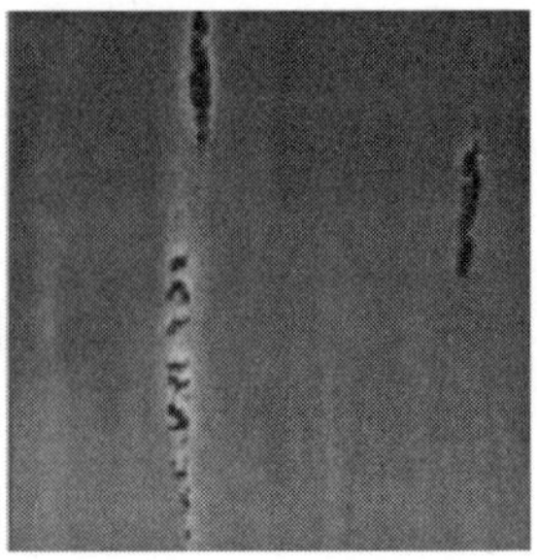

그림 3.94 ● 방추형 Scale

하나 유성형 Scale보다 폭이 좁고 깊이도 깊으며 상당히 깊은 것도 발생

(ㄷ) 깊이가 매우 깊은 것은 산세하여도 Scale이 떨어지지 않는 경우도 있다.

② 발생원인

(ㄱ) 가열로 추출온도가 높거나 높은 온도에 장시간 가열시 또는 재로시간이 짧을 때

(ㄴ) 조압연 Roll의 표면거침에 의한 2차 Scale 발생 및 Descaling 불량에 의한 1차 Scale의 국부적 존재로 치입된 것.

(ㄷ) FSB Descaling 불충분에 의한 2차 Scale 미박리

(ㄹ) 고강도재의 연속적인 작업으로 FM 전단 Roll이 국부적으로 마모되어 발생

③ 후공정에 미치는 영향

(ㄱ) 표면불량(냉연 P/O재에 치명적임)

(ㄴ) 도금불량

(ㄷ) 가공 시 표면 Crack 유발

④ 대책

(ㄱ) 추출온도 하향 및 국부가열방지

(ㄴ) 지속적인 Nozzle 점검 및 교체

(ㄷ) 롤 교체주기 적정화로 피로방지

(ㄹ) 디스케일링 압력증강 및 Overlap 기준 준수

(ㅁ) FM 전단 Roll 냉각 강화(전단: F1, F2)

(2) 비늘형 Scale

① 발생상황

2차 Scale이 물고기 비늘모양으로 치입된 Scale로서 폭 방향 전면 또는 Band 상으로 발생

② 발생원인

(ㄱ) FSB 이후 복열현상에 의해 2차적으로 생성된 Scale이 압연재보다 연신율이 낮아 압연재와 같이 연신되지 않고 Scale 흠으로 발생

(ㄴ) FM Stand 사이에서 2차 Scale이 롤에 치입되어 발생

그림 3.95 ● 비늘형 Scale

㈐ 사상 전면온도가 높은 경우 및 조압연 Bar의 두께가 두꺼울수록 발생빈도가 높다.

㈑ 사상 전단 W/R 거침 및 Roll 냉각수 부족

③ 후공정에 미치는 영향

㈎ 표면불량

㈏ 도금불량

㈐ 가공 시 표면 Crack 유발

④ 대책

㈎ 사상압연 입측 온도 하향 관리

㈏ Bar 두께 적정화

㈐ 디스케일링 및 롤 냉각수 강화

(3) 붉은 형 Scale

① 발생상황

㈎ 판 표면에 넓게 발생하며 적갈색 또는 흑갈색을 띠며 깊이는 얕다.

㈏ Si-Killed강에서 주로 발생되며 Cr 함량이 높은 강에서도 발생

그림 3.96 ● 붉은 형 Scale

② 발생원인

㈎ Si 함유강에서는 Fayalite(Fe_2SiO_4)가 형성되어 1차 Scale 박리 불량에 의한 잔존 Scale이 산화되어 발생

㈏ 가열온도가 높을 때, Si 함유량이 많은 강일수록 발생하기 쉽다.

㈐ 2차 Scale이 Descaling 불량으로 미박리

③ 후공정에 미치는 영향

표면불량

④ 대책

㈎ 가열로 추출온도 저하(저온가열, 1,170℃ 이하)

㈏ Si 함유 규제(0.14% 이하)

㈐ 디스케일링 압력 상향

(4) 모래형 Scale

① 발생상황

㈀ 비교적 둥근 점모양의 Scale로서 판에 모래를 뿌린 것처럼 발생하고 흑갈색을 띠고 있다.

㈁ 깊이는 비교적 얕으며 판폭 전면에 산발적으로 발생한다.

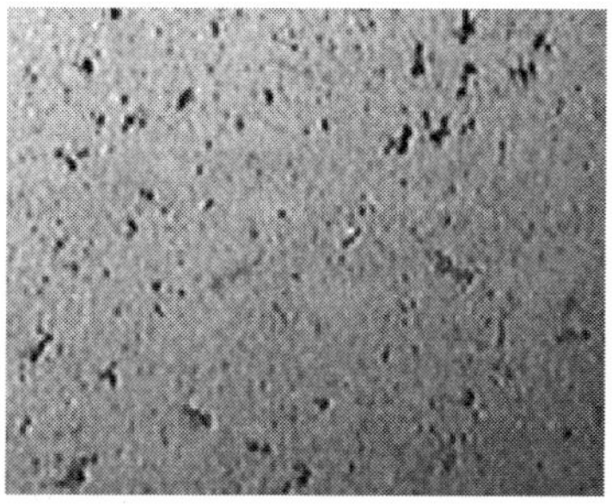

그림 3.97 ● 모래형 Scale

② 발생원인

㈀ 고온재가 이지상(배 껍질모양)으로 된 Roll에 압연된 것과 사상 Stand 간에서 생성된 압연 Scale이 치입되어 발생

㈁ 고온압연 및 탄소함량이 많을수록 발생하기 쉽고 정도도 심하다.

㈂ Work Roll 피로에 의한 거침으로 발생되고 주철계 Roll인 경우 심하다.

③ 후공정에 미치는 영향

㈀ 표면불량(냉연, P/O재 치명적임)

㈁ 도금불량

㈂ 가공 시 표면 Crack 유발

④ 대책

㈀ Roll 냉각수 강화 및 압하 배분 적정화에 의한 Roll 피로 방지

㈁ 롤단위 편성 및 교체주기 적정화

(5) 선상 Scale

① 발생상황

㈀ 선상 Scale, Band Scale, 줄무늬 Scale을 통합하여 선상 Scale로 표기한다.

㈁ 일직선 형태 또는 생선비늘 모양으로 치입된 Scale로서 적갈색 또는 흑갈색을 띠고, Coil의 폭 방향에 Band상으로 전장 또는

그림 3.98 ● 선상 Scale

부분적으로 발생하며 대체로 깊이가 심하다.

㈂ 폭 1～5 mm에 거의 깊이가 없는 Scale로 압연 방향으로 발생하며 길이는 0.1～2 m 정도 동일 Charge에 집중적으로 발생할 때가 있다.

② 발생원인

㈀ 노출된 Slab의 Skin Hole, 관상기포가 산화되어 발생

㈁ 가열로 내에서 Slab의 조직 입계의 S, Cu 석출에 의한 열간취성에 의함

㈂ 저탄소강으로 압연온도가 높을 때 발생.

③ 후공정에 미치는 영향

㈀ 표면불량(냉연, P/O재 치명적임)

㈁ 도금불량

㈂ 가공 시 표면 Crack 유발

④ 대책

㈀ Slab 손질 강화

㈁ 가열로 노온 및 Descaling 관리기준 준수

6.5.2 Scab(딱지 흠)

(1) 발생상황

① 표면이 부분적으로 벗겨져 Lap상으로 된 것(딱지처럼 움푹 파임)

② 표면(상부)에 비하여 이면(하부)에 많이 발생한다(폭이 넓은 딱지 형태로 깊이가 심한 것은 Hole을 동반한다).

③ Coil Top, Tail부에 주로 발생하는 일반 Scab와 전장에 Random하게 발생하는 미소 Scab이 있다.

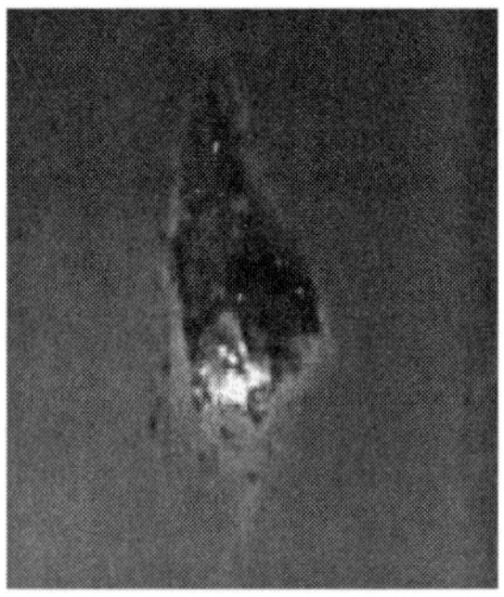

그림 3.99 ● Scab

(2) 발생원인

① Slab 손질의 불완전(연주 Slab 초주편 또는 말주편에 발생 빈도가 높다)

㈀ Scarfing 불량 : 덧살 및 패인 흠

㈁ 연주 주조 시 Splash, Slag 및 Mold Powder의 혼입

② Slab Cutting 시 Top, Tail부의 절단설이 잔류하여 압연 시 발생

(3) 후공정에 미치는 영향

표면불량 및 가공불량

(4) 대책

① Slab의 충분한 손질(절단설, Scarfing 등)
② Slab Cutting 및 개재물 혼입방지

6.5.3 Blow Hole(기포 흠)

(1) 발생상황

① 압연 방향으로 길게 늘어선 부풀음으로 표면의 일부가 파열된 상태로 작은 PIT나 작은 부풀음이 연속되는 경우도 있다.
② 색깔은 표면보다 검거나 회백색 또는 적갈색을 띤다.
③ 소재와의 사이에 개재물 층이 존재하며 중탄재의 경우 탈탄층이 존재한다.

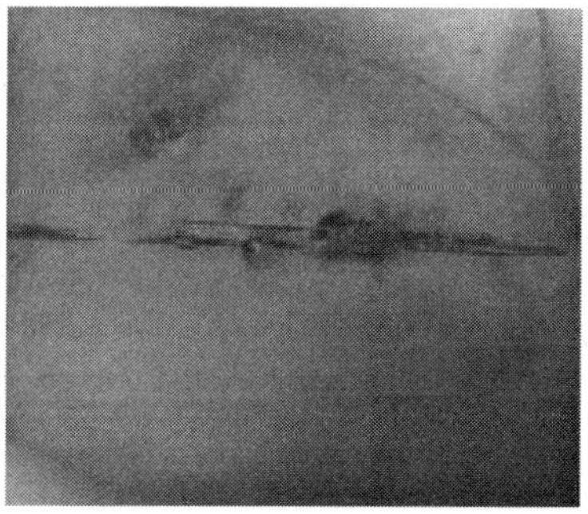

그림 3.100 ● Blow Hole

(2) 발생원인

① 표면 가까이에 있는 기포의 미압착 및 대형개재물(불순물)에 기인한다.
② 강종의 개재물 분리부상 부족
③ 연주 Nozzle Sealing 불량

(3) 후공정에 미치는 영향

표면불량 및 가공불량

(4) 대책

① 충분한 Bubbling 및 RH 처리, 연주 Nozzle Sealing 철저
② Slab의 충분한 손질(절단설, Scarfing 등)
③ Slab Cutting 및 개재물 혼입방지

6.5.4 연와 흠

(1) 발생상황

선상, 대상, 방추상 등 형상은 일정하지 않고 색은 연와색, 회색, 흑색 등을 띄며 발생할 때는 집중 발생하며 위치는 일정하지 않다.

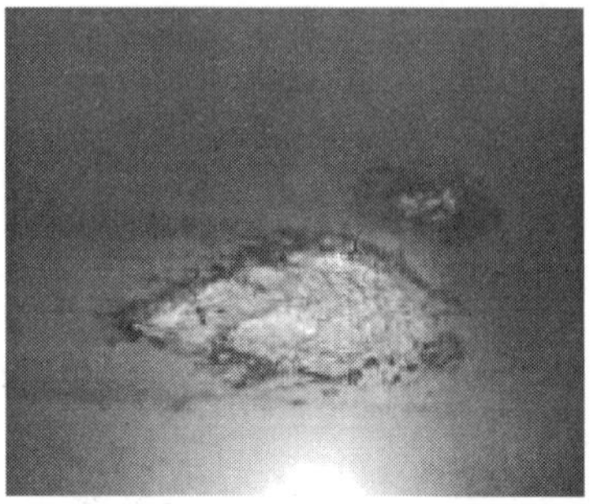

그림 3.101 ● 연와 흠

(2) 발생원인

① 제강, 연주, 전로, Ladle, Tundish의 내화물 용입

② 가열로 Skid의 내화물 탈락 부착.

(3) 후공정에 미치는 영향

표면불량 및 가공불량

(4) 대책

① 용강접속부 내화물 용손탈락 방지.

② 주조 시 강중 용손, 탈락 내화물의 분리부상.

③ Slab 표면 Scarfing 철저

④ 가열로 Skid의 보수 및 과가열금지

6.5.5 Edge Scab

(1) 발생상황

① 강판표면 양 Edge부(양 Edge부 80 mm 이내)에 Lap형태의 선상 딱지를 동반하거나 형태가 있으나 딱지를 동반하지 않는 형태로서 부분적으로 미소 Crack을 동반하기도 한다.

② 강판 표면 Edge부에 전장에 걸쳐 연속 또는 단속적으로, 산발적으로 발생한다.

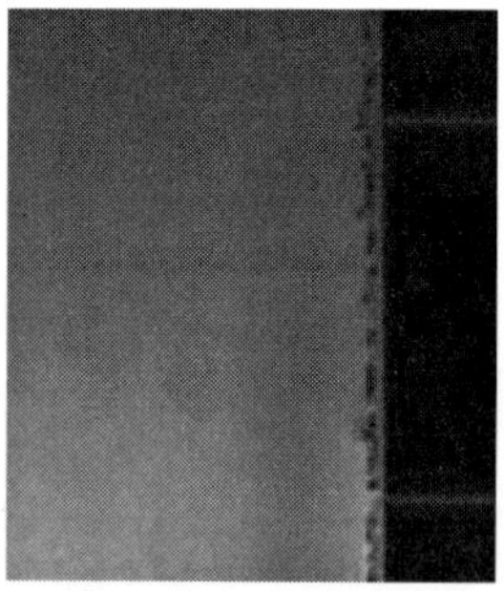

그림 3.102 ● Edge Scab

(2) 발생원인

① Slab Corner부 또는 측면에 발생한 Crack, Blow Hole 등이 압연 연신되어 발생

② Slab 손질의 불완전(연주 Slab 초주편 또는 말주편에 발생빈도가 높다.)

(3) Scarfing 불량 : Crack 및 Hole 미제거

Slab Edge 온도 Drop으로 압연 시 폭 방향 연신 불균일 발생(주로 HDR재에서 발생)

(4) 후공정에 미치는 영향

표면불량 및 가공불량

(5) 대책

① Slab의 충분한 손질
② Slab Edge 온도 확보

6.5.6 Roll Mark

(1) 발생상황

판의 표, 이면에 일정한 Pitch를 갖고 있는 부정형의 흠으로 요철형이 있으며 수는 일정치 않다.

(2) 발생원인

① 압연 및 정정의 각종 Roll에 이물이 부착하여 발생
② Roll 타흠(打欠) 발생

(3) 후공정에 미치는 영향

① 가공불량(90도 Bending Crack 발생가능)
② 표면불량(특히 냉연, PO재)

(4) 대책

① 이물치입 방지
② Strip의 Top, Tail 꼬임 발생방지(통판속도, 압하 등 설정 적정화)
③ Roll 타흠 수시 점검 및 교체기준 준수
④ 정정 귀불량재 작업 시 Roll 확인

6.5.7 Reel Mark

(1) 발생상황

DC Mandrel Segment 및 Coil End부에 의한 Coil 내권에서부터 수권까지 발생하는 판의 凹 흠

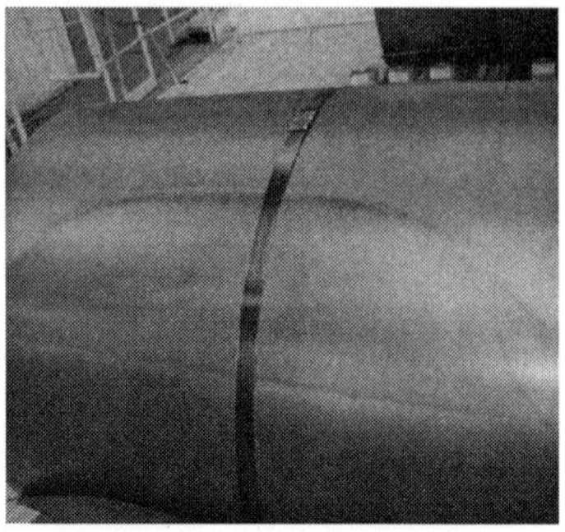

그림 3.103 ● Reel Mark

(2) 발생원인

① Mandrel 진원도 불량
② Unit Roll의 Gap 및 공기압 부적정

(3) 후공정에 미치는 영향

표면불량 및 도장불량

(4) 대책

① Mandrel 교체
② Unit Roll의 Gap 및 공기압 적정화

6.5.8 긁힌 흠

(1) 발생상황

① 압연 방향으로 오목형으로 긁힌 상태의 흠으로 백색광택이 나며 압연 Line은 주로 이면(하부)에서 발생하고 정정 Line에서는 표, 이면(상·하부)에서 발생된다.
② 기계적 찰과상에 의한 예리하게 할퀸 모양의 흠

그림 3.104 ● 긁힌 흠

(2) 발생원인

① R.O.T Roll의 회전불량 및 이물 부착 시
② Uncoiling 장력이 클 때 이물이 혼입되어 발생
③ R.O.T Roll의 회전불량 및 이물 부착 시
④ 권취형상 불량재(짱구, 느슨 등) Uncoiling 시
⑤ 정정 Line 통판 시 Guide Table 등과 Strip 접촉

⑥ R.O.T 냉각수 부족으로 Roller 열변형
⑦ 열연권취 이후 이송과정에서 Strip과 Strip의 마찰로 발생

(3) 후공정에 미치는 영향

① 가공불량(심한 경우 Press 가공 시 Crack 유발)
② 표면불량(도장 시 외관불량)

(4) 대책

① R.O.T Table 점검 철저
② Coil 권취 형상(짱구, 느슨 등) 개선
③ Coil Uncoiling 시 주의(장력 및 Speed Down)

6.5.9 접귀, 째귀, 톱귀

(1) 발생상황

① Strip의 Edge부분이 주름치마처럼 부분적으로 겹쳐있는 상태
② Coil Edge부가 톱날처럼 찢어진 상태이거나 Edge부의 일부가 깎여서 떨어진 흠
③ Coil 양 Edge 또는 한쪽 Edge부가 톱날처럼 생긴 상태

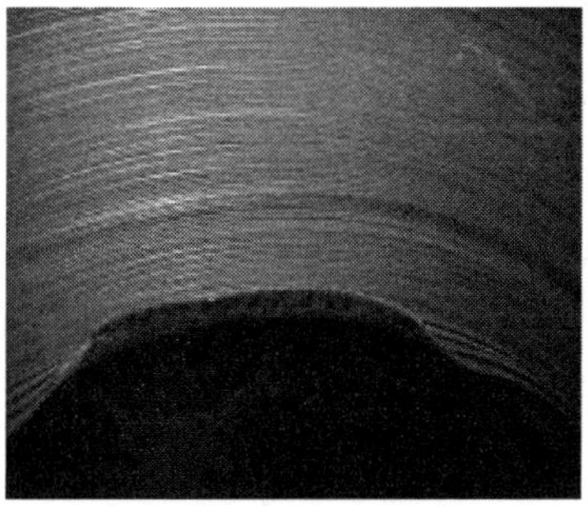

그림 3.105 ● 접귀

(2) 발생원인

① 사상압연기 및 기타 Side Guide에 강하게 접촉되어 Edge가 접혀 그대로 압연되기도 하고 잘려나감
② Handling 시 Telescope가 접혀짐
③ Slab 측면 수입 불량 및 Over Heat에 의한다.
④ Bar Edge부 온도 과냉으로 발생

(3) 후공정에 미치는 영향

① 심한 경우 제품이 될 수 없는 치명적인 결함
② 가공불량(폭부족)
③ 냉간압연 시 판파탄 원인

(4) 대책

① Side Guide Gap조정
② Slab측면 수입 적정화 및 충분한 폭 Edging 실시
③ Bar Edge부 온도 과냉방지
④ Telescope 발생방지

6.5.10 곱쇠(Coil Break)

(1) 발생상황

① 폭 방향에 불규칙적으로 발생하는 주름진 형태로 저탄소 연강에서 Coil 내권에 발생되기 쉽다.
② 대체로 Pitch는 부정형이며 정도가 적은 것은 돗자리 표면상을 나타내고 있다.

그림 3.106 곱쇠

(2) 발생원인

① 냉각이 덜 된 상태에서 Uncoiling 시 발생
② 권취 시 장력 및 Press-Roll압 부적정
③ 소재의 항복점 신장
④ 압연 C.T불량 및 고온권취 Coil 형상불량
⑤ Deflector Roll의 접촉 각도가 작은 경우

(3) 후공정에 미치는 영향

① 표면불량(냉연 Bright용 조도불량 및 P/O 표면엄격재)
② 가공불량 및 조도불량

(4) 대책

① Uncoiling 시 장력 및 Press-Roll 압하 조정 철저
② Coil의 충분한 냉각
③ 가능한 한 저온권취 실시
④ D.C C.T 온도 적중
⑤ Skin 시 Levelling 실시로 항복점 연신제거

6.5.11 텔레스코프(Telescope)

(1) 발생상황

① 권취 Coil 양쪽 측면에 요철(凹凸)이 생긴 형태
② 권취된 형상에 따라 TOP, TAIL, 전장 Telescope로 구분한다.

그림 3.107 ● 텔레스코프

(2) 발생원인

① Strip Top/Tail부 휨 발생(Camber)
② Pinch Roll, Unit Roll Level 불량 및 편마모
③ D/C Side Guide 작동/평행도 불량
④ 후물재 권취 시 Mandrel Tension 부족

(3) 후공정에 미치는 영향

① 귀불량 발생
② Band 절손 및 Uncoiling 불량
③ 용접 및 가공 불량

(4) 대책

① Pinch Roll, Unit Roll Level 조정
② Side Guide 평행도 조정
③ Pinch Roll, Unit Roll, Mandrel 마모 관리

6.5.12 짱구

(1) 발생상황

Coil이 찌그러져 내경이 타원형으로 된 상태

그림 3.108 ● 짱구

(2) 발생원인

① 장력 부적절로 권취 Coil이 느슨한 경우
② 권취 온도가 과다하게 높을 경우, 박물재 2단 적치 시 단중이 클 경우

(3) 후공정에 미치는 영향

Recoiling 시 코일 Break, 긁힌 흠 발생

(4) 대책

① 강종 및 두께별 권취 장력 준수
② 적정 권취온도 유지, Tight한 권취
③ 박물재 2단 적치 기준 정립
④ 가능할 경우 내권부 절단

연습 문제

01. 압연 공정이란?

풀이 연주 공정에서 생산된 반제품(Slab)를 회전하는 롤(Roll) 사이에 통과시켜 늘리거나 얇게 만드는 공정, 압연 온도에 따라 열간압연과 냉간압연으로 구분된다.

02. 열간압연재의 표면 Scale 층의 화학조성을 모재에서 바깥쪽으로 순서대로 나열하시오.

풀이 Fe - FeO - Fe_3O_4 - Fe_2O_3

03. 다음 열연 공정의 순서를 보고 빠진 공정을 채워 넣으시오.

가열로 – RSB – 대폭압연기 – (   ) – Bar/Edge Heater – (   ) – 라미나플로우 – 권취기

풀이 조압연기, 사상압연기

04. 탄소강의 5대 원소는 무엇인지 쓰시오.

풀이 탄소(C), 규소(Si), 망간(Mn), 인(P), 황(S)

05. 강이 용접성에 미치는 합금원소의 영향을 탄소를 기준으로 등가 환산한 수치를 무엇이라 하는가?

풀이 탄소당량

06. 가열로 내에서 Slab를 지지하고 있는 설비와 Slab가 접촉되어 온도가 상대적으로 낮은 부분을 무엇이라 하는가?

풀이 스키드 마크(Skid Mark)

07. 가열로에서 배기가스가 갖고 있는 열량을 공기와 열교환 하여 고온의 연소공기를 얻을 수 있도록 하는 설비를 무엇이라 하는가?

풀이 Recuperator

08. 열간압연공장의 가열로 설비를 3구역으로 구분한다면 각 대(zone)의 명칭은 무엇인가?

풀이 예열대 - 가열대 - 균열대

09. Slab의 추출 목표온도, 균열도, 재로시간 등을 달성하기 위하여 가열로의 각 대별 노온을 설정하는 수식 모델은 무엇인가?

풀이 자동연소제어모델(ACC: Automatic Combustion Model)

10. Slab의 폭을 압연하는 설비인 SSP의 OS와 DS측의 동기화가 불량할 경우 소재에 발생할 수 있는 폭 방향 변형을 무엇이라 하는가?

풀이 캠버(Camber)

11. 강판의 Head와 Tail부의 폭 부족을 개선하기 위하여 조압연기 Edger의 개도를 제어하는 제어방법의 명칭은 무엇인가?

풀이 SSC(Short Stroke Control)

12. Walking Beam식 가열로의 운전 사이클은 무엇인가?

풀이 상승 - 전진 - 하강 - 후퇴

13. 열간압연 공정에서 사용되는 아래 약어의 Full Name을 쓰시오.

HCR, MPC, RHF, RSB, SSP, RM, FSB, FM, ROT, DC, FDT, CT

풀이 HCR : Hot Charge Rolling
MPC : Mill Pacing Control
RHF : ReHeating Furnace
RSB : Roughing Scale Breaker
SSP : Slab Sizing Press
RM : Roughing Mill
FSB : Finishing Scale Breaker
FM : Finishing Mill
ROT : Run Out Table
DC : Down Coiler
FDT : Finishing Delivery Temperature
CT : Coiling Temperature

14. 열간압연 설비 중 조압연 후 Bar의 온도 편차 저감을 위하여 Bar를 직접 가열하지 않고 권취하여 전도 열전달을 통한 온도 균일화를 달성하는 설비의 명칭은 무엇인가?

풀이 Coil Box

15. 압연기의 Motor에서 Work Roll에 동력이 전달되는 순서를 쓰시오.

풀이 Motor → 감속기 → Pinion → Spindle → Roll

16. 사상압연기 Stand간 압연재의 장력과 Loop 상태를 제어하여 통판성을 확보하고 전후 Balance를 조정하는 장치는?

풀이 Looper

17. 사상압연 시 Roll 냉각수나 이물질이 압연재에 닿지 않도록 하기 위해 워크롤에 밀착되어 있는 설비는?

풀이 Wiper

18. 사상압연기의 워크롤 교체간의 Slab 압연 순서를 여러 가지 제약 사항을 준수하여 정해놓은 압연재의 순서를 무엇이라 하는가?

풀이 롤단위(Rolling Campaign)

19. 열연 Strip의 Camber나 Wedge 발생 시 통판성을 양호하게 하기 위하여 Strip의 중앙 정렬을 통해 직진성을 확보하게 해주는 설비의 명칭은?

풀이 사이드 가이드(Side Guide)

20. 판의 편열, Roll 원통도, Slab Wedge, Roll 편마모 등에 의해 압연 중에 판이 휘는 Camber를 수정하기 위해 Roll 편측의 Gap을 증감하는 기능을 무엇이라 하는가?

풀이 Leveling

21. 사상압연기 진입 전 Bar의 불규칙한 형상 부위를 절단하여 통판성을 향상시키고 Roll Mark 등의 제품 결함을 방지하는 설비의 명칭은?

풀이 크롭 시어(Crop Shear)

22. 판재의 두께가 아래와 같을 때 Crown을 mm와 μm 단위로 각각 구하시오.

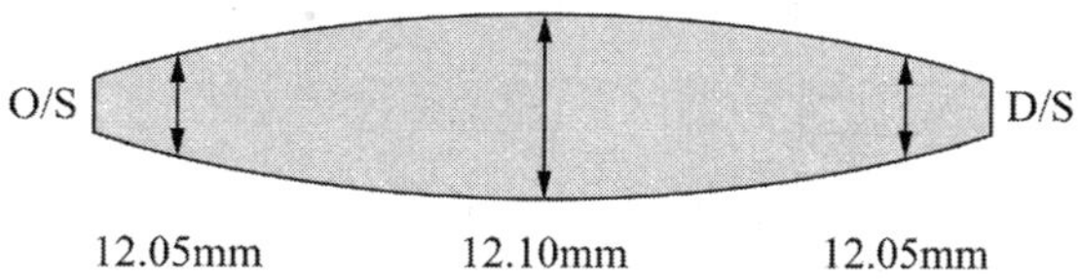

풀이 Crown $= 12.10 - \dfrac{12.05 + 12.05}{2} = 0.05$ mm, 50 μm

23. 압연 중 발생되는 롤의 탄성 변형(휨)을 유압 실린더를 통하여 제어함으로써 판의 평탄도를 확보할 수 있게 해주는 장치는?

풀이 워크롤 벤더(WRB: Work Roll Bender)

24. 사상압연기 출측에 설치된 두께계로부터 두께편차를 Feed Back 받아 롤갭 제어에 실시간으로 사용하는 제어 방식을 무엇이라 하는가?

풀이 모니터 AGC

25. Strip 선단을 Tracking해 Strip 선단이 각 Unit Roll에 접근하면, Unit Roll을 개방하고 선단이 통과하면 다시 설정 압력으로 눌러주는 동작을 반복 실시하는 ① 제어의 명칭과 이 제어를 통해 ② 방지할 수 있는 제품 결함은 무엇인가?

풀이 ① QOC(Coiler 단차부 회피제어)
② Top (End) Mark, Coil 표면 단차

26. Roll의 평행도 불량, Slab의 편열 등의 원인으로 인해 Strip의 폭 방향 두께가 다음과 같을 경우를 무엇이라 하는가?

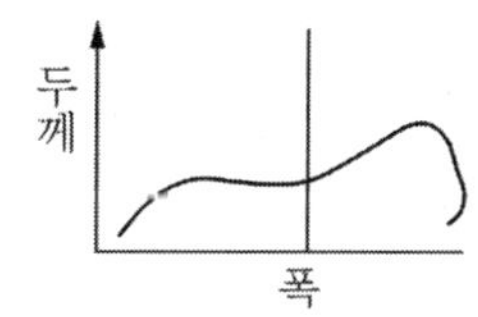

풀이 Wedge

27. Si 함유강에서 가열 시 Fayalite가 형성되어 1차 Scale 박리가 불량하여 잔존 Scale이 산화되어 발생하고 가열 온도가 높거나 Si 함유량이 많은 강에서 발생하는 결함의 명칭은?

풀이 붉은형 Scale

28. 열간압연 공정 중에서 사상압연기와 권취기 사이에서 Strip을 냉각시키는 장치는 무엇인가?

풀이 라미나 플로우(Laminar Flow)

29. 열간압연 공정 중 고객이 원하는 규정된 제품의 치수로 최종 압연하는 공정은 무엇인가?

풀이 사상압연

30. 권취기 설비에서 열연코일이 감기는 부분을 무엇이라 하는가?

풀이 맨드렐

31. 열간압연 시 압하율을 키울 수 있는 방법에는 어떤 것들이 있는가?

풀이 직경이 큰 롤을 사용한다.
압연 소재의 온도를 높인다.
롤 회전 속도를 느리게 한다.

32. 압연 롤 크라운이란 무엇인가?

풀이 롤의 중앙부 지름과 롤 양단부 지름의 차이

33. 롤 크라운은 압연재의 평탄도에 영향을 주게 되는데 롤 크라운이 클 때와 작을 때 발생하는 평탄도 불량은 각각 무엇인가?

풀이 롤 크라운이 클 때 : 중파
롤 크라운이 작을 때 : 양파

34. 자동두께제어와 자동폭제어를 의미하는 열간압연의 기능은 무엇인가?

풀이 자동두께제어 : AGC(Automatic Gauge Control)
자동폭제어 : AWC(Automatic Width Control)

35. 조압연기와 사상압연기에 설치되어 압연하중을 측정하는 센서는 무엇인가?

풀이 로드셀(Load Cell)

36. 열간압연 시 발생하는 Camer의 원인에는 어떤 것들이 있는가?

풀이 소재의 폭 방향 온도 편차, 폭 방향 롤갭의 편차, 소재의 폭 방향 두께 편차

37. 열간압연에서 제품의 강도와 경도를 증가시키지만 연신율과 충격값을 저하시켜 상온 취성의 원인이 되는 원소는 무엇인가?

풀이 인(P)

38. 열간압연 중 소재의 표면에 발생한 Scale을 제거하는 작업을 무엇이라 하는가?

풀이 디스케일링(Descaling)

39. 사상압연 후의 Strip의 앞부분을 맨드렐에 권취가 될 수 있도록 아래 방향으로 벤딩시키는 설비는 무엇인가?

풀이 핀치롤(Pinch Roll)

40. 가열로 추출 후 압연 전에 조업 이상으로 인해 압연하지 않은 원형 그대로의 소재를 재사용해야 하는 경우가 있는데 이 때 그 소재를 무엇이라 하는가?

풀이 원형 재열재

41. 가열로 추출 후 압연 중에 조업 이상으로 인해 압연이 중단되어 어느 정도 압연이 진행 된 소재를 재사용해야 하는 경우 그 소재를 무엇이라 하는가?

풀이 변형 재열재

42. 열간압연 작업 중에 발생하는 2차 Scale을 제거하는 장치는 무엇인가?

풀이 디스케일러(Descaler), FSB(Finishing Scale Breaker)

43. 권취기에서 권취 작업 시에 Lead율 및 Lag율을 설정하는 이유는 무엇인가?

풀이 통판성을 향상시키기 위하여

44. 가열로에 소재를 장입하고 추출하기까지 소요되는 시간으로 소재가 가열로 내에 머무르는 시간을 나타내는 용어는 무엇인가?

풀이 재로시간

45. 압연기에서 롤을 인출하지 않고 압연기 내에서 롤의 표면을 연삭하는 설비를 무엇이라 하는가?

풀이 ORG(On-line Roll Grinder)

46. 압연 롤단위 편성 시 롤 교체 직후에 롤 온도가 안정적으로 상승될 수 있도록 비교적 압연하기 쉬운 사이즈와 강종으로 편성된 소재를 무엇이라 하는가?

풀이 조정재

47. 조압연 작업 중에 Bar의 측면 가장자리부 온도 강하 현상을 보상하기 위하여 사상압연 입측에 설치된 가열 설비를 무엇이라 하는가?

풀이 엣지 히터(Edge Heater)

48. 열간압연 시에 고온 소재의 위치를 검출하는 센서를 무엇이라 하는가?

풀이 HMD(Hot Metal Detector)

49. 사상압연기와 권취기를 연결하는 설비로 사상압연기에서 빠져 나온 Strip을 권취기까지 이송하며 냉각을 하는 역할을 하는 설비는 무엇인가?

풀이 런아웃 테이블(ROT: Run Out Table)

50. 상·하부 워크롤과 백업롤을 함께 적당한 각도로 교차시켜 압연하여 Strip의 평탄도를 확보할 수 있게 해주는 설비는 무엇인가?

풀이 페어 크로스(Pair Cross)

Chapter 4

냉연 강판 제조

제1절 냉간압연 개요

1.1 냉간압연의 특징

재료를 가공하는 방법에는 냉간가공과 열간가공이 있는데 여기서 냉간가공은 일반적으로 재료의 재결정 이하 온도에서 가공을 행하는 것을 말하며 대표적인 것이 냉간압연이다. 압연이란 회전하는 롤 사이에 재료를 통과시키면서 압력을 가하여, 재료의 소성변형을 일으켜서 필요한 단면 형상을 얻는 소성가공 방법 중 하나로 여기서는 주로 판(Strip) 형상으로 가공하는 냉간압연 강판에 대해서 다루고자 한다.

냉간압연 강판의 특징을 열간압연 강판에 비교하여 설명하면 다음과 같다.

열연강판은 통상 가열로에서 가열된 Slab 또는 연속주조를 거쳐 온 Slab를 열간압연하여 통상 500~700℃ 범위에서 권취(Coiling)한다. 이 때문에 열연강판의 표면은 가열에 의한 산화피막(Scale)으로 덮여 있고, 가공성이 상대적으로 떨어지므로, 표면을 미려하게 요구하지 않고, 가공성을 엄격하게 요구하지 않는 일반 구조용에 주로 사용되고 있다. 그러나 **냉연강판**은 열연코일을 산세(Pickling)처리하여 표면 Scale을 제거한 후, 상온에서 냉간압연하고 무산화 열처리를 거쳐서 만들어졌기 때문에 열연강판에 비해서 다음과 같은 특징이 있다.

① 표면이 미려하다.
② 평탄도가 양호하다.
③ 가공성이 좋다.
④ 두께 정밀도가 좋다.

따라서 광범위하게 용도 적용을 할 수가 있어 자동차, 가전, 가구, 건축내장재, 사무용품 등의 기초소재로 널리 사용되고 있다. 냉연강판 제조산업은 현재 각 종 산업에 없어서는 안 될 기초소재 산업이 되었다.

1.2 냉간압연 공정

일반적으로 냉간압연 공정은 냉간압연(Cold Rolling)만을 행하는 것은 아니고 아래와 같은 일련의 공정을 거쳐 만들어진다. 냉간압연의 소재(Raw Material)는 열간압연 강판인 Hot Coil이다.

① 산세(Pickling) : 소재 Hot Coil 표면의 녹 또는 Scale(산화피막)의 제거, Trimming 중간방청유 도유

② 냉간압연(Cold Rolling) : 표면의 냉간압연유등 불순물 등을 제거
③ 전해청정(Electrolytic Cleaning) : 표면의 냉간압연유등 불순물 등을 제거
④ 소둔(Annealing) : 냉간압연에 의해 생긴 가공경화를 풀림 처리, 기계적 성질 부여
⑤ 조질압연(Temper Rolling) : 평탄도 개선, 표면조도 부여, 항복점 연신 제거
⑥ 정정(Recoiling) : 평탄도 개선과 요구되는 폭과 중량으로 Trimming, 단중분할 및 제품의 녹 발생방지를 위한 제품 방청유 도유

이상과 같은 공정은 경우에 따라서는 두 개의 공정을 하나의 설비에서 행하는 경우도 있으며 이렇게 하는 목적은 공정을 단축시킴으로써 공정간 Loss방지, 에너지 절감 등이 있다. 예를 들면 산세와 압연을 동시에 한 기계에서 행하는 PL/TCM(Pickling Line & Tandem Cold Rolling Mill)과 전해청정과 소둔을 하나의 기계장치에서 행하는 CAL (Continuous Annealing Line : 연속 소둔설비)이 있다.

또한 냉간압연 강판은 각종 표면처리 제품의 소재로 사용되며 산세, 압연 공정만 거친 것을 강도와 경도가 높아지고 연신율이 떨어져 가공성이 저하된 상태의 Full Hard 강판이라고 하며 아연도금 강판의 소재로 사용하고 산세에서 조질압연까지의 공정을 거친 것을 석도원판(Black Plate : 일명 BP)이라 하여 각종 캔(Can)을 만드는 주석도금 강판의 소재로 사용되며, 전체의 냉연 공정을 거친 냉연제품은 칼라 강판의 소재로도 사용되고 있다.

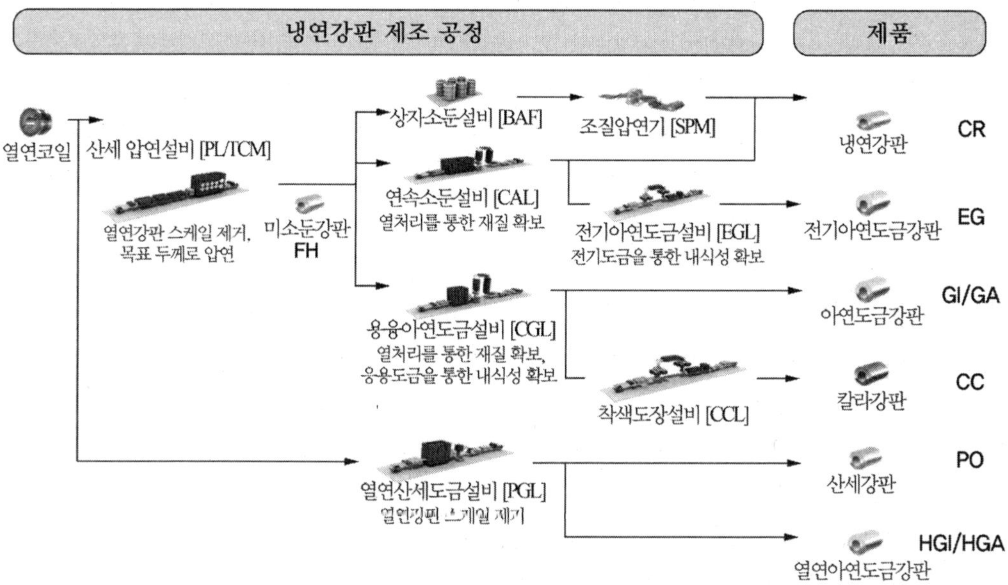

그림 4.1 ● 냉간압연 공정도

제2절 냉연 공정

2.1 산세 압연 공정

PL/TCM Line은 냉연제품의 소재인 Hot Coil(열연코일)을 염산 Tank에 침적시켜 판표면의 산화층(녹)을 제거하고(Pickle Line) 수요가에 맞는 두께로 연속식 냉간압연기(TCM)에서 압연하는 설비이다. PL/TCM Line은 Pickling Line과 TCM Line이 결합된 Line이다.

2.1.1 Pickling Line(산세 공정)

냉간압연 작업에서 재료가 되는 열연코일은 열간 사상압연에서 약 850~900℃로 열간압연하기 때문에 표면에 철과 산소의 화합물, 즉 Scale이 발생하며 이러한 재료를 냉간압연하게 되면 Scale이 제품에 압입되어 표면이 매우 거칠게 되어 제품의 미관을 손상시키고 도장성을 해치게 되며 Deep Drawing(심 가공) 등의 가공성이 불량해지는 것은 물론 냉간압연 작업 시 마찰력의 증대, 압연 롤의 손상 등의 저해요인이 되므로 표면의 Scale은 반드시 전량 제거되어야 한다.

제거 방법은 산이 담긴 Pickling Tank에 Strip을 통과시키면서 산을 Strip 표면에 고온, 고압으로 분사하면서 Scale을 제거한다. 산액 중에서의 Scale의 용해는 균일하게는 진행되지 않으며 부분적으로 지철이 폭로되어 용해하기 때문에 Strip표면의 거칠기, 수소취성, 철 손실 및 산 손실이 생긴다. 이러한 결함을 방지하기 위하여 산액 중 침투성이 좋은 속효성의 인히비터(Inhibitor)를 첨가하여 금속면에 신속하게 흡착시켜서 보호하기도 한다.

사용하는 산은 일반적으로 황산 또는 염산을 사용하는데 대부분의 공장에서는 산세력이 약 1.5배 강한 염산을 주로 사용하고 있다. 염산은 산세 후 표면이 미려하다. 황산에 의한 산세는 스케일 내의 균열 부위에 산이 침투하여 스케일 하부의 FeO, Fe와 반응하여 용해가 되고 발생하는 수소 가스에 의해 스케일 피막이 박리된다. 염산은 황산에 비해 침식성이 강하여 스케일 층을 가장 바깥쪽부터 차례로 용해시켜 제거한다. 스케일 조성 중 산세성은 FeO, Fe_3O_4, Fe_2O_3 순으로 FeO가 가장 좋다.

산세 타입은 Deep, Semi Deep(Shallow), Turbulence 타입이 있는데 이중 산세성 및 열효율성이 가장 우수한 것은 Turbulence 타입이다.

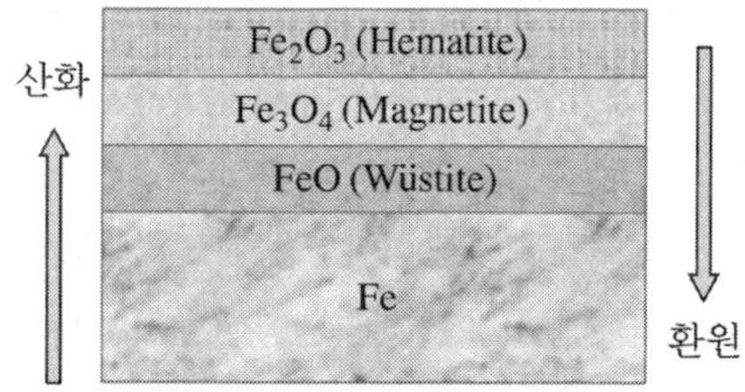

그림 4.2 ● 재료 표면의 구조

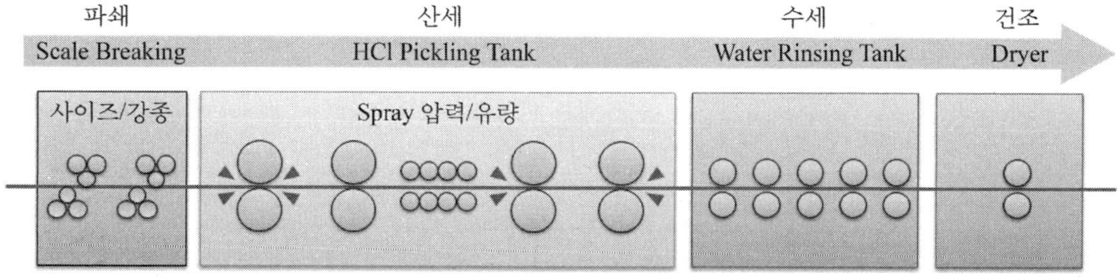

그림 4.3 ● 산세 공정

2.1.2 Tandem Cold Rolling Mill(냉간압연 공정)

냉간압연 공정은 Pickling Line에서 스케일이 제거된 열연코일을 회전하는 두 개의 롤 사이에 통과시켜 단면을 줄이고 길이를 늘려 주는 가공을 말하며 여러 대의 압연기를 통과하면서 목표 두께로 압연하는 동시에 판 형상 제어를 하며, 압연 시 재료의 변형저항에 의해 열이 발생되므로 압연유를 판 표면에 분사하여 냉각한다.

냉간압연에 있어 중요한 제어는 아래와 같다.

① **판 두께 제어** : 냉연강판의 판 두께 변동요인은 소재(열연코일)에 의한 것으로 소재의 판 두께 변동, 경도변화, 산세 용접부의 판 두께 변동 등의 외적 요인과 압연속도의 변화, 롤의 편심, 압연조건의 변동, 압연유의 윤활조건의 변동 등인 내적요인에 의해 판 두께는 변동되나 이와 같은 판 두께의 변동을 제어하는 방법은 크게 진보되어 1955년에 자동 판 두께제어(A.G.C. : Automatic Gauge Control) 시스템이 처음으로 실용화된 이래 A.G.C.는 냉간압연기에 없어서는 안 될 장치가 되었다.

② **형상 제어** : 냉연강판의 형상은 그림 4.4와 같이 중파(Center Wave)와 양파(Side Wave)의 두 가지 형상 불량으로 크게 분류된다. 냉연강판의 형상에 영향을 주는 인자는 소재(열연코일)의 판 두께 변동, 소재의 폭 방향 또는 길이 방향의 경도 변화, 소재의 형상 등과 냉간압연 공정 자체의 영향인 Roll Crown, 스탠드별 압연작업 스케줄(Pass Schedule), 압연하중, 압연온도, 압연유 상태 등이 있다. 조업 시 형상 제어를 위해서는 다음과 같은 사항에 유의한다.

(ㄱ) 적절한 롤 크라운의 선정과 가공
(ㄴ) 롤 냉각을 통한 워크롤 열 크라운 제어
(ㄷ) 워크롤 벤더력 조정

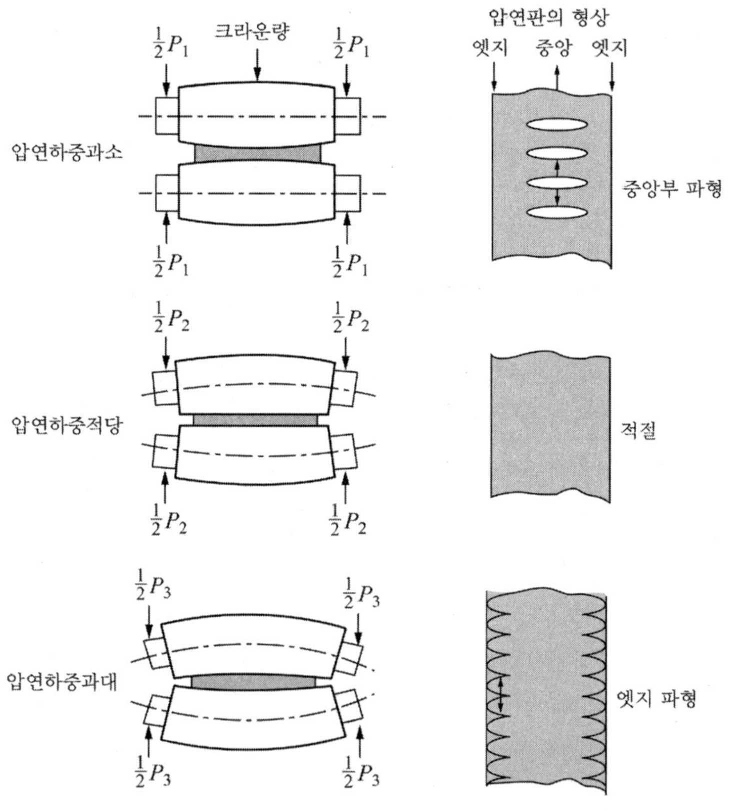

그림 4.4 ● 압연하중에 따른 Strip 형상

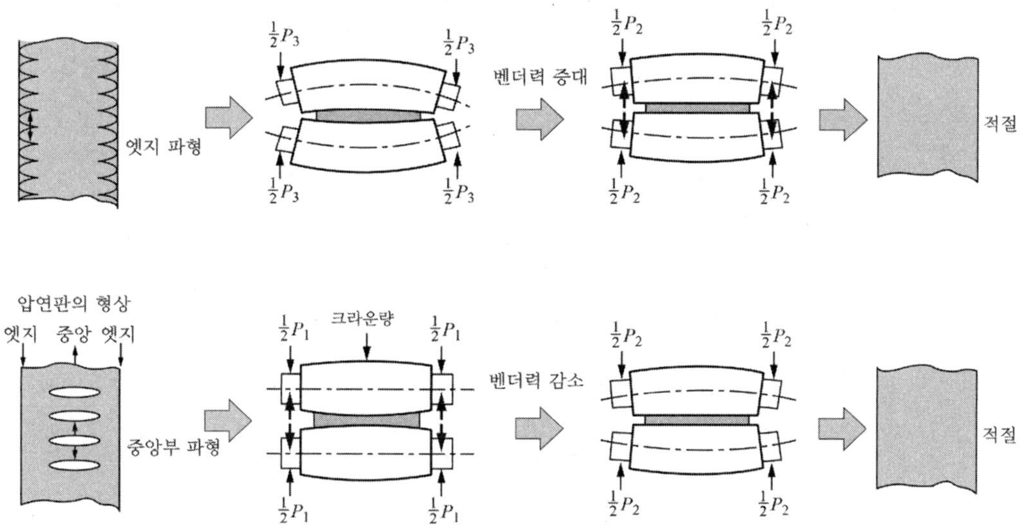

그림 4.5 ● 압연 중 Roll Crown과 압연하중에 의한 롤의 휨

일반적으로 Roll Crown은 판 Crown과 마찬가지로 롤의 중앙부와 단부의 직경 차이를 말한다.

압연 중의 총합 Crown은 초기 롤의 실제 작업에 있어서는 적정 기계적 Roll Bender에 의한 롤의 휨 등이 총합된 것으로 실제 작업에 있어서는 적정 기계적 Roll Crown의 선정, 압연 중의 롤 냉각 제어, Roll Bending 조정, 압연하중 조정 등으로 형상을 제어하고 있다. 중간 롤(Intermediate Roll)의 Shifting으로 제어를 하는 경우 판 형상 제어 기능이 상대적으로 우수하다.

2.1.3 PL/TCM Line의 특성

PL/TCM Line은 산세 공정과 압연 공정이 분리된 설비보다, 생산성, 실수율 및 품질이 우수하여 최근 대부분의 냉연공장에서 채택하고 있는 설비구성 방법이다.

표 4.1 4 Hi(4단 압연기)와 6 Hi(6단 압연기)의 특징 비교

구 분	6 Hi	4 Hi
Heavy Reduction	○	×
압연 안정성	○	×
형상 제어성	○	×
열팽창 보정성	○	×
판 Edge Drop 저감	○	×
보수성	△	○
호환성	○	○
Running Cost	○	△

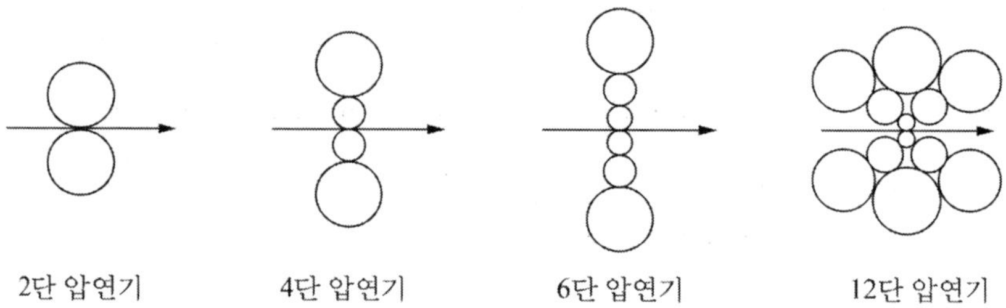

그림 4.6 ● 각 종 압연기의 타입

2.1.4 공정도 및 단위장치 구성

공정도는 그림 4.7과 같으며, 단위장치는 다음과 같이 이루어져 있다.

① Coil Preparation : 냉간압연용 소재인 열연코일을 투입하기 위해 준비 및 대기하는 장치로서 Walking Beam Conveyor, Measuring, Debanding Machine, Weighing, Off Line Shear로 구성되어 있다.

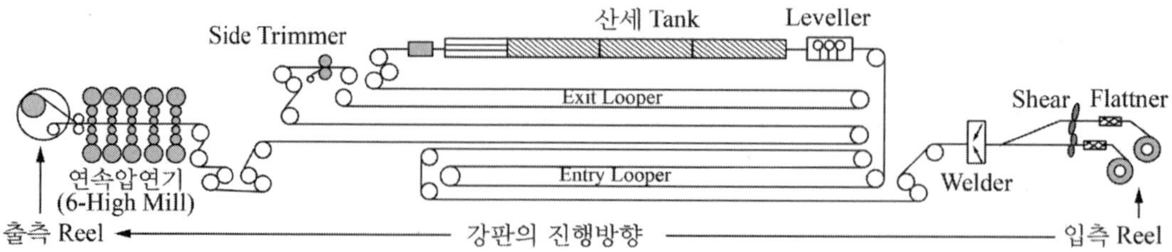

그림 4.7 ● PL/TCM 공정도

② Pay-off Reel : 냉간압연 소재인 열연코일을 걸어서 풀어주는 장치이다.

③ Pinch Roll & Flattener : 굴곡이 심한 Coil의 Top과 End 부분을 편평하게 펴주어 통판이 잘되도록 하는 보조 장치이다.

④ Shear : 열연코일의 Top & End부 Off Gauge를 절단하는 장치이다.

⑤ Welder : Combination 타입 Flash Welder는 선행 Coil의 선단부를 Flash Welding에 의해 맞대기 용접하는 장치이다. 이 장치는 Flash Butt Welder로서 자동으로 용접이 행해지도록 되어 있다.

⑥ Entry Looper : Entry Looper는 Pickling Tank 전단부에 위치하고 입측에서 Strip 용접작업 시 Entry Section이 정지 시에도 Process Section이 정지하지 않고 연속작업을 수행할 수 있도록 판을 저장하여 용접시간을 보상해주는 장치이다. Entry Looper는 Strip을 저장하기 위한 Looper Car와 이를 구동시켜주는 Wire Drum 및 Strip Support를 위한 Wire Support Roll이 설치되어 있다.

⑦ Tension Stretch Leveller Unit : 산세전 Strip의 Mechanical Scale Breaking 및 판의 형상 교정을 하는 장치이다. 이 장치를 통과하여 탈 Scale 효과를 얻을 수 있는 것이 가능하고 형상 교정면에서도 우수하기 때문에 Strip의 통판성(Flatness : 평탄도)이 개선된다. 정비의 용이 및 폐수관리가 필요 없는 Dry 타입이다.

⑧ Pickling & Rinse Tank : Pickle Tank는 Shallow Turbulence 타입을 채용하고 있는 Tank내에는 약 85～90도 온도로 가열되어진 염산이 저장되어 통과되는 Strip에 분사하여 Strip 표면의 Scale을 제거하는 장치이다. Rinse Tank는 Pickling Tank 통과 시 표면에 묻어 있는 산액을 Hot Rinse Spray로 제거시킨다.

⑨ Exit Looper : #1 Exit Looper는 Entry Looper와 동일하게 Pickling Tank부의 지하에 설치되어 #2 Exit Looper와 함께 Notcher 절단, Trimmer 폭 변환 등으로 Trimmer Section이 정지할 때 Process Section을 정지시키지 않고 연속적으로 작업을 가능하게 하기 위한 장치이다.

⑩ Side Trimmer : 연속적으로 통과되는 Strip의 양 사이드를 절단하는 장치로서 Pull Cut 방식 Overhang형 Housing 선회식이다. Housing 선회는 유압 Cylinder로 이루어지고 속도 조절 기능 모터 및 위치검출기를 사용함으로써 고정밀도의 폭 설정이 가능하다. Side Trim 후 나온 Strip Edge의 Scrap을 처리가 용이하도록 120～250 mm로 절단해주는 Scrap Chopper가 Side Trimmer 후단에 설치되어 있다. Strip 절단 단면은 전단면과 파단면이 있으며 전단면이 너무 커지면 냉간압연 시에 Edge부의 균열이 발생하기 쉽다. 또한 Gap/Lap 부

정확으로 Burr 발생 시 Saw Edge의 원인이 된다.

⑪ 압연기 : Strip 두께를 요구하는 두께로 압연하는 장치로 Work Roll, Inter-mediate Roll, Back Up Roll 등으로 구성된 6단 압연기로서 압연재 판 폭에 대응하여 Intermediate Roll을 축 방향으로 이동시킴으로서 형상이 양호한 Strip을 얻을 수 있다.

표 4.2 측정장치

구 분	내 용
X-ray	X-ray Gauge는 Strip의 두께를 연속적으로 측정하는 장치이다.
Tension Meter Roll	롤의 Bearing Case 하부에 Load Cell이 설치되어 있어 압연 중에 각 압연기 사이의 Strip Tension을 검출하여 보상할 수 있게 하는 장치이다.
Profile Meter	산세의 산 Tank 출측에 설치되어 있어 열연코일의 두께형상을 측정하여 정보를 압연기에 송신하여 정밀한 압연을 할 수 있도록 하는 장치이다.
Shape Meter	마지막 스탠드 압연기 후단에 설치되어 있으며 압연되어 나오는 Strip의 형상을 검출 및 Flatness(평탄도) 보상을 꾀하는 장치이다.
SDD (Surface Defect Detector)	표면 결함 검출기로 CCD 카메라와 조명을 Strip에 Scanning하여 결함을 검출, 분류하는 설비이다.

⑫ Drum Shear : 압연 중 압연기가 정지하지 않고 Strip을 절단하는 Drum 타입의 Shear이다.

⑬ Tension Reel : 마지막 스탠드 압연기에서 압연 후의 Strip을 소정의 Coil로 권취하는 것으로 Drum Shear에서 분할된 Strip을 압연기 정지 없이 연속적으로 권취가 가능하게 두 개의 Drum으로 되어 있고, 이 두 개의 Drum은 공전에 의해 필요한 위치에 Set 가능한 구조로 되어 있다(Carousel 타입).

⑭ Belt Wrapper : Carousel Tension Reel로 Strip을 권취할 때 충분히 Tension을 줄때까지 Drum에 Strip을 초기에 감싸주는 보조장치이다.

2.1.5 압연의 부대설비

① 롤 연마기 : 압연기의 Work Roll, Intermediate Roll, Back Up Roll을 일정기간동안 사용하면 롤 표면의 조도가 마모되어 압연재의 품질이 저하된다. 이를 방지하기 위하여 압연기의 롤을 빼내서 롤의 피로층을 제거하기 위해 표면연마를 하는 설비이다.

② Oil Cellar : 압연기에 필요한 압연유 및 유압유를 공급하는 보조설비로서 압

연유 공급설비는 화재예방, 안전 등을 고려하여 별도 Room을 설치하여 지상화하였고 유압 공급설비는 응답성 및 신뢰도 보장을 위해 단위장치와 최단거리인 지하에 설치하였다.

표 4.3 압연유 공급장치의 사용 효과

구 분	내 용
냉각효과	압연작업 중 롤 표면과 Strip 마찰에 의해 발생되는 열을 제거해줌으로써 품질 향상과 롤 사고를 방지한다.
윤활효과	고속, 고압의 압연작업 중 롤 표면에 유막을 형성시켜 마찰계수 증대를 방지하고 국부적인 Heating에 의한 Strip의 형상 불량 및 롤 사고에 의한 판 파단 방지를 위하여 윤활작용을 하게 된다.
방청효과	압연 완료된 Coil이 차 공정 소재로 투입되기 전까지 정체기간 중 Strip 표면에 녹이 발생되지 않도록 산화방지 역할을 한다.
세척효과	압연작업 중 판 표면이나 압연기에 오염된 Scale 등 이물질을 제거한다.
흡착효과	압연유에 함유되어 있는 극압성 성분은 Strip 및 롤의 계면 근방에 흡착하여 마찰계수를 감소시키는 작용을 한다.

2.1.6 산 재생(Acid Regeneration Plant)

산 재생 설비는 산세에서 발생한 폐산을 재생하는 공정으로 다시 이 재생된 염산을 산세에 순화시킴으로써 산세작업을 원활하게 하기 위한 일종의 산세 부대설비이다. 산 재생의 방법에는 고압 분무 배소법, 유동 배소법, Chemirite법 등 여러 가지가 있다. 최근에는 이 설비에서 부산물로 생산되는 산화철에 대한 부가가치를 높이기 위해 산화철 중의 불순물을 제거시키기 위한 공정이 추가되고 있다.

(1) 산 재생 공정

산 재생 공정은 산세에서 폐산을 재생하는 과정이다.

$$\mathrm{FeO + 2HCl = FeCl_2 + H_2O} \ \text{(산세)}$$

$$\mathrm{2FeCl_2 + 2H_2O + \frac{1}{2}O_2 = Fe_2O_3 + 4HCl} \ \text{(산 재생)}$$

산세에서 발생한 폐산은 저장탱크에 일단 저장되고 Separator로 보내진 후 Venturi 상부로 공급되어 배소로(Roaster)에서 나와 Venturi 상부를 통과하는 HCl Gas와 반응하여 농축된 상태로 Separator에 저장되고 이는 다시 배소로 상부의 Nozzle을 통해 분사되어 배소로 버너의 가열에 의해 산화철과 HCl Gas로 분리된다.

여기서 산화철은 배소로 하부로 방출되어 Hot Screw Conveyor를 거쳐 산화철 저장탱크인 Oxide Bin에 저장되고 상부로 빠져나간 HCl Gas는 Venturi를 지나면서 폐산과 만나 폐산을 농축시킨 다음 Separator를 거쳐 Absorber 하부로 들어가서 상부에서 분사되는 물에 흡수되고 HCl 가스는 약 18～20% 재생산으로 되어 재생산 탱크에 저장되고, 계속해서 Absorber를 빠져나온 잔류 HCl 가스는 Scrubber를 거치면서 제거되어 깨끗한 공기로 Stack으로 배출된다.

이러한 가스의 흐름이 가능한 것은 연속해서 배기가스를 빨아내는 배기 팬(fan)에 의한 부압(負壓 : 마이너스압)에 있으며 부압관리를 어떻게 잘 관리하느냐 하는 것이 산 재생 공정 관리의 핵심이다.

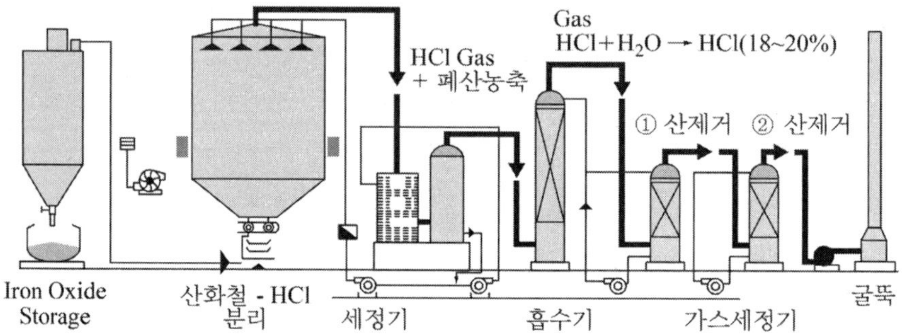

그림 4.8 ● 산 재생 공정도

(2) SRS(Silica Removal System)

산화철 중의 불순물 제거를 위한 폐산 정제 공정 먼저 폐산 탱크에 저장된 WPL을 Pumping하여 히터를 통과시켜 가열한 다음 철 스크랩을 장입한 Neutralizing 탱크에서 유리염산을 제거하여 pH를 조정하여 $Fe(OH)_3$를 생성시킴으로써 불순물을 공침(共沈)시켜 제거하는 폐산 정제(精製) 공정이다.

이 폐산은 정제 폐산 탱크에 저장되었다가 산 재생 공정을 거쳐 고급 산화철로 생산된다.

$$FeCl_2 + 2NH_4OH = Fe(OH)_2 + 2NH_4Cl$$

$$Fe(OH)_2 + \frac{1}{2}O_2 + H^+ = Fe(OH)_3$$

$$SiO_2 + Fe(OH)_3 = Fe(OH)_3 * SiO_2$$

이 공정의 핵심은 pH 관리이며, 첫 단계인 Neutralizing 작업의 pH 관리에 불순물 제거 효율의 성패가 달려 있다.

2.2 전해청정

전해청정 공정은 냉간압연 후 Strip의 표면에 묻어 있는 유지계 압연유나, 기계유, 철분 등의 오염물을 물리적, 화학적 방법으로 제거하는 표면 청정작업을 행한다. 일반적으로 유지계 압연유를 사용해서 압연된 Coil을 그대로 소둔하면, 판의 표면에 남아 있던 유지류가 불완전 연소되어 탄화물이나 고무상 물질의 오물을 남겨 판의 표면미관을 손상시킴은 물론 다음 공정에서 도금, 도장불량 및 내식성 저하의 요인이 되므로 표면 청정작업이 필요하게 된다.

그러나 Mill Clean용 압연유는 소둔 중에 열 분해되고 분위기 가스에 의해 청정이 되므로 MC Coil은 전해청정을 거치지 않고 바로 소둔에 투입된다.

2.2.1 전해청정의 원리

전해청정 시 세정액으로는 주로 수산화나트륨(NaOH), 수산화칼륨(KOH), 올소규산나트륨($2Na_2SiO_2$)이 이용되며 이것은 물에 용해되어 양이온과 음이온으로 분리된다. 그림 4.9는 전해청정의 개념도로 그림과 같이 세정액 중 두 개의 전극(Grid)을 넣어 전압을 걸면 양이온은 음극으로 음이온은 양극으로 전류가 세정액을 흐르게 된다. 동시에 물도 H^+와 OH^-로 전리되며 나트륨염은 일종의 촉매로서 작용하여 이 H^+와 OH^-가 각각 전극으로 이동하여 전류가 지속적으로 흐른다. 즉 물의 전기분해가 일어나 H^+는 음극으로 OH^-는 양극으로 각각의 전자들을 다음과 같이 취하여 발생기 산소, 수소가스로 부상한다.

$$4H_2O \rightarrow 4H^+ + 4OH^- \quad \text{(용액 중)}$$
$$4H^+ + 4e^- \rightarrow 2H_2 \quad \text{(음극)}$$
$$4OH^- + 4e^- \rightarrow 2H_2O + O_2 \quad \text{(양극)}$$

이 때 Gas의 부상하려는 힘에 의해 판 표면 및 미세한 구멍속의 압연유와 오물을 제거하게 된다.

물의 전기분해 반응식

$4H_2O \rightarrow 4H^+ + 4OH^-$ (전해용액)
$4H^+ + 4e^- \rightarrow 2H_2$ (음극)
$4OH^- + 4e^- \rightarrow 2H_2O + O_2$ (양극)

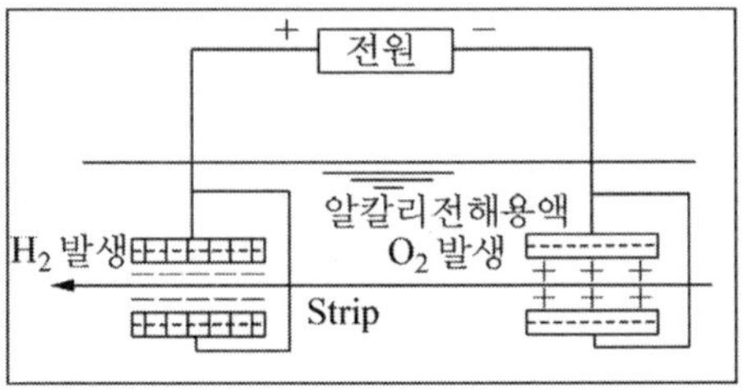

그림 4.9 ● 전해청정의 개념도

2.2.2 전해청정의 설비 및 작업

전해청정 Line의 구성은 크게 입측설비, 세정설비, 출측설비로 나눌 수 있으며 그림 4.10은 일반적인 전해청정 설비의 레이아웃을 나타낸 것이다.

입측설비에는 POR(Pay Off Reel), Coil End 불량부를 절단하는 Shear, 연속 작업을 행하기 위한 용접기 등이 설치되어 있다. 이와 같이 입측설비는 연속세정을 하기 위한 사전준비를 행하는 설비로 구성된다.

세정설비 중 알칼리조(Alkali Dunk Tank)는 화학탈지를 위한 Strip 침적 Tank로 알칼리염($2Na_2SiO_2$)과 미량 첨가된 계면활성제가 검화(비누화) 작용과 무화작용을 일으켜 판 표면에 묻은 유지류를 제거한다(화학적 탈지기구).

유지 + 알칼리 → 수용성 비누 + 지방산(글리세린)
↑
비누화반응(검화반응)

전해청정조(Electrolytic Cleaning Tank)에서는 판을 전기전도도가 높은 세정액 내에서 전극사이로 통과시켜 물을 전기분해 함으로써 판의 표면에 수소와 산소를 발생시키고, 발생된 기포의 폭발력으로 판의 미세 요철부의 유막을 제거하는 전해 탈지 작업을 한다.

Alkali Dunk Tank에서 판의 표면에 부착된 유지류가 알칼리와의 검화반응에 의해 수용성비누로 되어 용액 중에 녹아 탈지가 이루어지나 완벽하지 않아 판에 유지나 수용성비누가 잔류하게 된다. 이에 따라 다음 단계인 온수조(수세조, Rinse Tank)에서 판의 상하면에 뜨거운 물을 뿌리면서 고속으로 회전하는 Brush Roll로 판에 잔류하는 비누, 오물, 유지물을 제거한다(기계적 탈지).

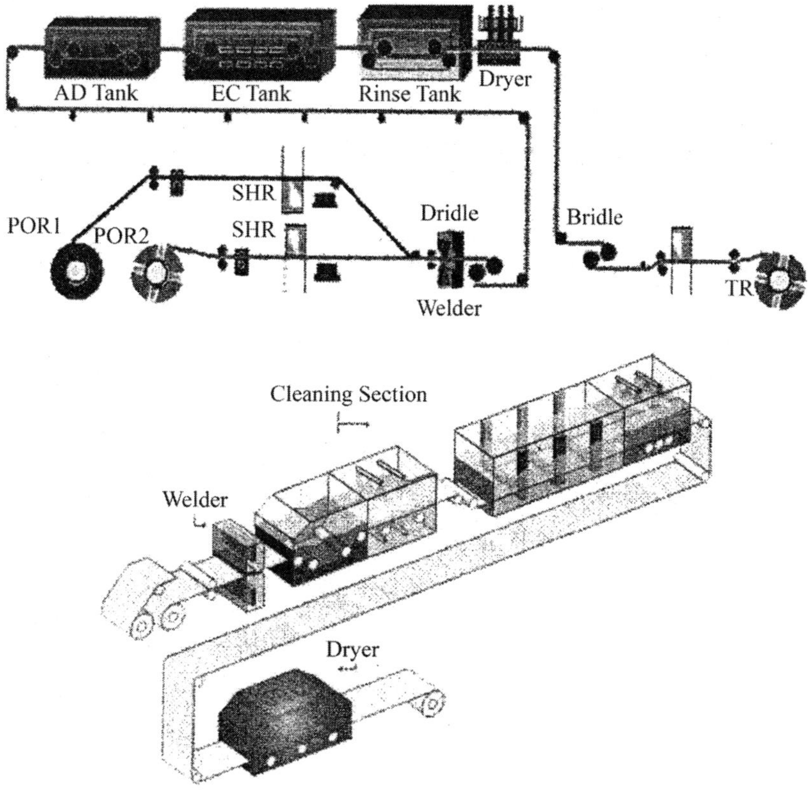

그림 4.10 ● ECL 설비 레이아웃

Dryer에서는 100℃의 고온 건조한 공기를 판에 불어 판 표면의 수분을 제거해서 녹 발행을 방지한다.

출측설비는 Tension Bridle Roll, Shear 및 세정된 Strip을 권취하기 위한 TR(Tension Reel)로 구성된다.

2.2.3 알칼리 용액 관리

용액온도가 높을 경우 액체부착물의 점도 저하, 전기전도도 증가, 검화반응의 촉진, 이물질의 재부착 방지 등의 효과로 세정성 향상에 유리하다. 일반적으로 용액의 온도는 60~80℃ 범위에서 통상적으로 작업된다.

용액농도 관리는 중요하며 탈지에 유효한 것은 유리알칼리(활성알칼리)이다. 알칼리도는 유리(활성)알칼리와 전알칼리로 나누어 측정하는데 알칼리 탈지용액에서 유리알칼리가 전알칼리의 비보다 크며 세정효과는 저하되기 때문에 용액을 교체해야 한다.

처리액의 표면장력은 탈지세정액에 크게 영향을 미치며 20℃ 이하에서 35 dyne/cm^2가 적당하고, 이를 유지하고 표면장력을 향상시키기 위하여 계면활성제를 첨가한다.

2.3 소둔(Annealing) 공정

2.3.1 소둔 목적

열간압연된 강판을 냉간압연하게 되면 열간압연 시 성장된 강 내부의 결정립이 압하력에 의해 변형되어 압연 방향으로 배열됨에 따라 조직이 변형된다. 이로 인해 강의 내부에 변형에너지가 축적되므로 내부응력이 커지고, 강도와 경도가 높아져서 가공성이 나빠지는데 이와 같이 가공에 의하여 경도가 높게 되는 현상을 가공경화라 한다. 소둔의 목적은 회복, 재결정 및 결정립 성장 단계를 거쳐 내부응력을 제거하여 냉연강판의 경도, 항복점, 인장강도를 하락시키고 가공성을 향상시키는데 있다.

그림 4.11은 회복, 재결정 과정 중 결정립 형성 과정을 모식적으로 나타낸 것이다.

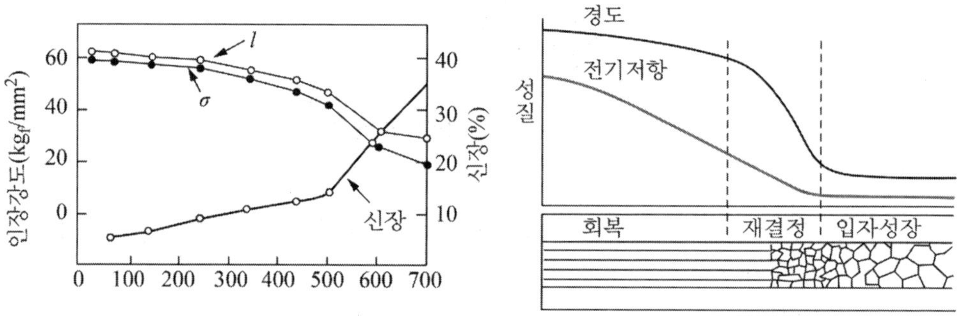

[풀림 열처리 온도와 기계적 성장의 관계] [냉간 가공한 금속의 풀림 열처리에 의한 성장의 변화]

그림 4.11 ● 회복, 재결정 과정 중 결정립 형성 과정

(1) 회복(Recovery)

이 과정에서는 결정조직의 변화는 없지만 가공에 의해서 생긴 물리적 성질의 변화는 차제에 어느 형태로든 회복되는 것이다. 즉 내부응력은 저하되고 경도나 인장강도는 서서히 저하되며 연성은 다소 회복된다.

(2) 재결정(Recrystallization)

연화현상은 가공을 받은 재결정 중에 새로운 변형이 아닌 결정이 생겨나와 발달하고 동시에 그 수를 증가시켜 전체가 새로운 결정립과 교체하는 것이며 이것을 재결정이라고 한다.

(3) 결정립 성장(Grain Growth)

재결정 온도를 통과하여 고온으로 가열할 경우에는 결정립 중 어떤 것은 인접한 결정립을 병합하여 조대화되는데 이는 재결정의 표면 에너지가 최소로 안정된 상태가 되기 위해 결정립계로 이동이 되고, 그 결과로 어느 결정립은 인접하는 결정립을 흡수하여 결정립 성장이 이루어진다.

2.3.2 소둔 방식

소둔 방식은 Batch소둔과 연속소둔으로 구분할 수 있으며, 그 특징을 아래에 기술하였다.

상자소둔(Batch Annealing)은 냉간압연 후 Coil이 감겨있는 상태 그대로 소둔하며 Tight Coil 소둔 방식이란 Coil을 Tight하게 감은 상태로 소둔하는 방식이다. 상자소둔의 균열온도는 580～750℃ 범위이고 고온일수록, 균열시간이 길수록 연신율이 증가하여 가공성이 향상된다. 그러나 소둔 온도가 너무 고온이면 재결정립이 조대화되고 가공표면에 Orange Peel이라는 결함이 발생한다.

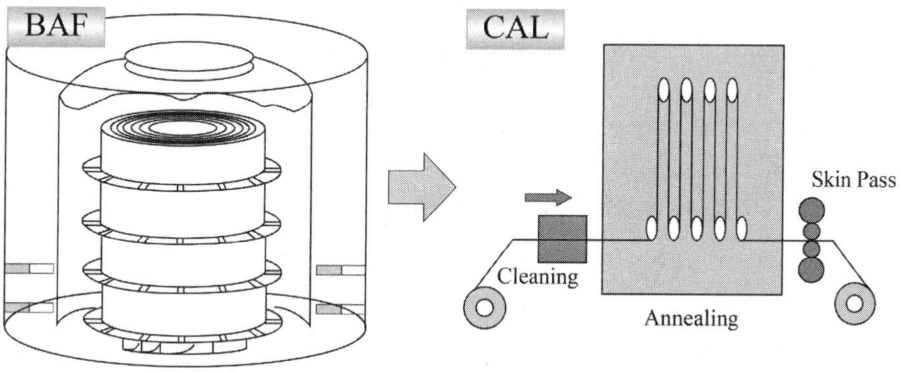

그림 4.12 ● 소둔 방식

표 4.4 BAF와 CAL의 비교

구분	BAF	CAL
열처리 Cycle	서열 → 장시간 균열 → 냉각 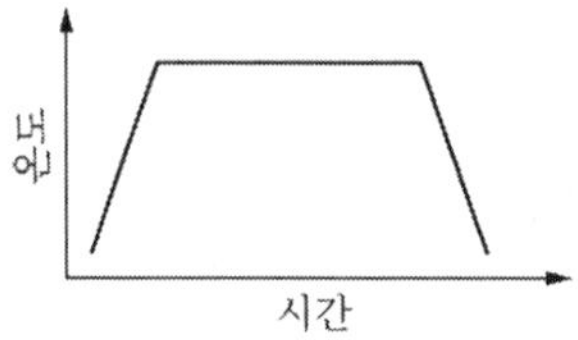	급열 → 단시간 균열 → 서냉 → 급냉 → 과시효 → 냉각 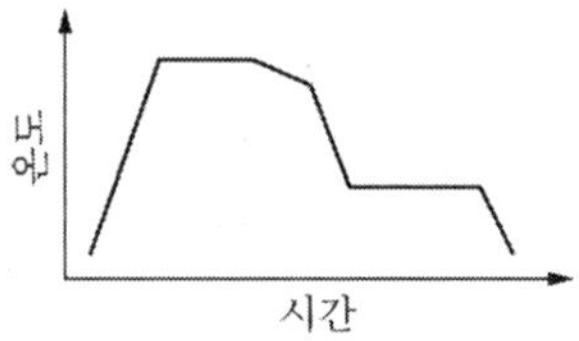
재질	• 가공성 우수 • 비시효성 확보 : 고용 C, N을 탄화물, 질화물로 완전 석출 • Coil 내·외경부 및 적재위치별 온도 편차	• 균일한 재질 • 다양한 재질 제조 가능 : 소둔 Cycle 변경용이 • 저탄소강의 시효성 제거 미흡 • 단시간 열처리로 재질 제한(HR Spec. 구분관리)
표면, 형상	• 표면결함(밀착) 발생 용이	• 판의 청정성 확보 • 형상교정 효과 우수
생산성	• 장시간 소둔(전청~소둔 : 3일)	• 공정 집약화 및 단시간 소둔(전청~소둔 : 2분)
분위기 Gas	• 수소 100%	• 수소 5%+질소

연속소둔은 Strip 상태로 연속적인 열처리를 하면서 급속가열, 단시간 균열에 의한 재결정 및 결정립 성장 후 다시 급속냉각, 과시효 처리에 의한 과포화 고용탄소를 석출시켜 상자소둔재와 동등한 재질을 얻는 방식이다. 연속소둔에서는 가열시의 승온속도와 소둔 후의 냉각속도가 매우 빠르고 또 소둔 시간도 짧기 때문에 결정립이 세립이고 Deep Drawing에 적합한 집합조직을 얻기 힘들며 고용탄소의 잔존에 의해서 시효성을 갖는 문제점이 있었으나, 소재의 성분, 열연 및 냉연조건, 소둔 Cycle 등에 대한 검토를 통해 열연에서는 고온으로 권취 하여 Ferrite 입경을 크게 하고 집합조직을 개선하기 위해 소둔 후 급속냉각에 의해 과포화된 고용탄소를 과시효 처리에 의해 석출시켜 재질과 시효성을 개선하였다.

(1) BAF(Batch Annealing Furnace)

상자소둔로는 벨(Bell)타입으로 Single Stack 직화식 Tight Coil 소둔 방식이다. Coil을 Work Base상에 3~5단 적재하고 그 위에 내부덮개(Inner Cover)를 씌워서 외부공기를 차단한 후 내부덮개 내를 환원성의 분위기가스로 치환해서 벨을 씌우고 Coil이 일정온도가 될 때까지 가열해 그 온도를 일정시간 균열시킨 후 벨을 들어낸 다음 냉각한다.

Tight Coil 소둔은 Coil이 팽팽하게 감긴 상태로 소둔됨으로써 Coil이 대류판으로부터 열전달과 내부덮개로부터 복사열에 의해 가열된다. 그 결과 Coil 중심부가 소정의 온도로 되기까지 장시간을 요하게 된다.

① 공정도

그림 4.13에 BAF 설비를 나타내었다.

② 소둔 Cycle

BAF 소둔의 열처리 작업은 가열, 균열, 냉각의 3단계로 이루어지며 강종에 따라서 각 단계별 시간과 온도를 조절해 적용한다.

가열은 Work Base의 온도가 일정온도(균열온도)에 도달할 때까지 계속 가열하는 단계이고, 균열은 균열온도에 도달한 후 일정시간 그 온도를 유지하는 단계이며, 냉각은 Bell Out 후 서냉시키며 재결정 성장을 유지하고 대기 침투에 의한 결함방지를 위해 Inner Cover를 씌운 상태에서 분위기 가스를 순환 유지시키는 단계이다.

③ 설비와 작업

(ㄱ) Heating Bell은 Batch식 소둔로로, 종처럼 생겼다 해서 Bell이라 부르며 Burner가 상·하부에 배열되어 있다.

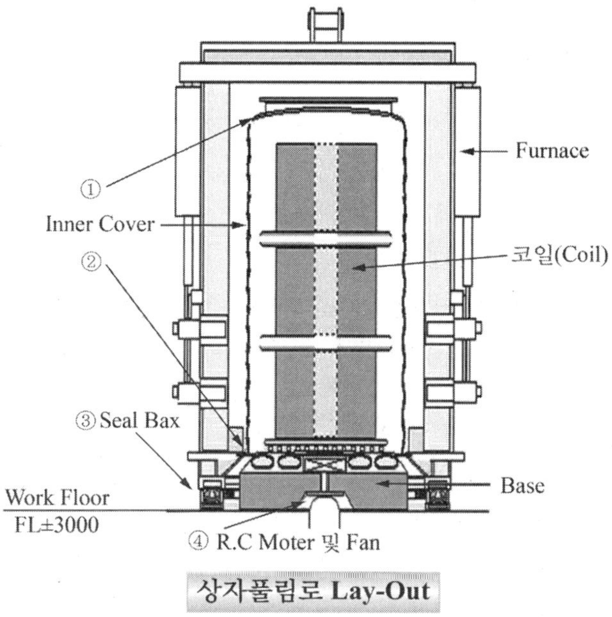

그림 4.13 ● BAF

(ㄴ) Work Base는 강판과 형강으로 만든 구조물로 그 위에 Coil이 적재되고, 소둔로가 얹히게 된다. Work Base는 내화물로 충진되며 소둔로 내 가스의 흐름을 유도하도록 되어 있다.

(ㄷ) Inner Cover는 소둔로의 분위기를 보호하는 Cover로서 Coil 적재 후 Inner Cover를 씌워 분위기 가스를 주입한다. 그 위에 Bell을 씌워서 가열하면 Inner Cover가 가열되어 복사와 분위기 가스의 대류에 의해 Coil이 가열된다. Inner Cover 동체는 Coil의 국부과열을 막고, 열효율을 크게 하기 위해 Corrugate 타입으로 되어 있다.

(ㄹ) Cooling Bell은 가열종료 후 냉각속도를 빨리하기 위해 Fan에 의해 강제 냉각을 시키기 위한 장치로 Cover에 Fan이 달려 있다. 또한 Cooling Bell 상부에서 Inner Cover 외피에 냉각수를 뿌리면서 냉각을 하게 된다. 이 강제 냉각이 설정온도(60～80℃)까지 이루어진 루 Cooling Bell을 벗긴 다음 Inner Cover를 벗겨 적재된 Coil을 해체해서 Coil 냉각장으로 옮기게 된다.

(ㅁ) RC Fan은 Work Base의 중앙에 설치되어 Inner Cover 내부의 가스를 강제로 대류 시킴으로써 Coil의 상하단과 내외경을 고루 가열되도록 한다.

(ㅂ) Purge는 Coil이 적재된 Inner Cover 내에 분위기 Gas를 충전해 O_2를 완전히 제거하는 작업으로 점화전에 행하는 전 Purge와 점화 후에 냉각 시까지 행하는 후 Purge가 있다.

(ㅅ) Convector는 적재 Coil과 Coil 사이에 간격을 유지하여 Gas의 흐름을 원활히 하여 열전달을 양호하게 하는데 사용되며 적재 Coil의 Edge부 손상을 방지하기도 한다.

(ㅇ) TC(Thermo Couple: 열전대)는 Work Base와 Bell의 온도를 측정하는 온도계로 Setting치에 의해 Burner의 점멸을 조정하게 된다.

(ㅈ) Bell Out은 균열이 끝나 Bell의 Burner를 끈 상태에서 일정온도까지 서냉이 이루어진 후 Bell을 들어내는 작업이다.

(2) CAL(Continuous Annealing Line : 연속소둔)

CAL 설비는 다수의 롤을 노의 상하에 배치하고 그 롤들을 통해 Strip을 이송시키면서 가열, 균열, 냉각, 과시효, 냉각을 이은 온도 패턴으로 연속적인 열처리를 하는 설비로써 전해청정과 열처리 기능을 결합한 설비이며 다음과 같은 특징을 가지고 있다. Strip 상태로 연속적인 처리를 하므로 균일한 재질을 얻을 수 있으며, Strip에 장력이 부여된 상태로 소둔하기 때문에 형상 교정효과가 있고, 강판 중의 결정립의 균일화와 함께 미려한 표면형상이 얻어지며, 단시간 소둔에 의한 생산성 향상과 성에너지 등 Cost 절감이 가능하다.

CAL은 입측부, Furnace Section, 출측부로 구성되어 있다. 입측부에서는 NaOH 용액을 사용하여 Strip 표면에 묻은 압연유 및 이물을 제거하면서 연속적으로 Coil을 공급하여 주며, Furnace Section에서는 소둔작업이 진행되며 출측부에서는 재권취하게 된다.

그림 4.14는 CAL 설비의 개략적인 레이아웃을 보여주고 있다.

① 입측 설비 개요

입측 Walking Beam Conveyor에 적치된 Coil은 Coil Car로 이송된다. Coil의 외경 Band Cutter에 의해 자동으로 제거되며 운반된 Coil은 POR(Pay Off Reel)에 삽입된다. POR은 Strip에 적당한 Back Tension을 유지하면서 풀린 Strip은 Flattener에서 Top End의 형상을 평탄하게 교정한 후 Double Cut

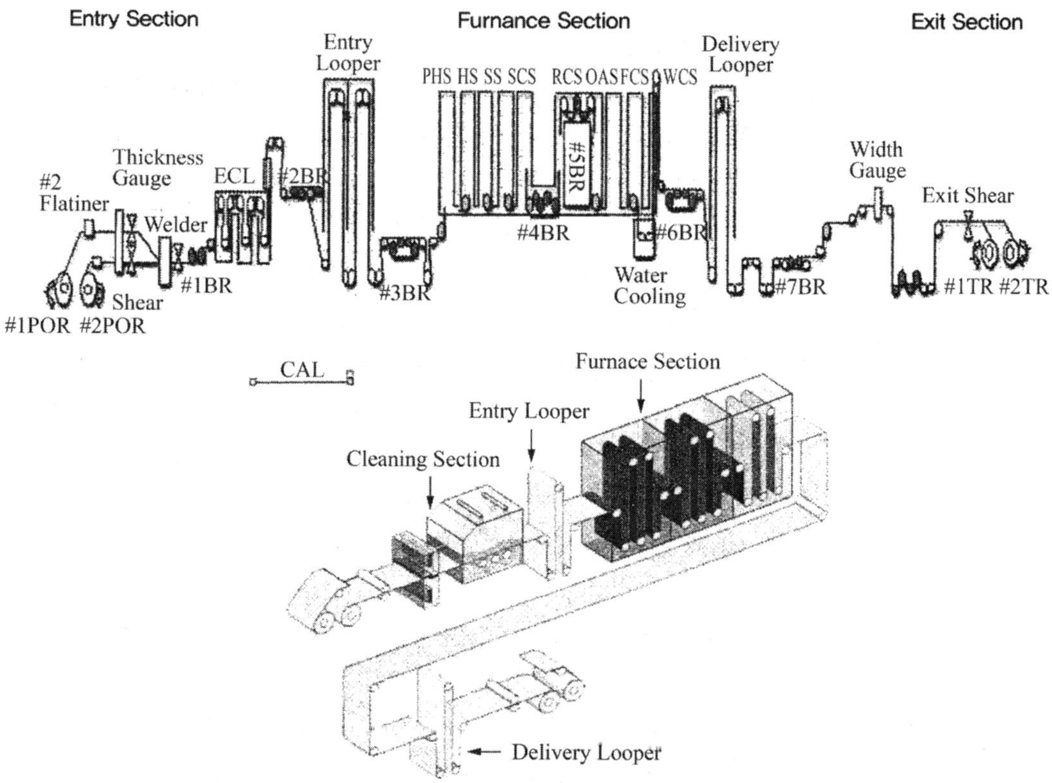

그림 4.14 ● CAL 설비 레이아웃

Shear에서는 Top End의 Off Gauge가 제거된 뒤 Welder로 이송된다. Welder는 Strip을 Furnace에 연속적으로 공급하기 위하여 선행 Strip End부와 후행 Strip Top부를 용접 접합시킨다.
Cleaning 설비에서는 Strip 표면에 부착된 압연유 및 이물들을 제거하여 표면이 청정한 Strip을 Furnace로 공급한다. 먼저 Strip은 Hot Dip Tank를 침적 통과하면서 예열 및 Cleaning이 된 후 Brush Roll과 용액을 Spray 시키는 #1 Scrubber-Tank를 통과한 다음, 전해 탱크를 침적 통과한다. 전해 탱크에서는 전극이 알칼리 용액 속에 설치되어 Strip에 통정을 행함으로써 세정효과를 향상시킨다. 다시 Strip은 Brush Roll이 있는 #2 Scrubber Tank를 지난 다음 Hot Water-Rinse Tank에서 물로 최종 세척하고, Wringer Roll에서 Strip 표면에 묻은 물을 짜낸 후 Dryer를 지나면서 건조된다.
Entry Looper 설비는 입측 POR에서 새로운 Coil의 공급을 위해 입측 Line이 정지된 사이 Furnace Section에 연속적으로 Strip을 공급하는 기능을 가지고 있다. Looper에서 Steering Roll이 설치되어 Strip의 사행을 방지한다.

② Furnace 설비개요

(ㄱ) 예열대(Pre Heating Section)는 Entry Looper를 통과한 Strip은 PHS Section에서 HS Radiant Tube Burner의 폐Gas의 열을 이용하여 약 130℃까지 가열된다. Strip의 가열은 Strip 측면에 설치된 Plenum Chamber 상의 Nozzle로부터 HN Gas가 Strip에 분사되어 행해진다.

(ㄴ) 가열대(Heating Section)는 노내에 격리된 Radiant Tube 내에서 LNG를 연소시켜 가열된 Radiant-Tube의 복사열에 의해 Strip을 소정의 온도까지 가열해주는 Section이다. LNG연소는 Radian Tube에 부착되어 있는 Burner로 행해진다.

(ㄷ) 균열대(Soaking Section)는 HS에서는 소정의 온도까지 가열된 Strip을 일정시간 보존하고 Strip 내부의 온도를 균일화하여 주는 Section이다. SS Section은 HS와 같이 LNG를 Radiant Tube내에서 연소시켜 노내 온도를 고온으로 유지하여 준다.

(ㄹ) 서냉대(Slow Cooling Section)에는 두 가지 기능이 있다. 한 가지는 균열대와 같은 기능이며 다른 한 가지는 소정의 온도까지 서냉시키는 기능이다. 이 Section은 균열대로서 사용 시는 Radiant Tube에 의해 균열온도를 유지하며, 서냉의 경우는 Strip Pass 사이에 설치된 Cooling Tube Nozzle에서 Strip에 냉각된 HN Gas를 분사시켜 서냉시킨다.

(ㅁ) 급냉대(Rapid Cooling Section)는 Strip을 소정의 냉각속도로 소정의 온도

까지 급속냉각 하는 Section으로 Gas Jet Chamber에 의해 냉각 가스를 Strip에 분사시킨다.

(ㅂ) 과시효대(Over Aging Section)는 RCS에서 급속냉각 되어진 Strip을 소정의 온도와 시간을 유지시켜 주는 Section이다. 과시효가 필요한 경우 소정의 온도유지는 Electric Heating Element에 의해 행해지며, 냉각이 필요한 경우(Hard BP재) Cooling Tube로 냉각시킨다.

(ㅅ) 최종 냉각대(Final Cooling Section)는 Strip을 소정의 온도(200℃ 이하)로 냉각하는 Section이다. 냉각은 노내의 HN Gas를 Gas Cooler에 의해 순환 냉각시킨 후 Chamber를 통해 Strip에 분사시켜서 행한다.

(ㅇ) 수냉대(Water Cooling Section)는 순수에 의해 소정의 최종온도까지 냉각되는 Furnace Section의 최종 공정이다. Strip은 순수 Tank에 인입되어 판 표면이 세척 및 냉각되며 그 후 Strip은 Dryer에서 열풍에 의해 건조된다.

③ 출측 설비 개요

출측 Looper를 통과한 Strip은 폭 측정기, 검사대를 거친 후 Flying Shear에서 Top End부를 제거하고 분할되어 TR(Tension Reel)에서 권취된다. Line 출측에는 #1, 2 TR이 설치되어 교대로 Strip을 권취한다. Flying Shear에선 분할된 Strip의 Top부는 대기 중인 TR로 보내져 Belt Wrapper에 의해 Reel에 초기 권취되고 Coil 폭에 따라 EPC가 감지하며 권취를 행한다. 작업이 완료된 다른 한 대의 TR상 Coil이 Waling Beam Conveyor로 이송되며 Banding M/C에서 자동 결속되고 Weighing M/C에서 중량이 체크된 다음 Marker에 의해 자동 Marking되어 다음 공정으로 이송된다.

2.4 정정 및 검사

2.4.1 조질압연

(1) 조질압연 기본이론 및 요구 특성

① 조질압연(SPM: Skin Pass Mill)의 목적

제품용도에 적합한 기계적 성질을 부여하기 위해 적은 양의 연신을 부여한다. 조질압연 연신율에 따라 중저 및 저탄소강과 IF(Interstitial Free) 극저탄소강의 재질거동은 차이가 크다. 일반적으로 항복점연신을 갖고 중저 및 저탄소강($C \geq 150$ ppm)의 경우 두께 × (0.8 ~ 1.2) 정도의 조절압연 연신율에서 항복강

도는 최저치를 나타내고, IF 극저탄소강의 경우 조질압연 연신율의 증가에 따라 항복강도가 증가하여 가공성을 저하시키기 때문에 강종 및 제품 사용용도에 따라 적정한 조질압연 연신율이 필요로 된다. 또한, 경도는 조질압연 연신율에 따라 일정하게 증가한다.

(ㄱ) 항복점 연신 및 항복점 감소를 통한 기계적 성질 개선

항복점 연신은 침입형 원소인 탄소[C] 및 질소[N]에 의한 Cottrel 분위기에 기인하는데, 이것은 강중의 침입형 원소에 의해 전위가 고착되어 이동되지 못하는 상태를 말하며 응력을 받아도 변형이 잘 일어나지 않는 상태이다. 조질압연을 실시하면 매우 작은 소성변형이 일어나고, 이때 전위가 침입형 원소로부터 해방되어 항복점 연신이 사라지고, 항복강도는 그림 4.16에서와 같이 A에서 B로 낮아져 가공성을 향상시킨다.

항복점 연신이 있는 재료의 경우 소성변형을 하는데 있어서 매우 큰 힘을 필요로 하게 되고, 가공이 완료된 후 제품표면에 Stretcher-Strain이 발생되어 표면 불량을 발생시키며, 심한 경우 가공 Crack이 발생된다.

따라서 이러한 강종에 있어서 항복점 연신을 줄이기 위해서는 강종의 고용 C, N을 줄이는 것이 필요로 되며, 이를 위해서는 소둔 공정에 있어서 급냉대의 냉각속도를 크게 하여 과시효대(OAS: Over Aging Section)에서의 Fe_3C의 석출을 조장하는 Driving Force를 크게 하는 것이 요구된다. 또한 소둔 후에는 항복점 연신이 없어지는 연신율 구간까지의 조질압연을 행함으로써 Press 등의 가공 시 암호한 제품을 얻을 수 있으며, 이때 적정 조질압연 연신율은 두께에 따라 증가되며 최적의 연신율조건은 두께의 약 1.2배 정도에서 얻어진다.

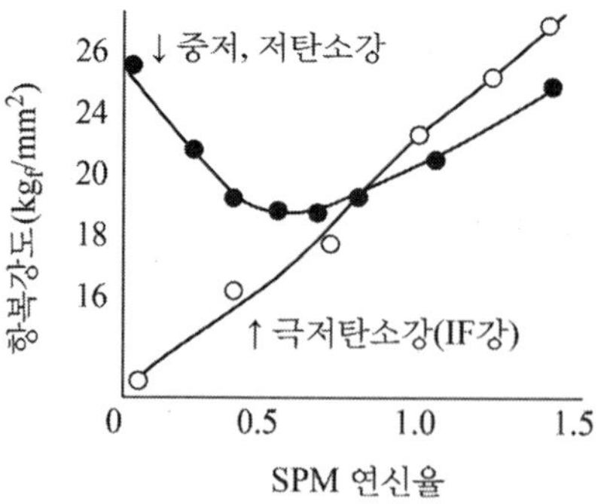

그림 4.15 ● SPM 연신율에 따른 항복강도의 변화

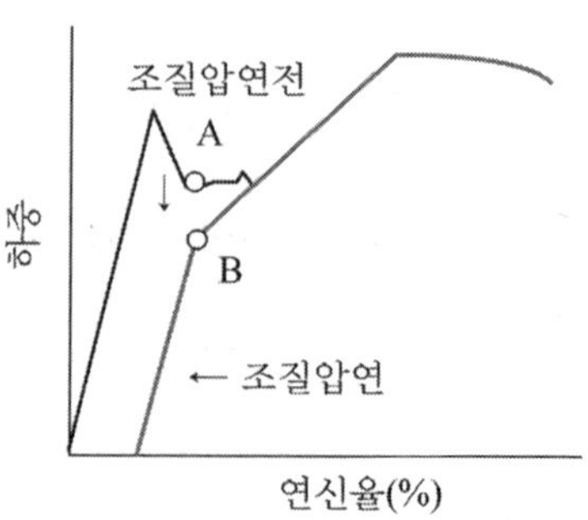

그림 4.16 ● 항복점 연신

㈁ 시효(Aging)

한편, 이러한 강종은 조질압연 후에 시간이 경과함에 따라(약 3개월 이후) 조질압연의 효과가 사라져 고용 C 및 N가 전위를 재고착하는 현상(이러한 현상을 시효라 한다)이 발생되어 재질의 열화를 가져오기 때문에 시효 발생 이전에 가공을 완료하는 것이 좋으며, 조질압연 연신량이 클수록 시효 발생이 작고 (시간이 길어지며, 항복점 연신량은 작다) 시기적으로는 동절기가 하절기 대비 시효의 발생 가능성이 작다.

㈂ 형상 개선

조질압연은 압연하중과 입·출측 장력에 의해 재료에 미소한 압하량을 주어 압연하는 설비로 제품의 형상 Control 또한 매우 중요하다. 일반적으로 Mill 전후 장력 및 Work Roll의 Bending, Roll Force, Roll Crown 등에 의해 주로 형상을 조정하나, 최근 6 Hi Mill에 의한 I.M.R의 Shifting 등에 의해 박물재의 저 연신율에서도 양호한 형상을 확보하는 조업 기술 등으로의 발전이 진행되고 있다.

㈃ 표면성상(Dull, Bright) 조정

제품은 사용용도에 따라 표면 거칠기가 다양하게 요구되며, 이에 따라 Roll 조도, Roll Force, Roll 교체 길이, Wet유, Roll Bending 등의 관리를 통해 적정 표면 조도를 부여한다.

- Dull : 0.3～3.0 μm Ra
- Bright : 0.1 μm Ra 이하

② Roll의 변형

압연에 사용되는 Roll의 작업 중의 변형을 살펴보면 다음과 같다.

- Roll의 열팽창에 의한 변형
- 압연 압력에 의한 굽힘 변형
- Roll의 편평 변형

㈀ 열팽창에 의한 변형

재료가 변형될 때 가해진 기계적 일은 열로 변하고 Roll이 탄성변형을 반복할 때에도 내부 마찰열이 발생하게 된다. 이러한 Roll과 재료와의 사이에서 생기는 열은 Roll 양단의 Bearing부로 전도되거나 Roll 표면으로부터 압연 윤활제 및 공기로 전달되어진다. 재료로부터 Roll로의 전도는 온도차가 클수록 이동 열량이 커진다. 재료로부터 열을 받은 Roll 부분과 열의 방출을 담당하는 Roll Bearing부는 온도차가 생기게 되고 그 결과 상온 시와 비교하여 Roll 중앙부의 직경이 커지게 된다. (Roll Crown 발생)

(ㄴ) 압연 압력에 의한 굽힘 변형

Roll은 양단이 Bearing부로 지지되어 있기 때문에 압연의 반작용으로서 재료로부터 힘(압연 압력)을 받게 되고, 그 결과 Roll은 역학적으로 양단 지지보가 되어 반곡하는 경향이 있다. 이러한 경향은 협폭재 압연의 경우 Roll 중앙부에 집중하중이 작용하는 형이 되고 Roll 폭에 가까운 광폭재의 압연 시에도 그 영향은 동일하다. 즉, 압연 압력은 폭 방향에 분포하중으로 걸리지만 이 압력분포는 중앙부가 최대이고, 양 Edge로 감에 따라 작아지게 된다. 이 때문에 편폭의 중앙부의 두께가 두껍고, 양 Edge의 두께는 얇아지게 된다. 이러한 판의 형상을 판 Crown이라고 하며 압하력이 많이 걸릴수록 판 Crown이 크게 발생한다.

Roll의 굽힘 변형을 방지하기 위해서는

- 굽힘이 적은 Roll 재질의 채용
- Roll 경의 증대

등의 방법이 있지만 굽힘이 적은 Roll 재질의 채용은 어느 정도의 한계가 있다. 따라서 일반적으로 직경이 큰 Back Up Roll을 Work Roll의 배후에 설치하는 방법(4 Hi)이 이용된다.

(ㄷ) Roll의 편평 변형

압연 중 Roll이 재료에 접촉하는 부분을 국부적으로 대단히 큰 압력을 받기 때문에 Roll이 조금씩 탄성변형을 하여 편평화를 일으킨다. 편평화를 일으키면 접촉호의 길이가 길게 되어 재료와 Roll과의 접촉 면적이 증가하고, 연 압력이 높아지기 때문에 압연하중은 급격히 증대한다. Roll 편평화에 대한 대책으로 Roll 경을 작게 하거나 경도가 높은 Roll을 사용하는 방법이 사용되어지고 있다.

(2) 압연조건의 영향

① 압연속도

압연속도가 증가함에 따라 동일 연신율에서는 압하하중이 증가한다. 그 이유는 첫째, Roll과 Strip 간의 마찰계수가 증가하고 둘째, 압연속도가 증가함에 따라 Strip의 변형률 속도가 증가하면 Strip의 변형저항이 증가하기 때문이다.

실제로 Coil의 분할 및 Cutting을 위해 Speed를 감속하면 동일 압하하중이 걸리는 경우 조질압연 연신율이 증가하게 되고(압연하중 Control 시), 반대로 동일 연신율로 작업되는 경우(신율 Control 시) 압연하중이 감소하게 된다.

② 장력의 영향

일반적으로 입측장력(Back Tension)은 출측장력의 90% 수준으로 작업되고 있다. 그러나 압연하중에 미치는 장력은 입측장력이 크게 작용하며, 동일한 연신율에서 입측장력이 클수록 압연하중은 감소한다. 그 이유는 소성변형 영역이 압축과 입측장력의 2방향으로 힘을 받기 때문이다.

③ Pass Line

Anti Crimping Roll과 Cross Brake Roll을 Pass Line으로부터 위에 있는 경우 Roll의 접촉면적이 증대되어 압연하중은 증가한다. 그러나 이러한 영향은 매우 작다. Anti Crimping Roll의 높이가 높을수록, Strip과 Roll과의 접촉면적이 많아져 Strip이 씹히는 현상을 방지할 수 있고, Cross Brake Roll의 높이가 높을수록 Strip의 비스듬히 굽히는 힘이 커져 Strip의 형상을 보다 더 좋게 할 수 있다.

이러한 이유로 두께가 접힘현상이 많은 박물일수록, 폭이 클수록(전폭에 걸쳐 Tension의 불균일이 큼) H_1과 H_2를 크게 하는 것이 필요로 된다. 또한 강종의 구분으로는 경질재일수록 H_2를 크게 하는 것이 유리하나 현재로서는 그 차이의 영향이 규명 되지 않아 향후 세분화 할 필요가 있는 것으로 생각된다.

④ 급준도

$$\text{급준도}(\lambda) = \frac{H}{P} \qquad (H : \text{파고},\ P : \text{파장})$$

일반적으로 급준도가 클수록 눈으로 형상불량을 감지할 수 있는 정도는 Strip에 걸린 장력에 따라 달라진다. 즉 급준도가 클수록 눈으로 확인할 수 있기 위한 Unit 장력은 증가한다.

⑤ Strip 형상제어

Strip의 형상제어는 일반적으로 Roll의 탄성 Roll Crown, Roll Force, 전후 장력, Roll 조도, Guide Roll, Roll Shifting 등에 의해 Control되며 이러한 요인에 의해 달라질 수 있다. 평상시에는 Work Roll Bending력만으로 Control되고 있다.

Work Roll Bending력은 Roll의 Crown량이 클수록 작게 설정하며 두께의 증가에 따라 크게, 폭의 증가에 따라 작게 설정하여야 한다. 또한 압연 후 판의 형상에 따라 Work Roll Bending력을 조정해 주어야 한다.

조질압연기는 6Hi 1STD 또는 4Hi 2STD 형태가 있으며 다음 그림은 SPM의 개략도이다.

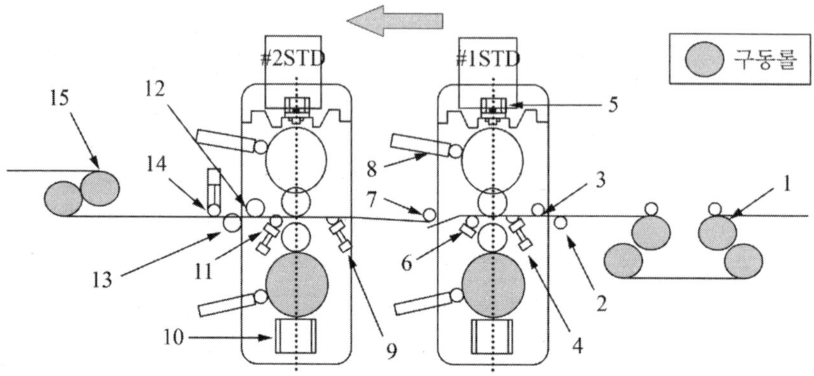

No.	명칭	No.	명칭
1	#5 Tension Bridle Roll	9	Anti-Crimping Roll
2	Entry Tension Meter Roll	10	Roll Force Cylinder
3	Deflector Roll	11	Anti-Cross Breaking Roll
4	Anti-Crimping Roll	12	Deflector Roll
5	Wedge & Load Cell	13	Delivery Tension Meter Roll
6	Inter Stand Tension Meter Roll	14	Anti-Corrugating Roll
7	Deflector Roll	15	#6 Tension Bridle Roll
8	Polisher		

그림 4.17 ● SPM의 구성

(3) 조질압연유

① 목적

Wet 압연 시 조질압연유 농도 및 Wiper의 압력관리 등을 통하여 오염 및 수절불량을 최소화하고, Mill에서 결함 및 불량 발생 시 일반적인 조치방법을 통해 해결하기 위함이다.

② Wet 압연과 Dry 압연 특성 비교

표 4.5

구 분		Wet 압연(CR-CAL)		Dry 압연(BP-CAL)
압연액	종류 농도	수용성 5～10% 용액	유성 100% 원액	없음
압연법의 특징		• 마찰계수가 높기 때문에 통상의 Tapper 작업이 용이 • 화재의 우려가 없음 • 방녹유와 혼합해서 오일 부식성에 주의해야 함	• 방녹성이 양호 • 마찰계수가 낮기 때문에 저신장률 제어가 곤란하며 다음 공정상에 Slip 유발	• 마찰계수가 가장 높다. • 화재의 염려가 없다.
작업성	생산능률 신장률 제어 형상제어 표면조도관리	대 고신장률 구역에서 용이 보통 용이		소 저신장률 구역에서 용이 용이 곤란
강존 표면 조도	전사율(%) Roll당 압연량	30～50 소		60～80 대
기타	방녹효과 시효방지효과	대 Dry에 비해 뒤짐		없음 양호

③ Wet유 농도 기준설정 근거

㈀ Wet유 농도가 작은 경우는 Rust의 발생이 우려되고 특히 수절불량 발생시는 그 정도가 더 심하다. 또한, 압연유의 농도가 작음에 따라 마찰계수가 증가하여 고연신율의 Control이 어려운 반면 농도가 너무 높으면 마찰계수가 낮아져 박물재의 저연신율 제어가 어려워지며, 원단위 상승, 차 공정에서의 Slip 및 Roll 오염을 유발할 가능성이 있다.

㈁ 여름철이 경우 농도를 겨울철 대비 낮게 작업하는 경우가 있는데 현재의 Wet유는 온도에 따라 압연유의 특성이 크게 달라지지 않기 때문에 계절에 따라 동일하게 관리해야만 한다.

2.4.2 정정 작업 및 Lay Out

조질압연을 거친 코일은 냉연 최종 공정인 정정 Line에서 수요가의 주문에 맞도록 처리된다. 정정 공정에는 되감기 공정(Re-Coiling Line), 절단 공정(Slitting Line), 코일준비 공정(Coil Preparation Line), 전단 공정(Shearing Line) 등이 있다.

(1) 되감기 및 절단 공정

① 목적

되감기 및 절단 공정의 목적은 Strip 선·미단부의 불량 부위를 제거하고 제품의 폭과 중량을 고객의 주문대로 맞추며 치수, 형상 및 표면검사를 실시하는 것이다. 또한 되감기 공정에서는 방청유를 도포하며 절단 공정에서는 Coil을 Sheet로 절단한다.

② 설비

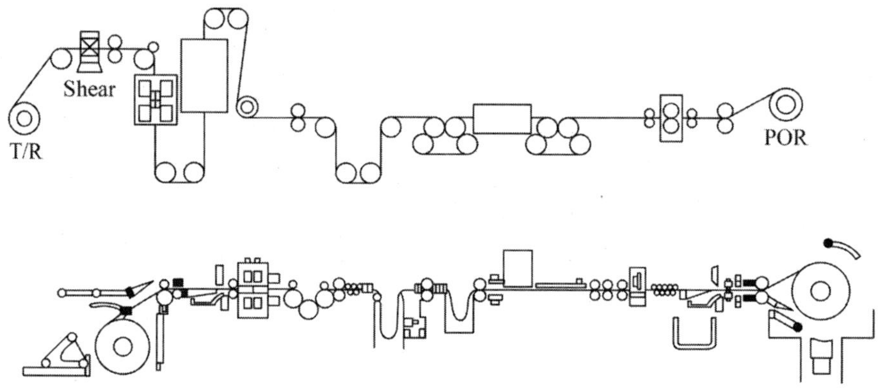

그림 4.18 ● 되감기 및 절단 공정의 설비 배치

2.4.3 형상 교정(Tension Levelling)

(1) 목적

형상으로 인한 최종제품 해당 등급에 불합격이 예상될 경우 형상 교정을 실시하여 고객에게 최적의 형상 제품 공급을 하기 위함.

(2) 설비특성 및 개요

Tension Leveller는 Wave 및 국부변형 등의 불량형상을 가진 Strip에 굽힘과 인장(Tension)을 이용하여 소성연신을 부여함으로써 형상을 교정하는 설비로 입·출측 Bridle Roll, Levelling Unit(No.1～No.4) 및 기타 부속설비로 구성되어 있다. T/L에서는 정정신율을 부여하기 위해 적용하는 Levelling Unit의 Intermesh와 유성치차를 포함한 Bridle Roll의 관리가 중요하다.

Tension Leveller는 금속박판의 평탄도에 대한 요구가 엄밀해짐에 따라 발전해 온 Strip의 형상교정장치이다. Roller Leveller가 반복되는 굽힘만을 사용하여 주로 Strip의 구부러짐(판 폭 방향 반곡 및 길이 방향 반곡)을 교정하는 데 비해, Tension Leveller는 Work Roll에 Strip을 감기게 하기에 충분한 장력을 작용시켜, Strip의 Edge Wave와 Center Wave 등의 부분 연신도 용이하게 교정한다.

Roll수가 많은 T/L에서는 장력저하를 막기 위해 Roll 구동이 필요하고, 적은 수의 비구동 Roll을 사용하는 T/L에서는 연신용의 소경 Roll만으로는 폭 반곡(C반곡)이 발생하며, 그것을 억제하기 위해서는 큰 지름의 Roll이 출구측에 필요하다. (C반곡)은 회전하는 Roll에 의해 Strip이 굽힘응력을 받아 이것에 기초하여 굽힘 Moment를 발생하여 잔류곡률로서 나타난 것이다. 따라서 Roll 반경이 작게 되면 큰 굽힘을 받음으로써 반곡도 커지게 된다. 길이 반곡(L반곡)은 Line Tension하에서 응력분포의 변화가 거의 없어 나타나지 않는다.

T/L는 Leveller Unit, 입·출측 Bridle Roll 및 기타 부속설비로 구성된다. 입·출측 Bridle Roll은 Strip에 Tension을 부가하기 위해 사용된다.

Levelling Unit는 4개의 Unit로 구성되어 있는데 Unit 1, 2는 연신 Unit로 인장굽힘을 주어 Strip을 0～3% 정도 연신시키며, 이로 인해 발생하는 폭 반곡(C반곡)과 길이 반곡(L반곡)을 Unit 3, 4에 교정한다. 연신율의 부여는 Levelling Unit 1, 2의 Intermesh량과 Tension값에 따라 좌우되는데, 제어는 Stretching Motor에 의한 입·출측 Master Roll의 Speed차에 의해 결정된다.

2.4.4 Side Trimmer

(1) 설비개요

Side Trimmer는 Strip을 일정한 폭으로 가공하기 위해 2쌍의 원형 Knife로 가장자리를 절단하는 설비이다. Side Trimming의 주요 목적은 수요가가 요구하는 주문폭으로 Strip의 양 Edge를 절단하여 Hot Strip의 부정확한 폭을 균일하게 하고, Edge부에 잔재 된 결함을 제거하여 냉간압연 시 Saw Edge, Edge Crack, 판 파단 등의 품질저해 요인과 Trouble을 제거하는데 있다.

Side Trimmer 설비의 Trouble 또는 Trimming 조건의 부적절 등의 경우에는 Side Trimming 불량을 야기하며 이때 설비 Trouble 발생은 평균 Line Speed 감소에 다른 생산성의 저하를 가져오고 Trimming 조건의 부적절 시에는 제품품질에 직접적인 영향을 미친다. 이러한 이유로 연속 Line에 있어서 Side Trimmer 설비의 운영기술은 더욱 중시되고 있으며 이에 대한 작업 방법 연구와 적정 기준의 정립이 매우 중요하다.

(2) Knife 연마 방법

Side Trimmer의 Knife는 외경 및 측면 연마를 원칙으로 하며 연마 정도는 평행도 5 μm 이하, 직각도 5 μm 이하로 한다.

2.4.5 Wash Seam Welder

(1) Welder 일반구조 및 동작원리

① 개요

RCL의 Welder는 Mash Seam Welder로 선행 Coil의 말단부와 후행 Coil의 선단부 Over Laping량을 자동 조절하여 용접부 상태를 소재두께에 최대한으로 접근시켜 용접시키는 것이다.

② 용접의 원리

용접 공정은 Strip을 겹쳐서 접촉부에 전류를 통하고 접촉부의 전기저항에 의한 발열로 강을 용해하고 용착하는 전기저항 용접이다. 일반적으로 저항을 갖는 물질에 전류를 통하면 열이 발생한다(이것을 Joule열이라 한다). 즉 저항 $R(\Omega)$의 물질에 전류 I(A)가 시간 t(sec) 동안 흐르면 발생하는 열량 H(cal)는 $H=0.24I^2Rt$이다. 따라서 전류가 증가하면 발열량은 급격히 증가하고 접촉부의 온도는 높아지므로 강을 용해하는 양도 증가하게 되고 또 저항이 대단히 커도 마찬가지가 된다.

Seam Welder의 경우 그 저항은 접촉부의 물체가 있기 때문에 대단히 큰 힘으로 접촉하면 저항은 작게 되고 발열량은 감소한다.

2.4.6 검사설비

(1) 두께계

판 두께를 최종적으로 검사하여 두께허용 범위를 넘는 부분(Off Gauge)를 제거하기 위한 목적으로 사용하고 있다. 판 두께계에는 Flying Micrometer, X-ray 두께계 등이 있지만 γ-ray가 가장 많이 사용되고 있다.

(2) Pin Hole 감지기

Pin Hole 감지기는 진행 중인 냉연강판에 자외선을 쏘아 강판을 통과하는 빛을 수광기에서 감광한 후 Hole 발생여부를 판정하는 설비이다.

(3) 표면결함 검출기(Surface Defect Detector)

CCD 카메라와 조명을 이용 Strip에 Scanning하여 결함 영상을 촬영하고 검출 및 분류하여 결함의 정도 및 종류를 인식하는 설비이다.

2.5 표면처리

2.5.1 표면처리 강판

표면처리 공정은 압연 강판 그 자체가 갖지 못하거나 부족한 특성을 부여하기 위한 것으로 철강 제품의 수명연장 및 특성 개선을 목적으로 한다.

표 4.6 표면처리의 종류

구분	제품	효과	용도
용융도금	GI(Galvanized) 용융도금	내식성 경제성	자동차 내·외판 옥외 울타리 원판
	GA(Galvannealed) 합금화아연도금	도장 후 내식성 용접성 경제성	자동차 외판 가전 내부도장재 새시
전기도금	EG(Electro-Galvanized) 전기아연도금	내식성 프레스가공성	자동차 내·외판 가전제품
	TP(Tin Plate) 전기주석도금	내식성 외관 인쇄성	음료 캔 필름 통 배터리 케이스
	Tin-Free Steel(TFS)	가공성 내식성 보존성	
칼라코팅	CC(Color Coating)	의장성(외관 아름다움) 내열성 내후성	자동차 내장부품 가전제품 외판 건물 외장판

(1) 용융아연도금

아연도금은 냉간압연된 강판을 열처리한 후 표면에 아연을 도금하여 성형성 및 내식성이 우수한 아연도금강판(GI)와 합금화아연도금강판(GA)를 제조하는 공정이다. 아연도금은 그 역사가 상당히 오래되었으며 경제성과 뛰어난 희생방식성을 갖고 있어 표면처리 강판 중 가장 많이 사용되고 있다. 용융아연도금 강판은 용융아연욕조(Zn-pot)에 냉연강판 또는 열연강판을 담그는 방식으로 강판의 표면에 아연피막을 입힌 것으로 아연도금층이 두껍고 내식성이 우수하다. 이렇게 만들어진 강판을 용융아연도금강판(GI: Galvanized)이라고 한다.

용융아연도금 후 약 500℃의 온도로 고온에서 열처리를 실시하여 도금층 속에 철(Fe)을 확산시켜서 철농도 10% 정도의 철-아연 합금층을 형성시킨 것을 합금화아연도금강판(GA: Galvannealed)이라고 한다. 합금화아연도금강판은 용접성과 내식성이 뛰어나며 도장밀착성 또한 우수하여 자동차 외판용, 내부구조용 등으로 많이 사용되고 있다.

앞서 설명한 바와 같이 냉간압연된 강판을 열처리한 후 아연도금하여 성형성 및 내식성이 우수한 아연도금강판(GI) 및 합금화아연도금강판(GA)를 제조하는 설비를 용융아연도금설비(CGL: Continuous Galvanizing Line)이라고 한다.

CGL의 핵심 설비는 용융아연욕조 또는 도금욕(Zn-pot)이라 불리는 설비인데 소둔 열처리 후 스트립은 이 도금욕을 통과하면서 에어 나이프로 스트립에 부착된 도금 부착량 제어를 하며 필요에 따라 합금화 열처리를 하게 된다. 도금욕의 재질은 종전에는 철강재를 사용해왔으나 철(Fe)의 용출로 인한 드로스(Dross) 발생, 사용수명의 저하 등의 문제로 최근에는 세라믹이 선호되고 있으며 저주파 유도가열방식이 채택되고 있다. 도금욕의 기본 조성은 Zn + Al(0.15～0.20%) + Pb(0.07～0.10%)로서 이 중 알루미늄(Al)은 철-아연 합금화 반응을 억제하여 도금밀착성을 향상시키는 역할을 하며 용융아연도금강판에 비해 합금화아연도금강판 작업 시에는 합금화 반응이 너무 억제되면 곤란하기 때문에 알루미늄의 농도를 낮추게 된다.

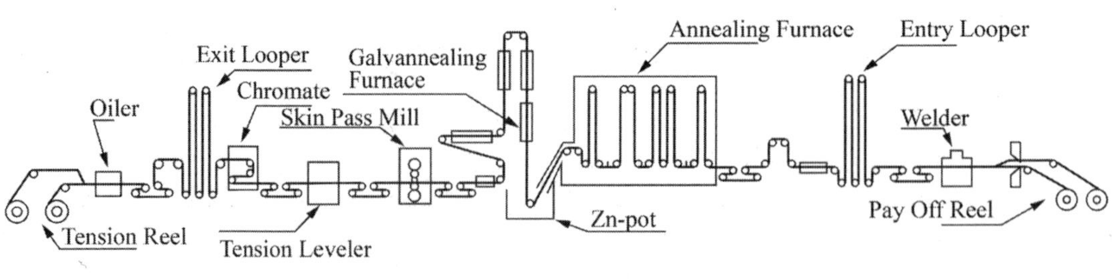

그림 4.19 ● 용융아연도금설비(CGL)

도금 부착량 제어는 에어 나이프의 제반조건과 도금조건에 영향을 받으며 스트립에 도달하는 공기의 압력과 라인속도가 주요 인자가 된다. 에어 나이프의 사용유체는 상온 또는 고온의 공기, 질소, Steam Jet 등이 있으며 부착량을 균일하게 하기 위해 스트립과 노즐의 간격을 일정하게 유지해야 하기 때문에 스트립의 형상이 평탄해야 하고 스트립의 진동을 방지하는 것이 중요하다.

합금화 열처리로는 기존에는 복사 가열 버너를 사용했으나 최근에는 가열능력이 우수한 직류분류 버너와 유도가열방식이 채택되고 있으며 저온가열이 유리하다는 점에서 라인의 고속화와 함께 열처리로의 길이가 길어지는 경향을 보이고 있다.

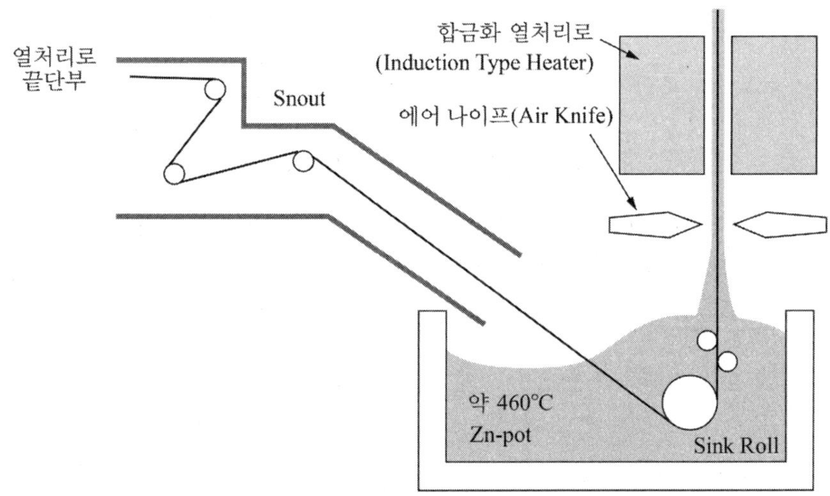

그림 4.20 ● 도금욕(Zn-pot)

(2) 전기아연도금

아연도금강판의 일종인 전기아연도금강판은 EG(Electro-Galvanized) 강판이라고 하며 전해법으로 직류전원을 이용하여 아연이 녹아 있는 전해액 중의 아연 이온을 석출시켜 도금하는 방식으로 제조된다. 전기아연도금강판은 일반적으로 용융아연도금강판보다 도금 부착량이 적고 균일하며 평활하기 때문에 도장성, 도장 후 내식성이 뛰어나다. 또한, 가열 및 냉각 공정을 거치지 않기 때문에 냉연강판의 기계적 성질을 유지할 수 있고 용융아연도금으로는 제조가 어려운 박도금이나 편면도금 등을 쉽게 제조할 수 있다. 도금 부착량 제어는 전류밀도와 라인속도 조절을 통하여 용이하게 이루어진다.

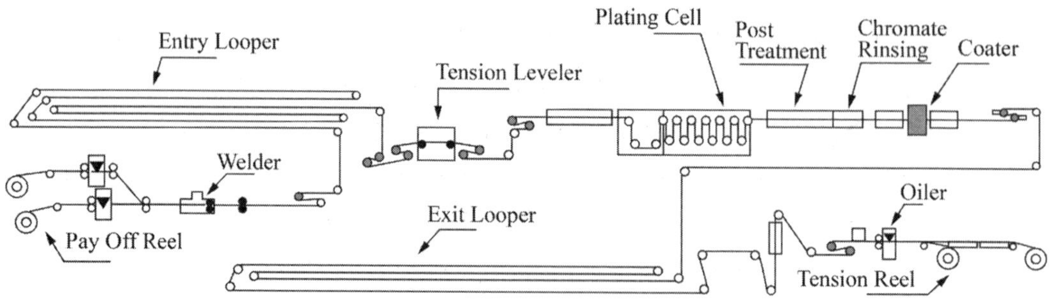

그림 4.21 ● 전기아연도금설비(EGL)

$$Zn^{2+} + 2e^{-} \rightarrow Zn \text{ (음극반응)}$$

전기아연도금은 아래와 같이 강판에 도금층을 형성하는 과정을 거친다.

① 아연 이온(Zn^{2+})이 용액본체에서 전극면(강판)에 이송되는 물질이동과정
② 전극면(강판)에서 금속 이온이 전자를 받아 원자로 되는 전하이동과정
③ 환원된 금속 원자가 도금층에 결정화되는 과정

전기아연도금설비는 크게 수평형, 수직형, 원통형으로 분류될 수 있다. 수평형은 통판성이 우수한 반면 설비의 길이가 길어지는 단점이 있다. 수직형은 전해조 하부 Sink Roll에 의한 강판 장력으로 인하여 통판성이 떨어지나 설비 길이가 짧고 Cell 구조가 간단하다는 장점이 있다. 원통형은 편면 및 양면도금이 모두 가능하다는 장점이 있다. 전해액은 황산 또는 염산 용액을 사용하며 최근의 전기아연도금설비(EGL: Electro-Galvanizing Line)는 광폭재의 도금이 가능하도록 설계되고 있다.

전기아연도금 후 스트립은 표면에 전기아연도금의 피막이 덮여 있는 상태가 되는데 이 상태는 대기 중에서 산화되기 쉽기 때문에 고객의 요구에 따라 각 종 피막처리를 해주어야 한다. 따라서 별도의 피막처리를 하여 도금피막의 내식성을 유지시키고 도금피막의 밀착성 향상을 위하여 후처리 공정을 거치게 된다. 후처리의 종류에는 인산염 화성처리, 크롬산 화성처리, 유기복합 피막처리, 도유(Oiling) 처리 등이 있다.

(3) 착색도장(칼라도장)

착색도장설비(CCL: Color Coating Line)는 용융도금강판에 고객사 요구와 용도에 따라 다양한 색상을 강판 표면에 롤코팅 방식을 적용하여 착색도장을 함으로써

건자재용 강판 등을 제조하는 설비이며 여기서 생산되는 제품을 칼라강판 또는 착색도장강판이라고 한다. 칼라강판은 냉장고, 세탁기와 같은 가전용과 샌드위치 패널, 지붕 골판과 같은 건축용 등에 사용된다.

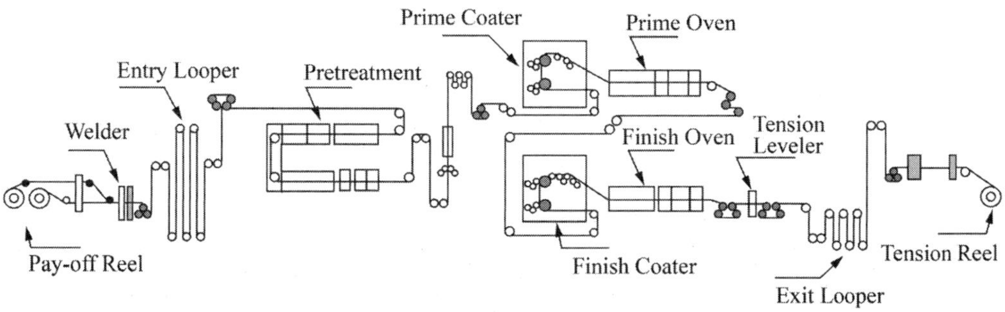

그림 4.22 ● 착색도장설비(CCL)

2.6 냉연강판의 종류와 특징

냉연강판의 종류와 특징에 대해 살펴보면 다음의 표와 같다.

표 4.7 연질 냉연강판

가공도	C 함유량(%)	r-value	가공요구도	용도
CQ (Commercial Quality)	0.07	1.4	굽힘 등 단순가공	냉장고 외판
DQ (Drawing Quality)	0.007	1.6	일반 프레싱	자동차 inner door
DDQ (Deep Drawing Quality)	0.005	1.8	심가공	자동차 rear fender
EDDQ (Extra Deep Drawing Quality)	0.003	2.0	초심가공	복잡한 형상 부품
SEDDQ (Super Extra Deep Drawing Quality)	0.002	2.4	극초심가공	

r-value(랜크포드 값, Lankford value)

r-value는 인장시편의 폭 방향 변형률과 두께 방향 변형률의 비인 소성변형률비(Plastic Strain Ratio)를 의미하며 그 값이 클수록 가공성이 좋은 강판이라 할 수 있다.

$$r = \frac{\ln\left(\frac{W_0}{W}\right)}{\ln\left(\frac{t_0}{t}\right)}$$

표 4.8 고강도 냉연강판

가공도	야금조직	인장강도(kg_f/mm^2)	용도
일반가공용	고용강화	40～60	자동차 구조재
	석출강화	50～70	
가공용	P 첨가	35～45	자동차 내외판재
	Bake Hardening		
저항복비강	Dual Phase	50～100	자동차 구조재
초고강도강	TRIP	80～130	

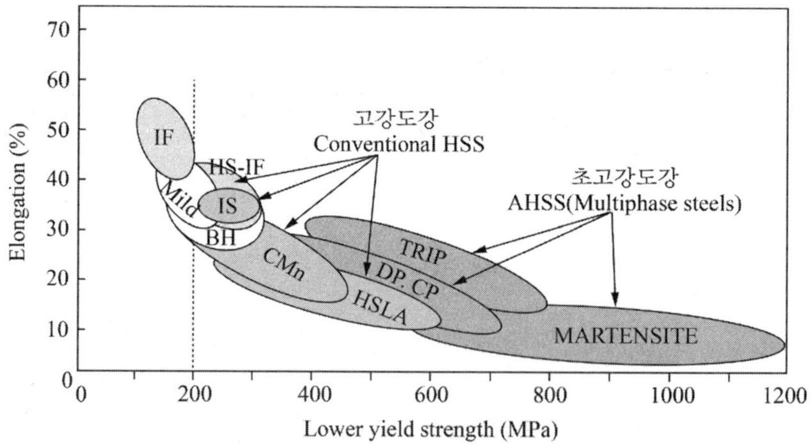

그림 4.23 ● 강종별 항복강도에 따른 연신율 다이어그램

냉연강판이 주로 사용되는 자동차용 강판, 특히 외판재는 우수한 가공성과 표면 엄격 관리 강종으로 생산과 품질 관리가 매우 어려운 강종이다. 자동차용 외판재를 화려한 외관 형상으로 성형을 하기 위해서는 소재의 가공성이 높아야 하는데 이러한 가공성에 영향을 주는 소재의 특성으로는 r-value와 연신율이 있다. 여기서 r-value는 제품의 심가공성을 나타내는 상대적 지표로, 인장변형을 주었을 때 인장시편의 두께 변형에 대한 폭 변형의 비율로 구하며 r-value가 높을수록 심가공성이 우수한 것으로 알려져 있다.

최근 자동차 산업의 동향은 경량화와 고기능성 측면에서 플라스틱을 포함한 경량소재 등의 적용이 점차 증가하고 있는 추세이다. 하지만 아직은 철강 재료가 약 60% 이상의 높은 점유율을 갖고 있는 상황이다.

열연 ROT 상에서 다단냉각 및 권취온도 제어를 통하여 보다 향상된 강판의 제조가 가능하게 되었다. 이러한 다단 냉각 방식을 통하여 제조된 열연강판은 대표적으로 페라이트와 베이나이트의 혼합 조직인 FB강과 페라이트와 마르텐사이트의 혼합 조직인 DP강으로 구분할 수 있다.

DP(Dual Phase)강은 열처리를 통하여 제조할 수 있는데 페라이트와 오스테나이트의 이상역에서 열처리를 실시한 후 급랭을 통하여 오스테나이트가 최종적으로는 마르텐사이트로 변태하게 된다. DP강은 연성이 우수한 페라이트가 약 90%에 강도가 우수한 마르텐사이트가 약 10% 정도의 분율로 혼합되어 성형하기 어려운 복잡한 형상의 부품에 적용할 수 있는 특징이 있다.

TRIP(Transformation Induced Plasticity)강은 변태유기소성강이라고도 하며 이상역 열처리 후 베이나이트 변태 온도 영역에서 수 분간 항온 변태처리를 통하여 제조된다. TRIP강은 페라이트 기지에 베이나이트와 잔류오스테나이트로 구성되며 성형 시 미변형된 잔류오스테나이트는 마르텐사이트로 변태되어 에너지 흡수능이 좋다. TRIP강 제조를 위해서는 마르텐사이트 변태 개시온도를 상온 이하까지 낮추어 오스테나이트를 상온에서 잔류시키기 위해 DP강보다 많은 탄소를 첨가하여 오스테나이트로의 탄소 농화를 촉진하기 위하여 Si 및 Al을 단독 또는 복합으로 첨가한다.

자동차 부품의 경우 고강도화와 함께 경량화에 대한 노력이 있었으며 대표적인 경량화 제조공법에는 핫 스탬핑(Hot Stamping), 하이드로포밍(Hydroforming), TWB (Tailored Welded Blank) 등이 있다. 핫 스탬핑 공법은 소재를 900℃ 이상 고온으로 가열하여 100% 오스테나이트 조직으로 변태시킨 후 성형과 동시에 급냉하여 100% 마르텐사이트 조직을 생성시킴으로써 초고강도 부품을 제조할 수 있는 기술이다. 고온에서 가공됨에 따라 소재의 성형 자유도가 증가하고, 최종적으로는 초고강도 부품의 구현이 가능하기 때문에 자동차 부품의 경량화 및 차체의 경량화에도 기여할 수 있다. 하이드로포밍은 원형의 강관 내부에 고압의 수압을 가하여 별도의 용접 이음매가 없는 형상으로 부품을 성형하는 기술로써 물의 비압축성 성질을 이용한 기술이다. TWB 공법은 서로 다른 강도와 두께를 가지고 있는 강판을 각각 목적에 맞게 배치한 후 용접을 통해 하나의 부품으로 만드는 방법으로 두꺼운 강판을 넣지 않아도 되는 부분을 얇은 강판으로 대체함으로써 경량화에 기여할 수 있는 공법이다.

연습 문제

01. 냉간압연의 소재는 무엇이며 공정과 냉연강판의 특징에 대하여 설명하시오.

풀이 소재 : 열연코일(Hot Coil)
공정 : 열연코일 산세 → 냉간압연 → 열처리 (→ 도금)
특징 : 표면이 미려, 평탄도가 양호, 가공성이 양호, 두께 정밀도가 우수

02. 냉간압연 직후 강판은 가공경화로 인해 높은 강도와 낮은 연신율을 나타내는데 이 상태의 강판을 무엇이라 하는가?

풀이 풀 하드(Full Hard) 강판

03. 산세 공정의 산 재생 설비에서 재생된 산은 다시 산세조로 투입되는데, 이때 금속의 부식을 억제하기 위하여 투입하는 물질을 무엇이라 하는가?

풀이 인히비터(Inhibitor)

04. 열연 스트립 산세 처리 후 상온에서 목표두께까지 압연하는 설비를 무엇이라 하는가?

풀이 냉간압연기(TCM, Tandem Cold Mill)

05. 냉간압연 시 압연유의 효과는 무엇인가?

풀이 냉각, 윤활, 방청, 세철, 흡착 효과

06. 열연강판의 표면에 부착된 산화물을 산세 제거한 후, 오일을 도포한 산세도유제품 및 아연도금한 제품을 생산하며 냉간압연 공정을 거치지 않는 설비를 무엇이라 하는가?

풀이 열연산세도금설비(PGL, Pickling & Galvanizing Line)

07. 냉연제품의 소재인 Hot Coil(열연코일)을 염산 Tank에 침적시켜 판 표면의 산화층(Scale)을 제거하고 고객이 원하는 두께로 연속 냉간압연하는 설비를 무엇이라 하는가?

풀이 산세압연설비(PL/TCM, Pickling Line / Tandem Cold rolling Mill)

08. 전해청정 공정을 크게 3단계로 나눌 때 각 단계를 순서대로 나열하시오.

풀이 알칼리조 - 전해청정조 - 온수조

09. 전해청정 공정이란 무엇인가?

풀이 냉간압연 후 Strip의 표면에 묻어 있는 유지계 압연유나 기계유, 철분 등 오염물질을 물리적, 화학적 방법으로 제거하는 표면청정 공정

10. 풀림로 내부에서 금속조직이 겪게 되는 열처리 단계를 아래 그림과 같이 크게 3단계로 구분할 때 각 단계는 무엇인가?

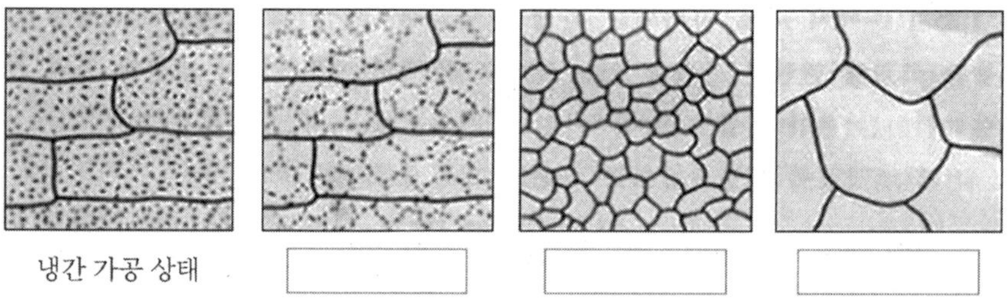

풀이 회복 - 재결정 - 결정립 성장

11. 냉연강판을 풀림(소둔, Annealing) 열처리 하는 목적은 무엇인가? 냉간압연 후 강판의 기계적 성질 변화와 연관시켜 설명하시오.

풀이 냉연강판은 가공에 의해 경도가 높아지는 가공경화현상으로 강도, 경도가 높아져 가공성이 나빠지는데 풀림 열처리를 통하여 내부응력을 제거함으로써 냉연강판의 경도, 항복점, 강도를 낮춰 가공성을 향상시키는데 그 목적이 있다.

12. 상자소둔 설비에서 열처리 온도가 너무 높을 경우 발생하는 표면 결함은 무엇인가?

풀이 오렌지 필(Orange Peel)

13. BAF와 비교하여 CAL 공정의 장점을 쓰시오.

풀이 균일한 재질 확보 가능
다양한 재질 제조 가능
소둔 사이클 변경 가능
판의 청정성 확보 가능
형상교정효과 우수
단시간 소둔으로 생산성 우수

14. 항복점 연신이 있는 재료를 가공할 때 표면에 발생하는 물결무늬 흠의 발생을 방지할 수 있는 데 이 흠을 무엇이라고 하는가?

풀이 스트레쳐 스트레인(Stretcher Strain)

15. C(탄소), N(질소)와 같은 침입형 원소에 기인하여 발생하는 상항복점을 넘어서면 낮은 응력에서도 변형이 쉽게 일어나는 현상이 발생하는데 이 현상을 무엇이라 하는가?

풀이 항복점 연신

16. 항복점 연신은 침입형 원자에 의하여 전위가 고착되는 Cottrell 분위기에 기인하는데 여기서 대표적인 침입형 원소 두 가지는 무엇인가?

풀이 탄소(C), 질소(N)

17. CCD 카메라와 조명을 이용하여 Strip 표면을 Scanning 하여 강판 표면의 결함을 검출, 분류하는 설비를 무엇이라 하는가?

풀이 SDD(Surface Defect Detector, 표면결함 검출기)

18. 인장시편의 폭 방향 변형률과 두께 방향 변형률의 비인 소성변형률비를 의미하며 연질 냉연강판의 가공도를 구분하는 척도를 무엇이라 하는가?

풀이 랭크포드 값(Lankford value, *r*-value)

19. TWB(Tailor Welded Blank) 공법의 목적은 무엇인가?

풀이 경량화

20. 원형의 강관 내부에 고압의 수압을 가하여 별도의 용접 이음매가 없는 형상으로 부품을 성형, 제작하는 공법을 무엇이라 하는가?

풀이 하이드로 포밍(Hydroforming)

21. 아연의 희생방식에 대하여 설명하시오.

풀이 부식 환경에 노출되었을 때 철보다 이온화 경향이 큰 아연이 먼저 부식되어 강판의 부식이 억제되는 특성

22. GI강판과 GA강판의 제조방법 상의 차이점은 무엇인가?

풀이 합금화 열처리 실시 여부, 용융아연도금 후 열처리를 한 강판이 GA 강판임
GI : (소둔)열처리 → 용융아연도금 → 냉각
GA : (소둔)열처리 → 용융아연도금 → 합금화 열처리 → 냉각

23. 용융아연도금 공정에서 도금욕(Zn pot)을 통과한 Strip의 도금 부착량 제어를 담당하는 설비는 무엇인가?

풀이 에어 나이프

24. 도금욕(Zn pot) 성분 중 도금 밀착성을 좋게 하지만 합금층의 성장을 억제하여 GA 강판 제조 시에는 그 함량을 낮추어야 하는 성분은 무엇인가?

풀이 알루미늄(Al)

25. Zn-pot 탕면에 떠 있는 부유물로 욕 중으로 용출된 Fe가 욕 중의 Al이나 용융 Zn과 반응하여 형성된 금속간 화합물이며 표면 품질에 악영향을 주기 때문에 지속적으로 제거해주어야 하는 것은 무엇인가?

풀이 Dross

26. 전기아연도금 시 음극인 Strip에서 일어나는 환원반응식을 쓰시오.

풀이 $Zn^{2+} + 2e^{-} \rightarrow Zn$

27. 일반적인 냉간압연 공정의 순서를 쓰시오.

풀이 열연코일 → 산세 → 냉간압연 → 전해청정 → 풀림 열처리 → 조질압연 → 정정

28. 황산보다 산세력이 우수하여 산세 공정에 많이 사용되는 산은 무엇인가?

풀이 염산(HCl)

29. 냉간압연 후에 내부응력 제거를 주목적으로 하는 열처리는 무엇인가?

풀이 풀림(Annealing)

30. 냉간압연 공정 중에서 선행 Strip과 후행 Strip을 접합하는 장치는?

풀이 Welder(용접기)

31. 풀림로에서 코일이 불꽃과 직접 접촉되는 것을 방지하는 장치는 무엇인가?

32. 코일을 길이 방향으로 절단하여 스켈프를 생산하는 설비를 무엇이라 하는가?

풀이 슬리터(Slitter)

33. 냉간압연 제품 중 TP(Tin Plate)는 강판에 무엇을 도금한 강판인가?

풀이 주석(Sn)

34. 용융 아연(Zn) 도금할 때 알루미늄(Al)을 사용하는 이유는 무엇인가?

풀이 아연의 부착성 향상

35. 냉간압연 공정 중 열연강판 표면의 Scale을 제거하는 공정은 무엇인가?

풀이 산세(Pickling)

36. 압연재의 두께를 자동으로 제어하는 제어시스템을 무엇이라 하는가?

풀이 AGC(Automatic Gauge Control, 자동두께제어)

37. 열연코일의 표면 산화 Scale을 산세 공정으로 제거한 후 냉간압연까지 마친 제품을 무엇이라 하는가?

풀이 Full Hard 강판, 미소둔 강판

38. 냉간압연 공정의 조질압연 롤의 조도를 나타내는 용어는 무엇인가?

풀이 덜(Dull), 브라이트(Bright)

39. 냉간압연 후 강판에 풀림 열처리를 하는 이유는 무엇인가?

풀이 강판의 가공성 향상, 내부응력 제거

40. 황산보다 산세력이 1.5배 강한 산은 무엇인가?

풀이 염산(HCl)

41. 모터의 동력을 상/하 롤에 각각 분배하여 주는 장치는 무엇인가?

풀이 피니언(Pinion)

42. Strip의 급준도는 어떻게 표현하는가?

풀이 급준도 $= \frac{H}{P}$ (P: 피치, H: 파고)

43. 롤의 회전속도가 같고 상부 롤의 직경이 하부 롤의 직경보다 클 경우 소재의 Head 부에는 어떠한 변형이 일어나는가?

풀이 하향 변형

44. Coil을 풀어서 라인에 걸어주는 입측 설비를 무엇이라 하는가?

풀이 POR(Pay-off Reel)

45. 압하량이나 롤크라운의 부적합으로 인해 Strip의 가장자리가 중앙부보다 많이 연신되어 가장자리 부위에 파도 형태의 굴곡진 형태를 갖는 결함은 무엇인가?

풀이 양파(Side Wave, Edge Wave)

Chapter 5

후판 제조

제1절 후판 압연 개요

1.1 후판의 정의

두께 3 mm를 넘는 강판을 중후판이라 하는데, 보통 3~6 mm를 중판, 6 mm 이상의 것을 후판, 150 mm 이상의 것을 극후판이라 한다. 이들 중 후판은 모두 열간압연으로 제조된다.

열연코일과 비교하여 후판의 또 다른 특징은 그 폭이 매우 크다는 것이다. 열연코일의 최대폭은 약 2,000 mm인데 반하여 후판은 최대폭이 5,000 mm에 이른다.

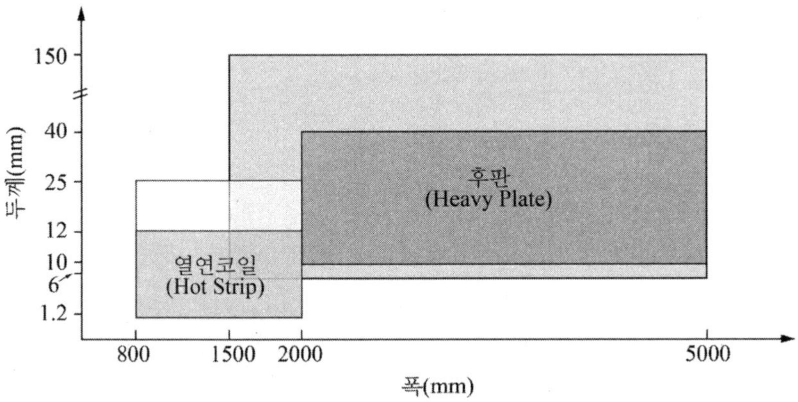

그림 5.1 ● 후판 생산 사이즈

후판은 그 용도에 따라 조선용, 구조용, 압력용기용, 라인파이프(강관)용, 해양구조용 등으로 구분된다. 그 중에서 조선용 선급재가 전체의 절반정도를 차지하고 있는데 최근에는 에너지 강재인 라인파이프용(API) 후판의 수요가 증대하고 있는 추세이다.

따라서 후판이라 함은 두께가 6 mm 이상이고 조선용, 라인파이프용 등에 사용되는 광폭의 강판이라고 정의할 수 있다.

조선용

구조용(건축/교량)

압력용기용

라인파이프용

해양구조용

방산용

그림 5.2 ● 후판 용도

1.2 후판 제조 방법

후판의 제조 방법은 압연 종료온도(FRT: Finishing Rolling Temperature)를 관리하지 않는 일반압연(AR: As Rolled)과 제어압연(CR: Controlled Rolling)으로 구분된다. 제어압연은 압연 중에 소재의 최종 패스에서의 온도와 미재결정 영역에서의 압하율을 조정하는 방법으로 이를 통하여 제품의 조직이 미세화 되어 강도의 상승과 인성이 개선되는 효과를 얻을 수 있다. 대표적인 제어압연 방법이 후판 기술의 꽃이라 불리는 TMCP(Thermo-Mechanical Control Process)이다. TMCP강은 제어압연 후 가속냉각을 실시하여 합금철의 첨가량을 최소화하고도 결정립의 미세화를 통한 강도와 인성의 향상 효과를 얻을 수 있기 때문에 저(低)탄소당량 설계가 가능해지고 용접성이 향상되는 효과를 볼 수 있다.

후판 압연 시 Slab가 압연 공정을 거친 후 절단이 되기 전 상태를 날판이라고 한다. 이 날판은 압연 전 설계 단계에서 여러 장의 주문 제품을 1매의 Slab에 조합하여 설계된 상태이기 때문에 후속 공정인 전난 공정에서 기계식 또는 가스 절단 방식으로 절단이 이루어져 최종 제품으로 생산된다. 날판 설계 시에는 압연 중에 발생할 수 있는 누께, 폭 오차와 가열로 내에서 반드시 발생하는 Scale Loss, 날판의 선·미단부에 생성

구분	AR	TMCP	열처리材 Normalizing	열처리材 Q & T
가열온도 → 재결정 종료온도 → A_3 → 상온 →	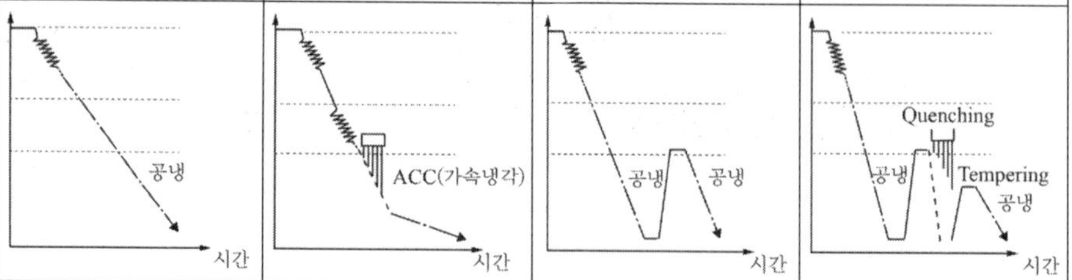			
미세조직 및 특성	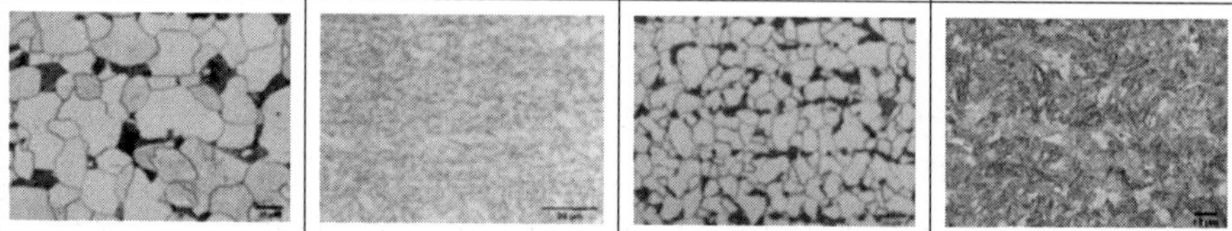 • Ferrite + Pearlite • 결정립 Size 大 → 저인성	• Ferrite + Bainite + A.F • 저Ceq(용접성), 고강도/인성	• Ferrite + Pearlite • 결정립 Size 小 → 고인성	• Tempered Martensite • 고강도 고인성
인장강도	40～50 kg급	50～80 kg급	40～50 kg급	60～100 kg급

그림 5.3 ● 후판 제조 방법

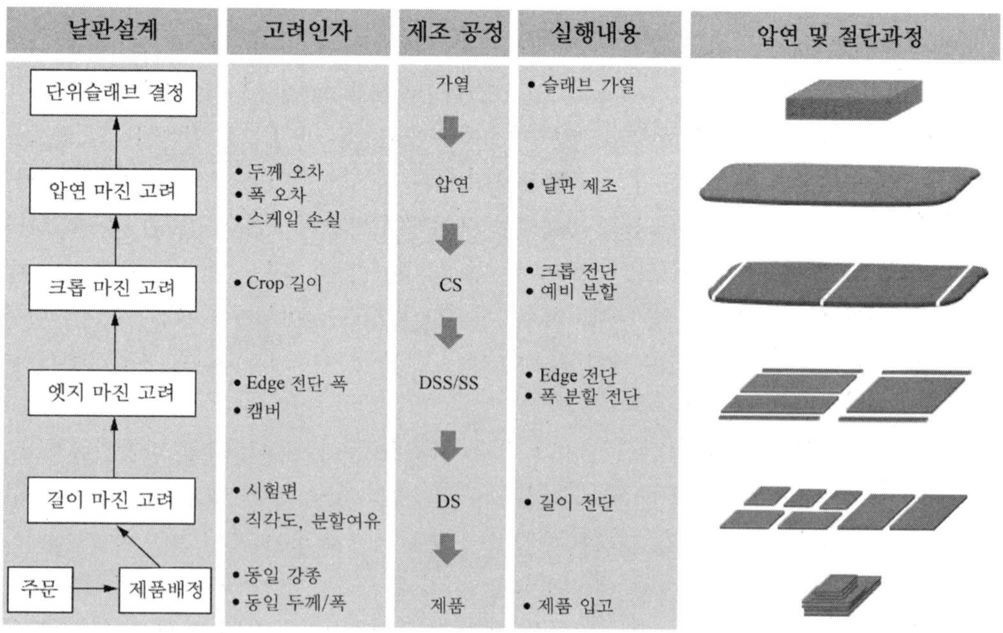

그림 5.4 ● 후판 날판 설계

되는 Crop의 길이 등 여러 가지 인자를 고려하여 각종 여유치를 부여한 후 Slab의 중량을 결정하게 된다. 따라서 후판 압연 시에는 치수 정도와 Crop 길이 최소화 등 압연의 정확도를 높이기 위한 노력이 곧 여유치의 감소를 이룰 수 있으며 이를 통하여 제조원가의 변동비 중 회수율(실수율)을 향상시킬 수 있다.

그 밖의 압연 방법으로 Slab의 길이 방향이 압연 후에는 날판의 폭 방향이 되는 크로스 압연이 있다. 작업 방법은 압연기 전후면의 턴테이블(Turn Table)로 소재를 90° 회전시켜 압연하는 것으로 소재의 회전수가 홀수(1회 또는 3회)가 되어야 한다. 이를 통하여 제품의 폭 방향과 길이 방향의 재질적인 차이(이방성)를 경감할 수 있다.

1.3 후판 제조 공정

후판의 압연은 가열된 Slab를 몇 번에 걸쳐 롤 갭을 점차 좁히면서 왕복 압연하여 소정의 치수로 만들고, 이를 다시 교정기를 거쳐 압연된 판을 평탄하게 한 다음 소정의 치수로 절단하여 완성한다.

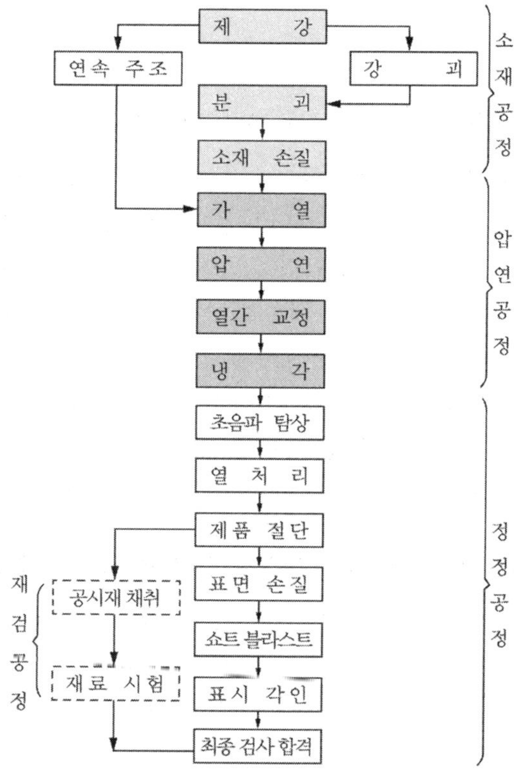

그림 5.5 ● 후판 제조 공정도

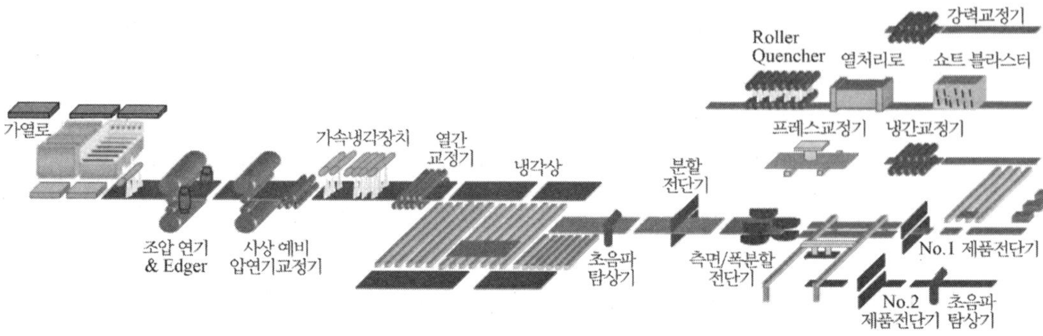

그림 5.6 ● 후판 공장 전체 배치도(사례)

4단식(4 Hi) 압연기가 많이 사용되며, 경우에 따라 열연 공장에서 코일로 제조하는 경우도 있다(HR-Plate). 후판의 압연 공정은 공정 계획에 따라서 그림 5.5와 같이 압연 및 정정 공정을 거쳐 출하된다.

그림 5.6은 후판 공장 전체 배치도의 사례를 나타낸 것이다. 100% 주문 생산을 하는 후판 공정의 특성상 압연 라인 이후의 전단, 정정 라인이 매우 복잡하며 제품마다 거쳐야 하는 공정의 경우의 수가 다양하다.

(1) 가열로(SRF: Slab Reheating Furnace)

후판 가열로는 소재인 Slab를 열간압연이 가능한 온도까지 가열하는 설비로써 열연 가열로와 달리 Slab의 길이가 짧기 때문에 일반적으로 2열 장입이 되도록 설계된다. 가열로의 생산성이 압연에 비해 떨어지는 경우 가열 대기로 인한 반복적인 압연 정지가 발생할 수 있기 때문에 가열로의 생산성(ton/hr)이 압연 생산성에 비해 항상 크도록 설계한다. 가열로의 내부 Zone은 열연 가열로와 마찬가지로 예열대 - 가열대 - 균열대로 구분된다. 가열로 형식에는 Pusher식과 Walking Beam식이 있으며 최근에는 대부분 Walking Beam식 가열로를 채택하고 있다. Walking Beam의 구동 사이클은 상승 - 전진 - 하강 - 후진의 단계로 진행된다.

(2) 조압연기/사상압연기(RM/FM: Roughing Mill/Finishing Mill)

후판 압연기는 조압연기와 사상압연기로 구성되며 고객이 원하는 제품의 생산 규격에 맞추어 치수, 온도, 평탄도를 제어하여 최종압연을 실시하는 설비이다. 경우에 따라서는 조압연기를 설치하지 않고 사상압연기만 단독으로 설치하는 후판 공장도 있다. 일반적으로 워크롤과 백업롤이 각각 한 쌍으로 구성된 4단 압연기 방식을 채택하며 상·하부 워크롤의 구동을 위한 모터가 각각 개별로 설치된다. 후판 압연기에는 열연 압연기와 비교하여 특징적인 것이 있는데 압연기 전후면에 소재의 회전을 위해 설치되는 특수한 롤러테이블인 턴테이블(Turn Table)이 그것이다. 그림 5.7에서는 턴테이블의 소재 회전 원리를 설명하고 있다. 직경이 다른 Taper 형태의 롤러테이블을 교차로 설치한 상태에서 OS(WS)와 DS측의 모터 회전 방향을 달리하면 Slab에 접촉된 부위에 부여되는 힘의 방향이 서로 반대 방향이 되어 결국 소재가 회전하게 되는 것이다. 여기서 OS(WS)와 DS는 압연공장에서의 좌우 방향을 정의하기 위한 용어로 각각 운전실이 위치한 방향인 Operator Side(Work Side)와 압연기의 메인모터가 설치되어 있는 방향인 Drive Side를 의미한다.

사상압연기에서 만들어진 상태를 날판이라고 하며 이 날판은 후속 공정인 전단공정을 거쳐 최종 제품(Plate)으로 만들어진다.

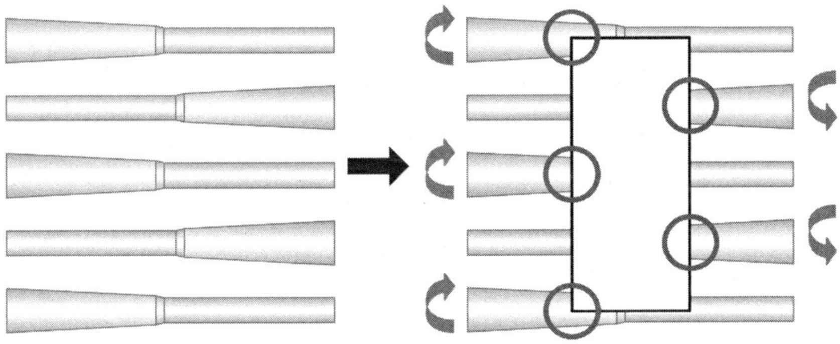

그림 5.7 ● 후판 압연 턴테이블

(3) 예비교정기(PPL: Plate Pre Leveler)

후판 예비교정기는 가속냉각 후 평탄도 확보가 용이하도록 열간압연된 날판의 평탄도를 미리 교정하는 설비이다.

(4) 가속냉각기(ACC: ACcelerated Cooling)

가속냉각기는 후판 공정의 핵심기술이라 할 수 있는 TMCP(Thermo Mechanical Controled Process)강을 제조하기 위한 중요 설비로 압연 공정에서 최종 패스에서의 온도와 미재결정 영역에서의 압하율을 제어하는 제어압연을 실시한 후 강종규격에 따라 정해진 냉각 목표온도로 수냉을 하는 설비이다. TMCP는 제어압연 후 가속냉각을 실시하는 제조방법으로 열가공제어라고도 하며 결정립 미세화와 경화조직의 변태를 유도하여 강도와 인성을 향상시키는 제조 방법이다. 이를 통하여 합금 성분을 적게 투입하는 저탄소당량 설계가 가능하게 되어 원가 절감 및 용접성 향상에 기여할 수 있다.

가속냉각기의 냉각 평탄도 확보 방안에는 그림과 같이 상하 주수량 제어, 엣지 마스킹 제어, 선·미단 마스킹 제어가 있다.

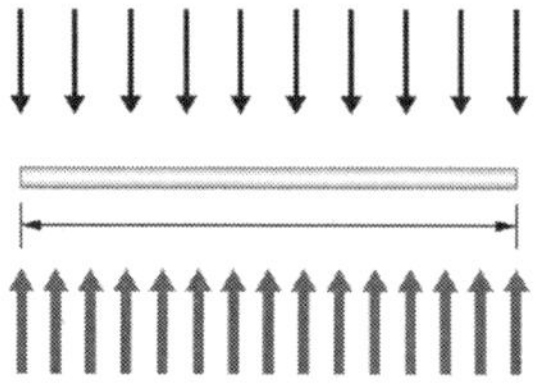

그림 5.8 ● 상하 주수량 제어

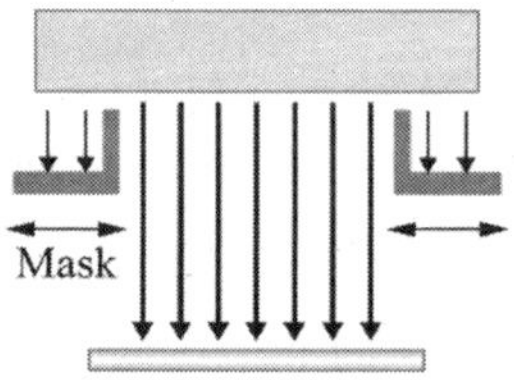

그림 5.9 ● 엣지 마스킹

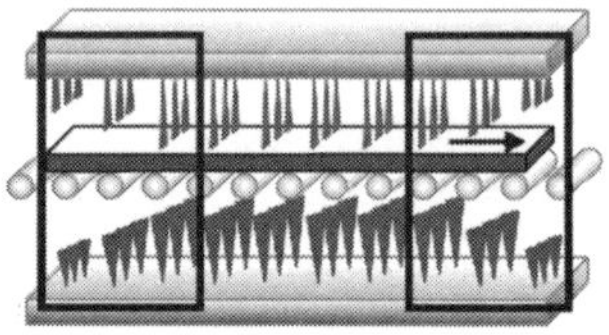

그림 5.10 ● 선·미단 마스킹

(5) 열간 교정기(HPL: Hot Plate Leveler)

후판 열간 교정기는 열간압연 또는 가속냉각된 날판의 평탄도를 교정하는 설비이다. 교정 원리는 상하 교차로 설치되어 있는 롤을 통과시켜 판재에 Bending과 Unbending을 반복적으로 가하여 판재에 소성변형을 유발시켜 평탄도를 개선하고 잔류응력을 제거하는 것이다. 상부 교정롤의 하면과 하부 교정롤의 상면의 간격을 인터메쉬(Intermesh)라고 하며 입측의 인터메쉬를 출측 대비 크게 설정하여 입측에서 보다 강하게 교정력이 발생하도록 하고 출측에서는 롤갭을 판재의 두께와 거의 동일하게 하여 이송이 용이하도록 한다.

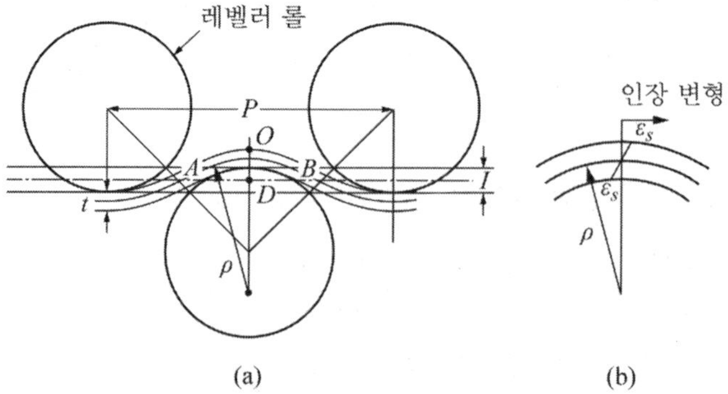

그림 5.11 ● 후판 열간 교정기

(6) 냉각상(CB: Cooling Bed)

냉각상은 압연 및 열간 교정이 끝난 날판을 공기 중에서 냉각시키는 설비이다. 냉각 기능 외에도 압연 라인과 전단 라인 간의 생산성의 차이에서 오는 물류 문제 발생 시 완충 역할을 하기도 한다.

(7) 초음파 탐상기(UST: Ultra Sonic Test)

초음파 탐상기는 초음파를 이용하여 제품 내부의 결함 위치 및 크기를 탐상하는 비파괴 검사 설비이다.

(8) 전단기

압연된 날판을 최종 제품 사이즈로 절단하는 설비로 예비분할 전단기(CS: Crop Shear), 측면 전단기(DSS: Double Side trimming Shear), 제품 전단기(DS: Dividing Shear)의 연속적인 설비로 구성된다.

(9) 냉간 교정기(CPL: Cold Plate Leveler)

냉간 교정기는 추가적으로 교정이 필요하다고 판단되는 제품에 한하여 제품창고 이송 전 최종으로 평탄도를 교정하는 설비이다.

(10) 프레스 교정기(PL: Press Leveler)

프레스 교정기는 냉간 교정기에서 작업이 불가능한 후물재의 형상을 교정하는 설비이다.

(11) 열처리로(HTF: Heat Treatment Furnace)

제품의 기계적 성질을 향상시키기 위한 목적으로 열처리를 실시하는 설비이다.

(12) 급속 냉각기(RQ: Roller Quencher)

급속 냉각기는 열처리로에서 나온 제품을 즉시 급냉 담금질(Quenching)하여 고경도, 고강도 제품을 생산할 수 있도록 하는 장치이다. 급속 냉각에는 크게 DQT(Direct Quenching & Tempering)과 RQT(Reheat Quenching & Tempering)가 있다. DQT는 압연 직후 판재의 현열을 이용하여 별도의 열처리 공정을 생략하고 가속 냉각 설비를 이용하여 직접 담금질 하는 방식이고 RQT는 앞서 설명한 급속 냉각기를 이용하여 냉각하는 방식이다.

제2절 후판 공정

2.1 가열

연속식 가열작업은 가열작업이 단독으로 행하여지지 않고 압연 설비에 가열 소재를 연속적으로 공급할 목적으로 행하여지고 있다. 가열작업 할 때 주의할 점은 다음과 같다.

① 강종에 따라서 적절한 온도로 균일하게 가열한다.
② 압연하기 쉬운 순서로 소재를 연속 배출한다.
③ 압연 작업의 피치에 맞추어서 소재를 연속 배출한다.
④ 압연 과정에서 박리하기 쉬운 스케일을 만든다.
⑤ 가열작업 중 소재에 결함을 만들지 않는다.
⑥ 연료의 소모율을 가급적 낮춘다.
⑦ 노체 손상이나 노황의 불안정을 일으키지 않도록 작업에 유의하여 각 장소, 각 기구를 점검한다.

2.1.1 소재의 배출 순서와 속도(피치)

(1) 소재의 배출 순서

압연에서 압연 소재는 롤 스케줄 조건을 만족시킬 수 있도록 소재의 가열 순서를 결정해야 한다. 압연 공장에서 소재 가열 순서는 가열로 작업자가 결정하지 않고 컴퓨터로 한다.

(2) 소재의 배출 속도

가열로 능력이 압연 능력보다 큰 경우 압연 속도에 맞추어서 소재를 배출하는 것이 가능하지만, 가열로 능력이 압연 능력보다 떨어질 때는 가열이 불충분한 소재가 배출될 수가 있다. 이런 경우는 압연을 중지시켜 소재가 가열되기를 기다려야 한다. 따라서 가열로를 선택할 때는 압연 능력에 맞는 가열 능력을 가지고 있는 것으로 한다.

2.1.2 소재의 균열

(1) 스키드 마크

소재는 가열로의 스키드 위에서 가열되는데 스키드에 접한 부분은 직접 가열 분위기에 접하지 못하기 때문에 가열로에서 배출되면 암적색을 띠게 된다. 이것을 스키드 마크(Skid Mark)라 한다. 이러한 스키드 마크는 압연할 때 그 부분의 변형 저항 때문에 판 두께에 편차를 유발할 수 있다.

(2) 스키드

스키드는 종래의 3대식 가열로에 수냉 스키드가 설치되며, 그림 5.12와 같이 5~6대식 가열로에서는 핫 스키드(Hot Skid)가 채용되고 있다.

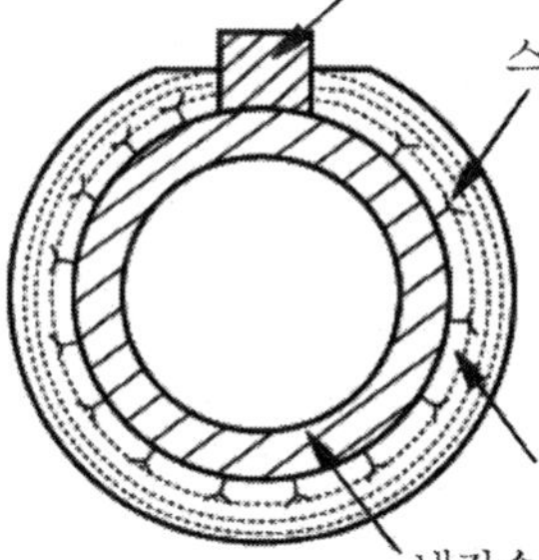

(a) 수냉 스키드

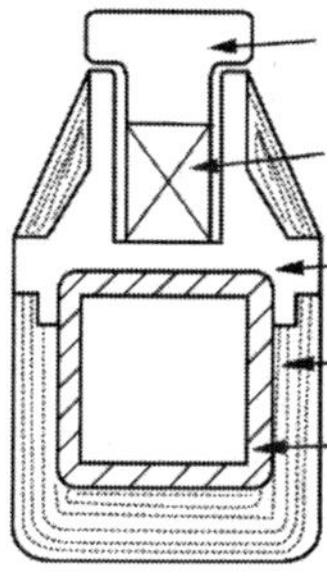

(b) 핫 스키드

그림 5.12 ● 스키드 단면도

핫 스키드의 경우 소재가 냉각수 파이프와 단열재로 차단되어 있으므로 수냉 스키드에 비하여 균열이 용이하며 스키드 마크도 경감된다.

그림 5.13은 스키드를 가지고 있는 6대식 연속 가열로에서 150 mm 두께의 슬래브를 가열했을 때 슬래브 각 위치의 가열 상태를 나타낸 것이다. 여기서 가열대에서 최대 500℃ 정도인 슬래브 표면과 스키드 접촉부와의 온도차를 비교하면 배출 시점에서 약 100℃ 이내로 줄어드는 것을 알 수 있다.

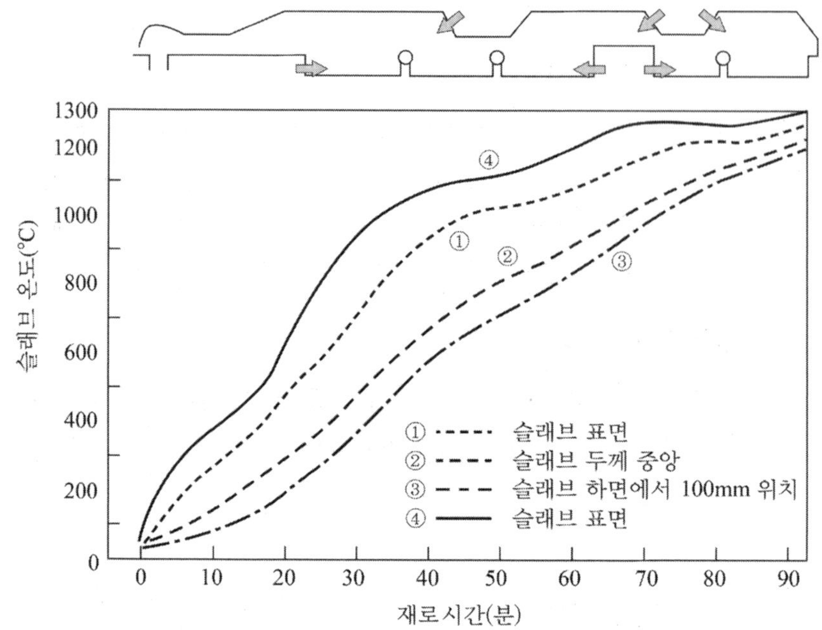

그림 5.13 ● 6대식 연속 가열로 슬래브 측정 온도결과

2.1.3 스케일 생성

소재를 가열로 안에서 가열하면 외층부가 외기와 접해서 스케일 층이 얇게 형성된다. 이들 산화물(스케일)은 고압 수에 의한 스케일 제거 장치로 거의 제거되지만 압연기의 사고 등으로 가열로가 보열 상태로 되었을 경우 또는 가열 온도를 너무 올릴 경우는 박리하기 힘든 스케일이 발생하기 쉽다.

2.2 압연

중후판 압연 작업에는 4단식 압연기가 많이 사용된다. 4단 압연기는 그림 5.14와 같이 상하 2개의 가역식 전동기(모터)로 스핀들을 통하여 직접 작업 롤을 구동하는 것으로 정도가 좋은 제품을 고능률로 압연할 수 있다.

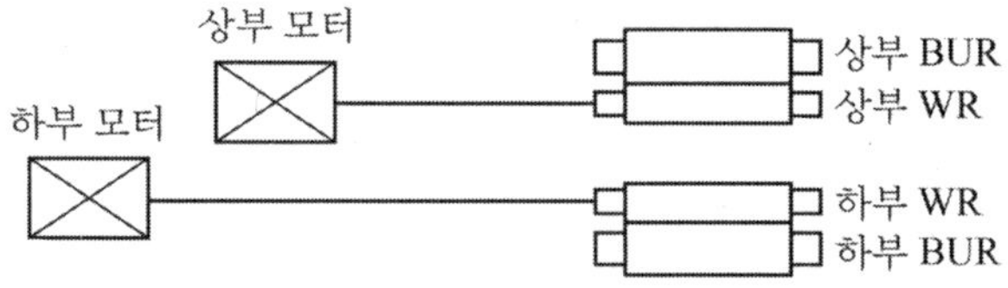

그림 5.14 ● 4단 가역식 압연기

2.2.1 압연 작업

중후판 압연의 주된 작업은 다음과 같다.

① 가열로에서 생성된 1차 스케일 또는 압연 중에서 생기는 2차 스케일을 제거하는 스케일 제거(Descaling)
② 소재의 폭을 압연 폭에 맞는 치수까지 연신하는 폭내기 압연
③ 최종적인 제품의 두께를 내고 형상을 갖추는 길이내기 압연
④ 압연 온도를 조정하여 재질 개선을 하는 제어 압연
⑤ 제품의 폭 방향과 길이 방향의 재질적 방향성을 개선시키는 크로스(cross) 압연이 있다.

스케일 제거 장치(Descaler)는 가열로에서 생성된 스케일 제거를 목적으로 하는 것과, 압연 중에 생성된 2차 스케일 제거를 목적으로 하는 것이 있다. 설치 장소는 목적에 따라 다르다. 전자는 가열로의 출구 테이블에 접근되어 설치되어 있으며, 2단 압연기와 고압수 헤더(header)를 조합시킨 것과, 고압수 헤더를 2～3열 나란히 설치한 것이 있다. 압연 공장의 스케일 제거 장치는 일반적으로 100～200 kg/cm^2 이상의 고압수를 이용하고 있다.

스케일을 제거할 때에는 압연 중에 강재의 온도가 떨어지지 않도록 주의하면서 스케일 제거 작업이 진행하여야 한다. 보통의 경우 소재의 치수와 압연 치수에 따른 고압수를 가하는 표준 시기가 설정되어 있다. 문제가 되는 것은 100～150개나 설치되어 있는 노즐이 전부 정상적으로 기능을 발휘하고 있어야 한다는 점이다. 만약 노즐의 일부가 막히거나 제 기능을 발휘하지 않는 것이 있을 때는 그 부분에 스케일 제거가 불완전하게 되어 제품에 스케일 흠이 생기게 되고 불량의 원인이 된다. 따라서 노즐을 수시로 점검하여 이상이 있을 때에는 즉시 교체 또는 수리를 해야 한다

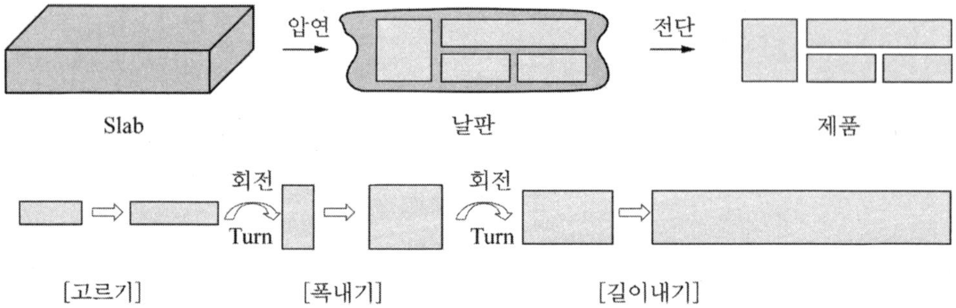

그림 5.15 ● 후판 압연 단계

(1) 고르기 압연

Slab 표면에 Scarfing 등에 의한 불균일한 두께 부위가 있는 경우 일정량을 압연하여 압연재의 두께를 고르게 하기 위한 것으로 통상 30 mm 내외의 압하량으로 압연을 한다.

(2) 폭내기 압연

지시된 날판의 폭을 만족시키기 위하여 압연 중에 폭을 넓혀주는 과정이다. 고르기 압연 후 소재를 턴테이블 상에서 90° 회전시켜 압연하는 방식으로 연주공장에서 제조할 수 없는 광폭의 압연재를 제조할 수 있다. Slab와 날판의 치수에 따른 압연 방법에 의해 Slab의 폭이 날판의 폭이 되기도 하고 Slab의 길이가 날판 폭이 되기도 한다.

(3) 길이내기 압연

폭내기 압연이 완료되면 제품의 목표 두께까지 압연을 완료하게 되는데 이 작업은 압연기와 전동기(모터)의 능력범위 내에서 제품의 형상 및 두께의 균일성 등을 확보할 수 있는 최대의 압하량으로 압연을 하는 것이다.

길이내기 압연의 목적은 두께 편차가 없고, 평탄도가 좋은 강판을 압연하는 것이다. 압연 재의 두께 편차는 롤을 연삭 가공할 때 만든 롤 커브와 롤 길이에 따른 롤 지름의 변화 및 압연할 때 발생하는 롤의 휨변형 등에 의해 생기게 된다. 이 밖에 압연 온도, 압하량 및 압연 폭의 증가, 롤의 지름, 압연 두께 및 압하율 등에 따라서도 달라진다. 따라서 모든 패스마다 롤의 휨변형량이 다르게 되며, 압하량이 지나치게 커지면 롤의 휨변형량이 커져 판의 가장자리가 많이 늘어나게 되고, 그 반대의 경우에는 중앙 부분만이 늘어나게 된다.

압연 재의 온도차에 따른 판의 평탄도 불량은 길이내기 압연 온도가 높은 중후판의 경우는 별 문제가 없으나 폭이 넓은 박판은 압연 온도가 너무 낮아지면 변형 저항이 커져서 형상 불량, 두께 편차 등의 원인이 된다. 따라서 폭이 넓고 얇은 박판 압연은 알맞은 크기의 소재로부터 빠른 시간 내에 적절한 압하로 압연되도록 해야 한다.

2.2.2 롤 교체 작업

중후판 압연에서 롤을 교체해야 하는 큰 이유는 주로 롤 표면에 관한 사항으로 작업 롤의 마멸, 롤 표면의 거칢, 쇳가루나 산화물 등이 끼인 흠집, 귀갑상의 열 균열 등을 들 수 있다. 이밖에 롤 목의 저널부가 마멸되었을 때도 롤을 교체해야 한다. 작업 롤의 교체 시기는 4단 완성 롤의 경우 2500～4000 ton의 압연을 했을 때이며, 이것이 대략 1일 압연량과 같을 때는 압연량에 관계없이 1일 1회의 교체를 규칙적으로 할 때도 있다.

롤 교체는 빈도가 높은 작업이므로 되도록 짧은 시간 내에 정확한 교체 작업이 이루어져야 중후판의 생산성을 향상시킬 수 있다. 그러나 받침 롤은 롤의 마멸이나 흠집 등이 압연 제품에 미치는 영향이 적기 때문에 교체 주기도 작업 롤에 비하여 길고 1개월 또는 40일 간격으로 하게 되므로 정기적으로 하는 수리 시간을 이용한다.

2.2.3 압연 롤에 일어나는 현상

(1) 롤 크라운

중후판용 롤은 보통 그 중앙부가 양단부보다 굵게 되어 있는데, 이 현상을 롤 크라운(Roll Crown)이라 하며, 롤 중앙부의 지름과 양단부의 차를 롤 크라운양이라 한다.

롤 크라운양은 공장에 따라 차이가 있으며, 4단 압연기의 경우 0.1～0.5 mm로 한다. 그러나 같은 공장에서도 받침 롤의 마멸에 따라서 작업 롤 크라운양을 0.1～0.3 mm로 변화시킬 때도 있다.

롤 크라운은 판 두께의 편차, 평탄도 및 그 결과로서 생산성에 영향을 주는 중요한 요인이 된다. 그러나 실제 작업에서는 표준이 될 알맞은 값을 설정하기가 매우 어렵다. 따라서 롤 크라운양은 크라운을 결정하는데 고려해야 할 사항인 롤의 마멸, 휨변형 및 열팽창 등에 대한 경험 값에 의해 정하고 있다.

(2) 롤 벤딩

작업 롤에 일정한 롤 크라운을 붙여도 압연 치수, 압연하중, 롤의 열팽창, 마멸 등에 의해 압연 중에 롤 크라운의 형상이 변한다고 하면 압연 작업에서 상당한 제약을 받게 된다. 따라서 이러한 작업상의 문제점을 해소하기 위하여, 롤을 압연하중에 의해 비틀림을 방지할 수 있는 방향으로 굽혀 압연 현상을 개선할 수 있는 롤 벤딩 장치를 적용시킨다.

작업 롤 벤딩(Work Roll Bending, WRB)과 받침 롤 벤딩(Back Up Roll Bending, BURB)의 두 방식이 채용되고 있다.

① 작업 롤 벤딩

작업 롤 베어링 사이의 유압 실린더의 힘에 의해 작업 롤을 휘게 하는 방식이다.

② 받침 롤 벤딩

롤의 강성을 대부분 유지하고 있는 받침 롤을 휘게 하는 방식으로, 크라운 조정에 큰 효과가 있음이 확인되고 있다.

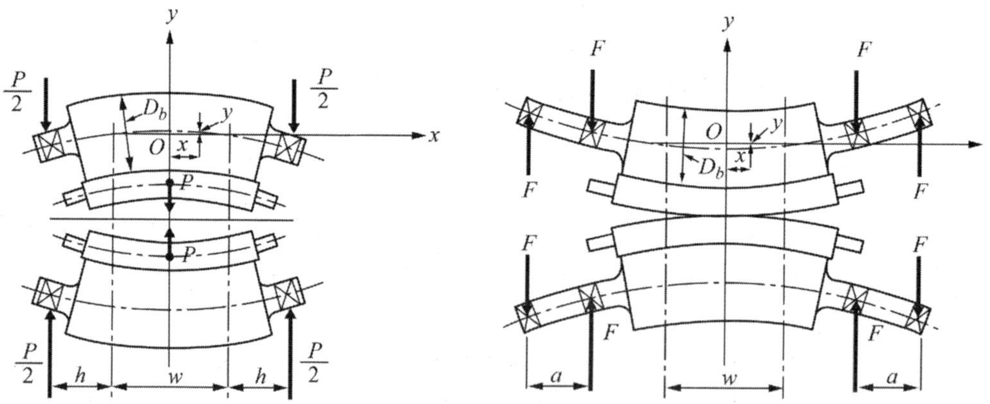

(a) 압연하중 P에 의한 롤의 탄성변형 (b) 롤 벤딩의 효과

그림 5.16 ● 롤의 휨

2.3 교정과 냉각

2.3.1 교정

압연을 끝낸 강판은 압연에 의한 응력이 남아 있으므로, 압연기에서 열간 교정기로 이송하여 평탄도를 확보하기 위한 교정 작업을 한 후 냉각상에 장입하여 공기 중에서 냉각한다.

강판의 교정은 일반 압연재 기준으로 저온 영역이 아닌 900~1000℃에서 이루어진다. TMCP재의 경우 교정기 전에 수냉하여 상대적으로 낮은 온도에서 교정을 하게 된다. 교정 작업은 압연재에 남아 있는 잔류응력을 해소할 수 있는 압력과 구동력이 필요하고, 응력의 크기에 따라 1패스 또는 수 패스를 거쳐서 교정한다.

2.3.2 냉각

응력이 제거된 강판은 냉각을 위해서 냉각상(Cooling Bed)으로 보내지는데, 냉각상은 강판을 절단, 표시, 타각 등의 정정 작업을 할 수 있는 온도까지 공기 중에서 냉각하는 역할을 한다. 또 압연과 전단 작업 속도의 차이를 흡수하는 역할도 한다.

그림 6.17 ● 냉각상

2.4 절단

2.4.1 절단

절단 공정을 크게 나누면 기계적으로 절단하는 기계 절단과 산소 가스를 사용하는 가스 절단으로 구분할 수 있다.

(1) 기계 절단

냉각상에서 냉각이 완료된 후판 재료는 표면 검사와 마름질된 후 절단 공정에 보내어 절단하게 되는데, 절단 작업은 각 공장의 설비 배치, 설비 내용에 따라서 가장 정확하고 능률이 좋은 방법으로 절단 공정이 이루어진다. 따라서 절단순서, 작업 방법이 일률적으로 고정되지는 않는다.

한 예로 후판 절단기의 배치도를 보면 그림 5.18과 같으며, 절단기는 크롭 부위와 예비 분할을 하는 크롭 시어(Crop Shear), 측면을 절단하는 더블사이드 시어(Double Side Shear) 및 정치수로 절단하는 디바이딩 시어(Dividing Shear)로 나눌 수 있다.

절단 작업은 단순한 기계 조작의 반복에 불과하나, 절단 불량은 불량 제품을 만드는 직접적인 원인이 되므로 자동 운전에 의한 절단 작업이 이루어져야 한다.

또한 정확한 작업 지시에 의한 절단 가공이 이루어져야 한다. 절단 작업에서 강판의 품질에 영향을 주는 결함으로 크게는 치수의 부정확을 들 수 있으며, 이 밖에 파단면의 불량, 캠버 등이 있다. 이들은 설비 조건에 따라서 크게 좌우되나, 주로 절단 날에 날의 각, 위아래 칼날의 위치 등을 조정하여 해결할 수 있다. 그림 5.19는 절단기에 의한 강판 절단의 기구를 나타낸 것이다.

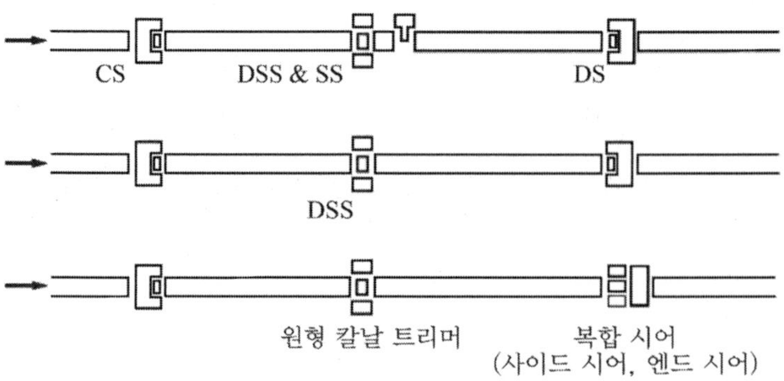

그림 5.18 ● 후판 절단 라인에서의 절단기의 배치

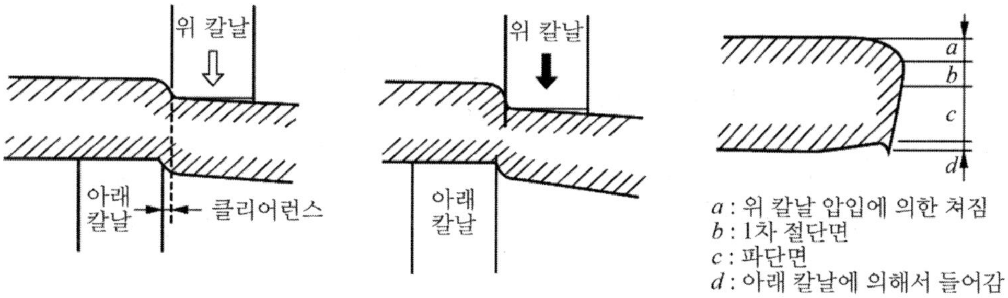

(a) 칼날이 재료에 들어가는 방향 (b) 칼날로 크랙 발생 (c) 절단구의 형상

그림 5.19 ● 절단기에 의한 강판 절단의 기구

(2) 가스 절단

기계 절단기로 절단할 수 없는 두꺼운 강판의 절단 방법은 가스 절단, 파우더 절단, 플라즈마 절단 등이 있다.

가스 절단은 프로판, 아세틸렌, 부탄 등을 절단 가스로 하고 철과 산소의 반응열을 이용한 것이지만, 피 절단재의 재질에 따라서 절단이 불가능한 경우는 철분을 이용한 파우더 절단을 하든지, 작동 가스에 아르곤, 질소, 수소 등을 사용하여 고온, 고속의 플라즈마 제트에 의한 플라즈마 절단을 한다.

2.4.2 도장

조선, 교량, 대형 탱크 등은 중후판을 사용하여 제작하는데, 제작 기간이 길어 부식 방지를 위한 방청 처리를 하여 출하하는 후판 공장도 있다.

2.5 열처리

후판은 중화학 공업의 발달에 따라서 규격이나 양적으로 요구 사항이 확대되어 가고 있으며, 동시에 재질에서도 용도에 따라서 다양화, 고급화하고 있다.

상당량의 중후판이 열처리를 필요로 하게 되었다. 중후판의 열처리는 노멀라이징(normalizing), 담금질(quenching), 템퍼링(tempering), 풀림(annealing) 등이 있는데, 이 중 풀림 처리는 특수한 경우 외에는 거의 하지 않는다.

열처리 설비로서도 풀림용 가열로를 구비한 공장은 매우 적다. 노멀라이징, 담금질, 템퍼링 등의 열처리는 롤식 열처리로, 단식 열처리로 및 연속 담금질 설비 등을 이용하여 조직의 균질화, 미세화, 강인성 향상 등을 목적으로 한다.

2.5.1 노멀라이징(Normalizing)

후판에서 노멀라이징은 주로 압연에 의한 내부응력을 제거하고 미세화 시키며, 강판의 연신율, 단면 수축률, 충격값 등 인성의 개량을 목적으로 하는 것이다. 그림 5.20은 노멀라이징에 의해서 강판의 조직이 미세화 된 모양을 나타낸 것이다.

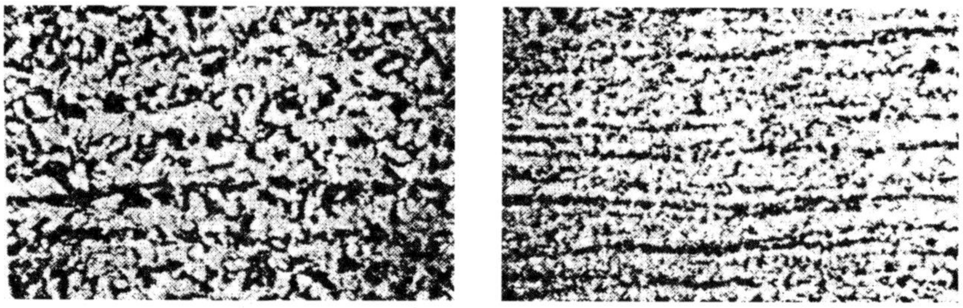

판 두께(mm)	C(%)	Si(%)	Mn(%)	P(%)	S(%)	Al(%)
33	0.14	0.14	0.14	1.30	0.013	0.037

그림 5.20 ● 노멀라이징에 의한 조직의 미세화

그림 5.21은 충격시험값(그림 5.20과 같은 재료)의 개선을 나타낸 것이다.

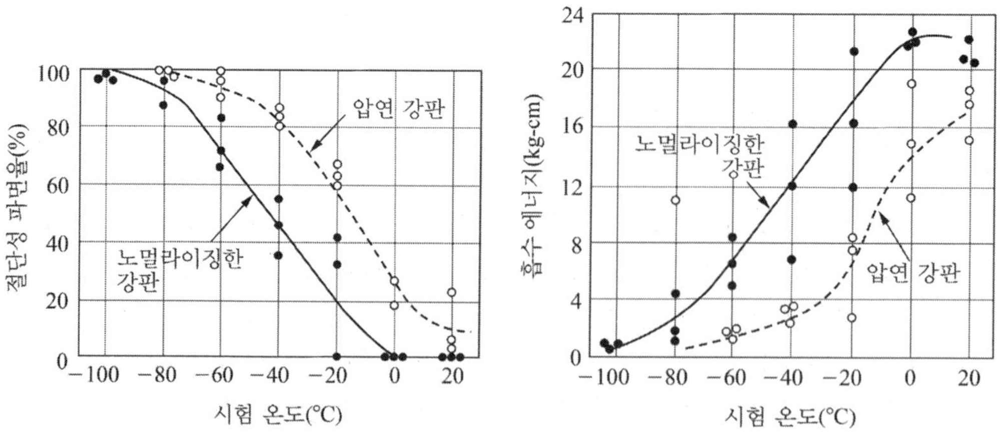

(2mm V 샤르피 시험 : 압연 방향과 평행)

그림 5.21 ● 노멀라이징에 의한 충격값의 개선

2.5.2 담금질(Quenching)

후판에서 담금질은 주로 마르텐사이트가 주가 되는 조직을 얻는 것을 목적으로 하고 있다.

2.5.3 템퍼링(Tempering)

후판의 템퍼링은 담금질에 의하여 생긴 내부응력의 제거와 마르텐사이트의 템퍼링을 하여, 강재의 강도를 감소시키고, 높은 인성을 얻는 것을 목적으로 한다.

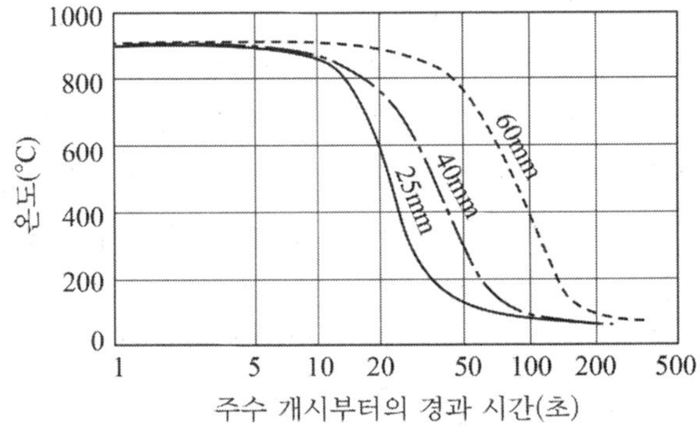

그림 5.22 ● 60 kg/mm^2 고장력강의 담금질과 템퍼링에 따른 조직 변화

제3절 후판 기술

3.1 재질

후판 압연 방법 중 일반압연(AR)은 재질 확보를 위하여 압연 공정에서 별도의 조치를 취하지 않지만 제어압연(CR)의 경우에는 압연 종료온도(FRT)와 잔압하율이라 불리는 미재결정 영역에서의 압하율을 허용 범위 내에서 준수하여야 한다. 이와 같은 온도와 압하율 조건은 실험과 사전 테스트 압연을 통하여 결정되며 양산시에는 반드시 준수해야 하는 사항이다.

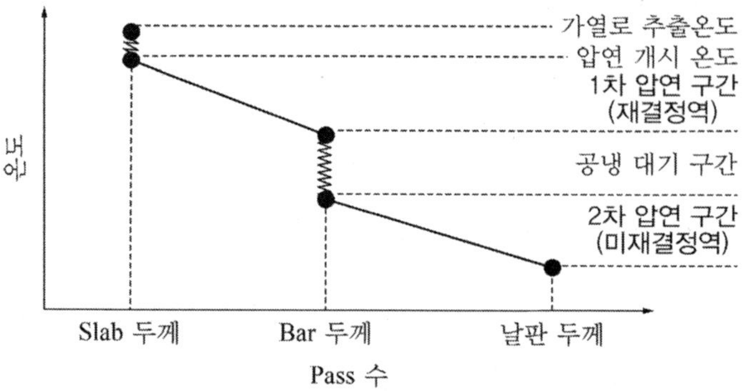

그림 5.23 ● 제어압연

제어압연은 압연 중 소재의 온도를 조정하여 최종 패스의 온도를 낮게 하면 제품의 조직이 미세화 되어 강도가 상승하고 인성이 개선되는 효과를 얻기 위한 압연 방법이다. 그림 5.23과 같은 압연을 제어압연 중에서 2단 압연이라 하는데 이 경우에는 중간 Bar 두께까지 1차 압연 후 공냉 대기를 하여 소재의 온도를 떨어뜨린 후 미재결정 영역에서 2차 압연을 실시하게 된다. 공냉 대기 시간은 필연적으로 압연 생산성의 저하를 가져오게 되는데 이를 보상하기 위한 Multi 압연 방법에 대해서는 후에 다루기로 한다.

Bar 두께는 설계 단계에서 결정된 잔압하율(%)에 의하여 결정되는데 이것은 Bar 두께에서 앞으로 몇 %의 압하를 해야 날판 두께가 될 수 있는가 하는 의미와 같다. 예를 들어 잔압하율이 80%인 제어압연재의 날판 두께가 10 mm인 경우 Bar 두께는 50 mm가 된다. 예상한 대로 잔압하율이 높고 FRT가 낮게 설계 될수록 제품의 강도는 상승되지만 공냉 대기 시간의 증가로 인해 생산성 저하가 초래될 수 있다. 따라서 강종 설계 시에는 재질 측면에만 초점을 맞추기보다 생산성을 고려한 최적 설계가 필수적이다.

3.2 치수

3.2.1 Turning Pattern

후판 압연은 열연코일에 비해 제품의 폭이 매우 크기 때문에 한 방향으로의 압연만으로는 광폭재를 생산할 수가 없어 압연 중 소재를 90° 회전시켜 폭을 만드는 과정을 거치게 된다. 이는 압연재의 변형의 대부분이 압연 방향으로 이루어지기 때문이며 Slab와 날판의 사이즈 관계에 따라 다양한 회전(Turning) 방법이 가능하게 되는데 적절한 Turning Pattern의 설정은 Turning 소요 시간의 최소화를 통하여 압연 생산성 향상에 기여할 수도 있다.

아래 그림 5.24에서 보듯이 다양한 Turning Pattern 중에서도 초기 소재의 방향과 압연 후 날판의 방향이 서로 직각이 되는 경우가 있을 수 있는데 이를 Cross Rolling 이라 한다. 이는 제품의 폭 방향과 길이 방향의 재질적인 방향성을 저감시키거나 Slab와 날판 폭의 비(폭내기비, 폭출비)가 너무 과대할 경우 이를 줄이기 위한 목적으로 적용된다.

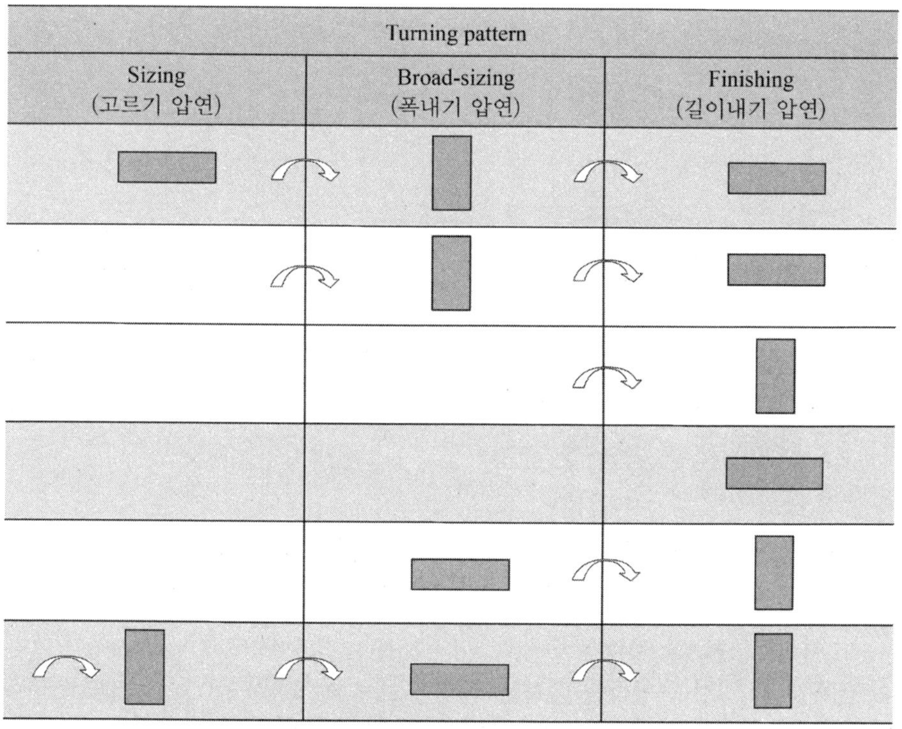

그림 5.24 ● 후판 Turning Pattern

3.2.2 두께 제어

최근의 판재 압연기는 두께 제어 시에 AGC(자동 두께 제어, Automatic Gauge Control) 기능을 기본적으로 적용하고 있다.

압연기의 강성, 즉 부여된 하중에 대하여 압연기가 버티는 정도를 Roll Gap 변화량에 따라 압연하중의 변화로 나타낼 수 있는데 이 때 작용된 압연하중에 대한 압연기의

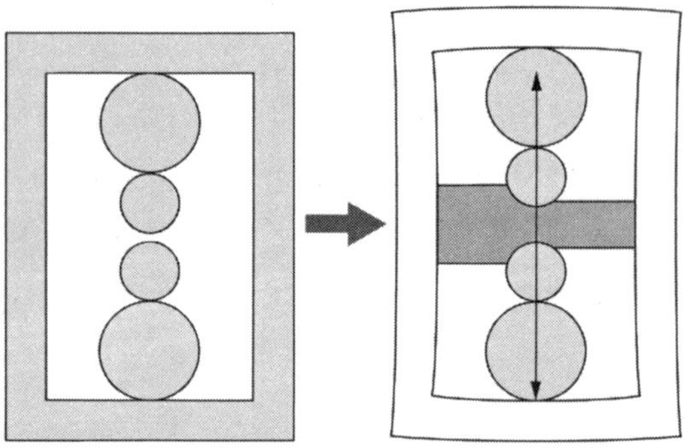

그림 5.25 ● 압연기(Mill) 연신량

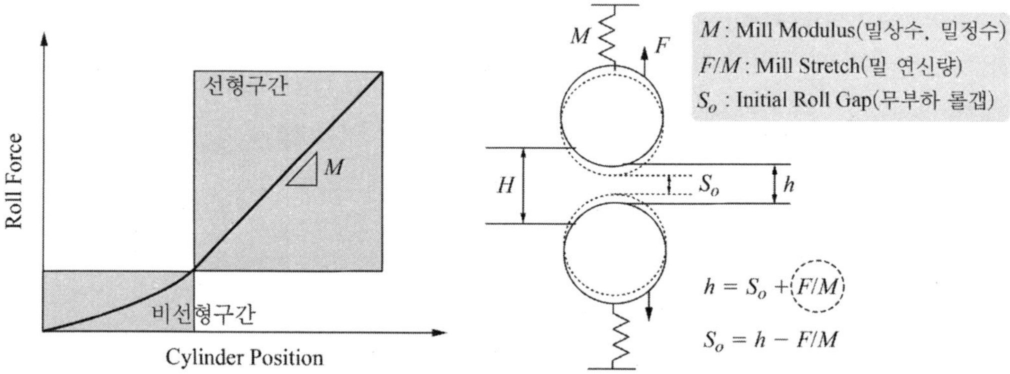

그림 5.26 ● 밀상수(Mill Spring)

탄성변형량, 즉 Mill 연신량의 비(기울기)를 밀상수(Mill Spring)이라고 한다. 이때, 압연기의 강성에 영향을 미치는 인자는 크게 기계적인 인자와 압연 중 압연조건이나 압연재의 치수 변화 등과 같이 압연기 강성 상당량에 영향을 미치는 인자로 나누어 다음과 같이 구분할 수 있다.

① 기계적 측면

(ㄱ) 하우징 연신 및 상하 Beam부의 굽힘 변형

(ㄴ) 압하 Screw의 압축 변형

(ㄷ) Roll의 편평 변형, 굽힘 변형

(ㄹ) 하부 Chock와 하우징 간의 압축 변형

② 압연기 강성의 상당량

(ㄱ) 압연재의 조건 변화 : 판 폭, 판 크라운, 롤 크라운

(ㄴ) 압연 조건 : WR 벤더력

(ㄷ) 치수 : WR, BUR 직경 변화

압연재를 원래 두께에서 목표 두께로 압연하는 과정에서 롤에는 소재에 의해 압연하중이라고 불리는 반력이 발생하는데 이 압연하중이 롤 표면으로부터 연결부품들을 거쳐 최종적으로 압연기를 지지하는 하우징에 전달된다. 이 때 압연기는 탄성 변형을 하게 되며 그 변형량은 압연기의 특성이라 볼 수 있다. 두께를 정밀하게 제어하기 위해서는 압연기의 탄성 변형량(Mill 연신량)을 정확하게 예측하는 것이 매우 중요하다.

정밀한 두께 제어를 위해서는 앞서 언급한 Mill 연신량뿐만 아니라 워크롤의 마모 및 열팽창, 워크롤 벤더력, Bearing 유막 두께, Roll 편평도(Flattening) 등에 대한 영향도도 함께 고려되어야 한다. 두께는 압연 공정에서 달성해야 할 가장 중요한 품질 인자이기 때문에 이와 같은 정밀한 제어를 통해서도 발생할 수 있는 두께 오차를 최소화하기 위하여 압연 종료 후 측정된 두께를 바탕으로 다음 압연을 위한 롤갭 보정을 실시하는 두께 학습 기능도 일반화 되어 있다.

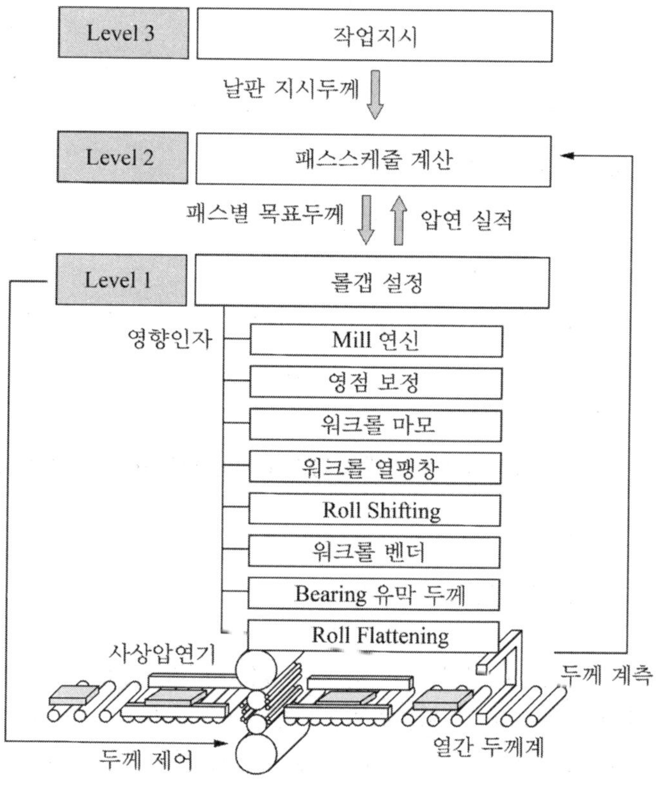

그림 5.27 ● 후판 AGC 두께 제어

압연재의 두께는 압연기의 탄성곡선과 소재의 소성곡선의 교점에서 결정된다. AGC는 여러 가지 변수로 인해 두께 제어 정도가 영향을 받게 되는데 이에 대한 반응으로 롤갭(Roll Gap)을 변화시켜 목표 두께를 달성할 수 있도록 정밀한 제어를 실시한다.

그림 5.28에서는 이와 같은 롤갭 제어 방법에 대하여 설명하고 있다. 소재의 강도가 예상보다 약할 경우에는 실제 압연하중이 작게 걸리기 때문에 두 곡선의 교점인 압연기 출측 두께가 목표보다 얇게 된다. 따라서 AGC는 두께를 두껍게 만들어 목표 두께에 도달하기 위한 롤갭 Open량을 계산하고 제어하는 방법으로 목표 두께를 달성한다. 그리고 소재의 압연기 입측 두께가 예상보다 두꺼웠을 경우에는 예상치 못한 압하량의 증대로 인하여 압연하중이 더 많이 걸리게 되고 Mill 연신량이 증가하여 압연기 출측 두께는 목표보다 두껍게 된다. 이런 경우 AGC는 두께를 더 얇게 만들기 위하여 롤갭 Close량을 계산하고 제어하여 목표 두께를 달성한다. 이 밖에 경우로 소재의 강도가 예상보다 강할 경우, 소재의 압연기 입측 두께가 예상보다 얇을 경우도 같은 원리로 롤갭 제어를 통해 목표 두께를 달성한다.

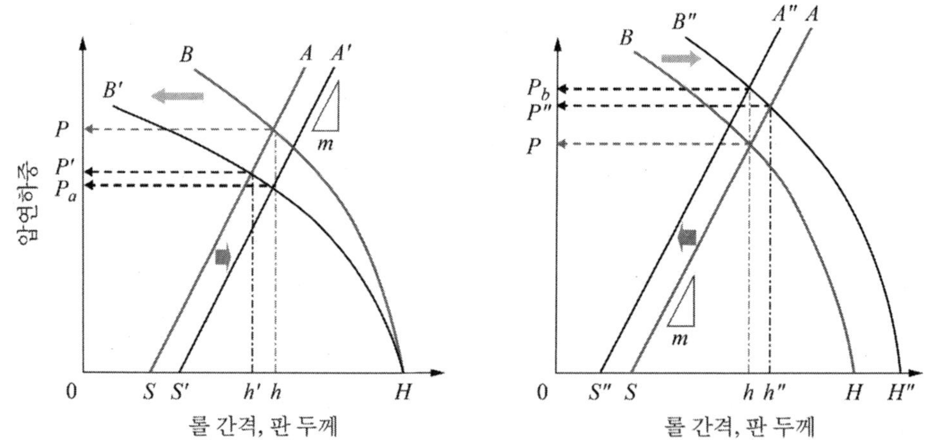

그림 5.28 ● 소재의 강도와 두께 변화에 따른 롤갭 제어 방법

3.2.3 사이징 압연

후판 압연 공정은 열연과 달리 권취 공정이 없기 때문에 압연 후 날판의 길이 제약이 있다. 날판의 길이는 열간교정 후 공냉을 실시하는 냉각상(Cooling Bed) 설비의 길이와 압연 시 발생하는 길이 방향으로의 온도 손실을 고려하여 결정된다. 여기서 특히 두께 9 mm 미만의 극박재 압연 시에는 압연 중 온도 손실의 영향이 매우 크기 때문에 날판의 길이가 더욱 제한되어야 하는데 일반적인 크기의 Slab를 사용하여 압연할 경우 날판의 길이가 필요 이상으로 길어지게 되는 문제가 발생한다. 따라서 극박재 압연을 위한 소형 Slab를 제작할 필요가 있다. 이 작업은 사이징(Sizing) 압연이라 하며 일반 Slab를 가열로에서 재가열한 후 120～130 mm 정도의 두께로 1차 사이징 압연을 하고 이 소재를 다시 2～3분할하여 가열로로 이송한 후 다시 가열하여 2차 사이징 압연을 통해 최종 두께인 9 mm 미만의 날판을 생산하는 방법이다. 사이징 압연은 극박재 압연 시 불가피하게 수행해야 하는 공정이며 1차 사이징 압연 시 발생하는 Crop 절단과 두 번의 재가열작업에 의한 원가 손실이 매우 큰 작업이다.

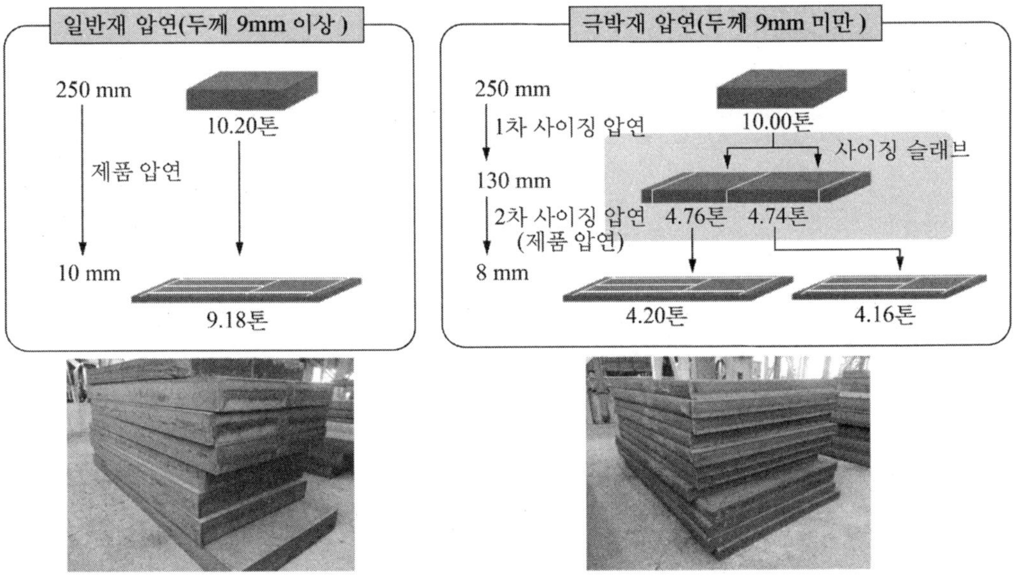

일반 슬래브 : 225~300 mmT

사이징 슬래브 : 120~130 mmT

그림 5.29 ● 후판 사이징 압연의 개념

3.3 평탄도

3.3.1 평탄도 제어

후판의 평탄도 제어 기술은 다른 판재 압연의 경우와 마찬가지로 이해할 수 있다. 기본적으로 판재와 직접 접촉하는 워크롤의 마모와 열팽창 등의 상태 변화 예측을 바탕으로 평탄도 제어 수단 Pair Cross 또는 CVC(Continuous Variable Crown)와 WRB (Work Roll Bender)를 조합하여 최적의 평탄도를 확보할 수 있도록 각 설비를 설정하는 기술이라고 할 수 있다.

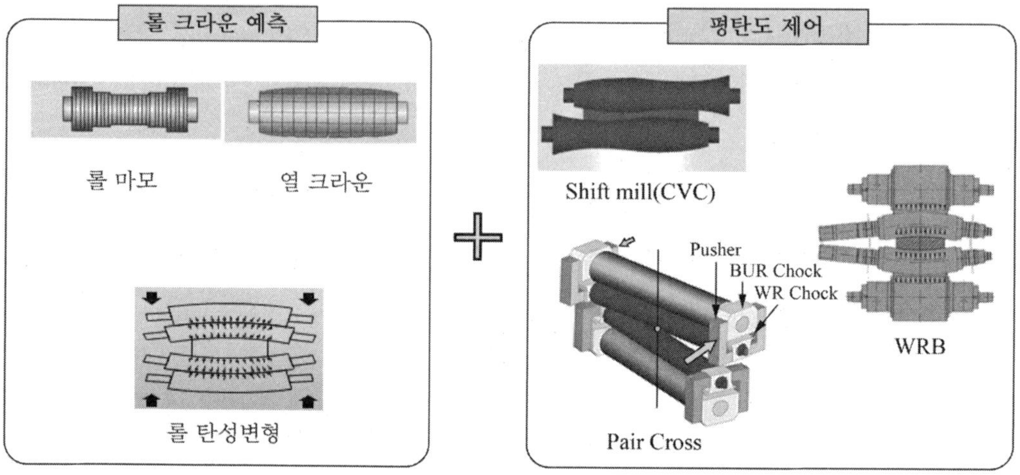

그림 5.30 ● 평탄도 제어

3.3.2 Camber

Camber란 압연 소재가 압연 중에 판 폭 방향으로의 연신율의 차이가 발생하여 압연 판재가 폭 방향으로 휘는 현상을 말한다. 미국 ASTM 규격에 따르면 Camber는 "측면의 Edge가 길이 방향으로 일직선을 벗어나는 정도"로 정의된다.

Camber는 기본적으로 강판의 폭 방향으로의 불균일한 연신에 의하여 발생하는데 크게 3가지의 원인으로 구분할 수 있다.

① 소재의 폭 방향 온도 차이
② 소재의 폭 방향 두께 차이
③ 폭 방향 압하량 차이

이 밖에 설비의 폭 방향 비대칭 요인이 될 수 있는 Roll의 이상마모, 소재의 Off-Centering(정렬 불량) 등도 그 원인이 될 수 있다.

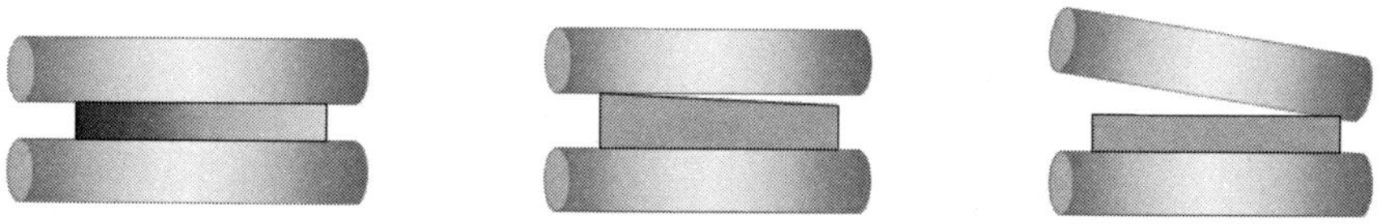

그림 5.31 ● Camber의 원인

예제

후판 압연 패스 중 Bar의 Camber가 그림과 같이 발생하고 있다면 압연 작업자가 취해야 할 조치는? (단, 압연기의 Leveling 기능은 OS쪽의 롤갭을 조정할 수 있다.)

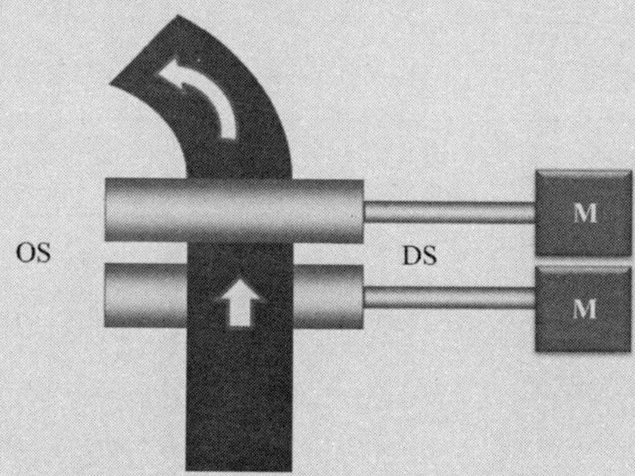

3.3.3 Ski

압연 중 발생하는 선단부의 들림 또는 처짐 현상을 Ski Up/Down 현상이라고 하며 동의어로는 Turn Up/Down, Warping 등이 있다. 이러한 Ski 현상은 압연 중 발생하는 상하 비대칭 요인에 의해 발생하게 되는데 제품의 품질은 물론 설비에 문제를 일으킬 수도 있는 현상이다. 상하 비대칭 요인은 그 형태가 매우 다양하고 제어하기 어려운 것들이 많은데 예를 들면 아래와 같은 사항들이다.

① 가열로 상/하부 온도 차이
② Descaling 후 상/하부 온도 차이
③ Scale 잔존량에 따른 상/하부 마찰계수 차이
④ 롤러테이블 이송 중 상/하 열전달 차이에 의한 온도 차이
⑤ 압연기 상/하부 워크롤 속도/직경 차이

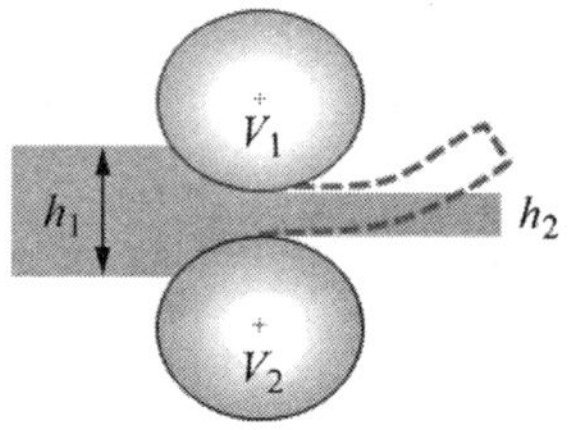

그림 5.32 ● Ski 현상

표 5.1 Ski 현상

구분	Ski Up	Ski Down	비고
롤 직경 상태	상부롤 < 하부롤	상부롤 > 하부롤	상·하부 롤 회전속도가 동일할 때
설비 영향	압연기 입·출측 설비 충격 HPL 치입 불가	롤러테이블 충격 날판 선·미단부 꺾임	

Ski 현상 방지를 위하여 상·하부 비대칭 요인을 최대한 제거하고 압연 조건에 따른 상하 롤 주속차이를 설정하는 기능의 설정 등과 같은 노력이 지속되고 있다.

3.4 회수율

후판 기술의 척도는 여러 가지로 대변될 수 있지만 그 중에서도 제조원가의 상당량을 차지하는 회수율(실수율)과 관련된 기술이 매우 중요하다고 할 수 있다. 연속주조 공장에서 공급 받은 Slab를 사용하여 고객이 원하는 재질과 외관 품질을 만족하며 Slab의 Loss를 최소화 하여 제품을 생산할 수 있는 능력을 후판 기술의 척도라 할 수 있다. 회수율 향상을 위해서는 치수 및 평탄도 제어를 고정도화 하여 압연 후 날판의 Crop 부위를 최소화 하고 이를 통하여 날판의 설계 단계에서 여유치를 작게 부여하는 것이 핵심이다.

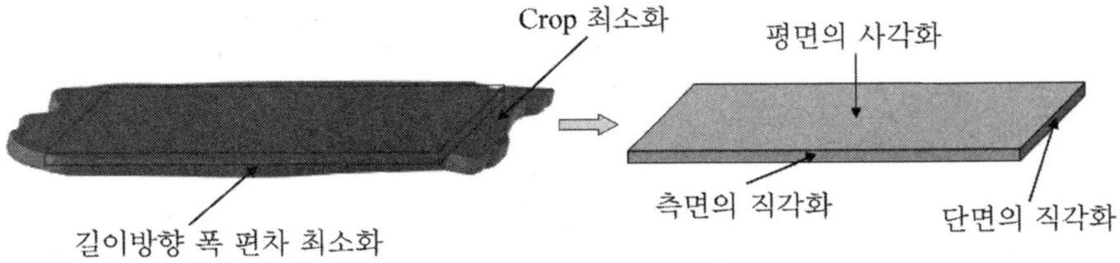

그림 5.33 ● Crop 최소화

이를 위하여 후판 압연의 각 단계의 마지막 패스에서 소재의 선·미단부를 두껍게 압연하고 90° 회전 후에 이 부분이 날판의 사각화를 위해 부족한 부위를 채워주는 압연기술을 평면형상 제어압연(PVR: Plan View control Rolling)이라고 한다. 이 기술은 본래 1970년대에 일본의 가와사키 스틸에서 이른 바 MAS(Mizushima Automatic plan view pattern control System)로 개발되었으며 현재는 보편화된 상태이다. 이 기술의 핵심은 Turning 직전 패스에서 소재의 Dog-Bone 형상을 최적화 하는 것이 핵심이다. 평면형상 제어압연을 통하여 후판의 회수율은 혁신적으로 개선되었다.

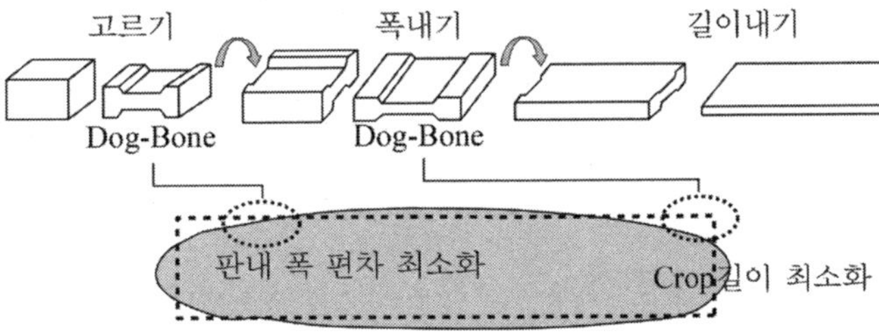

그림 5.34 ● 평면형상 제어압연

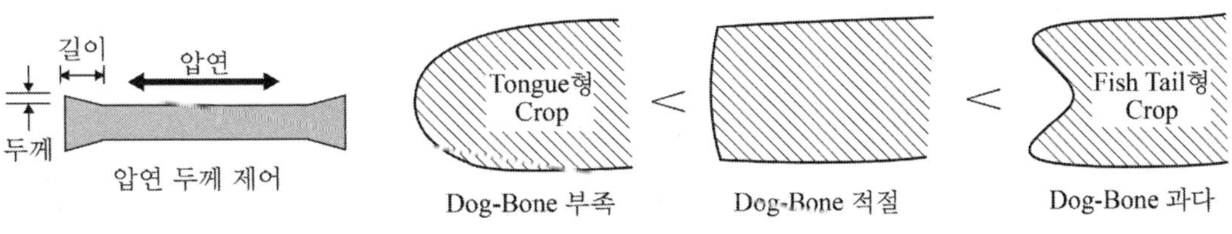

그림 5.35 ● Dog-Bone에 따른 날판의 Crop 형상

3.5 생산성

제조 원가 절감을 위해서는 압연 생산성 또한 중요한 관리 인자이다. 압연 공정의 생산성은 단위시간당 소재 처리 능력으로 계산되며 공장의 생산 능력을 평가하는 중요한 지표이며 단위는 주로 ton/hr를 사용한다. 생산성 실적은 연간 생산계획 수립 시에 중요한 정보로 활용된다.

후판 압연 공정에서 생산성을 향상시키기 위한 대표적인 기술에는 Multi 압연이 있다. Multi 압연은 TMCP재 압연 시 필연적으로 발생하는 공냉 대기시간에 후속 소재를 압연함으로써 압연기의 가동시간을 최대한 끌어 올려 생산성을 향상시키는 기술이다. Multi 압연 기술은 조압연기(RM)과 사상압연기(FM)이 모두 갖추어진 2 Stand 후판 공장보다는 사상압연기만 단독으로 설치되어 있는 1 Stand 공장에서 후물 TMCP를 연속적으로 생산할 때 그 효과가 크다.

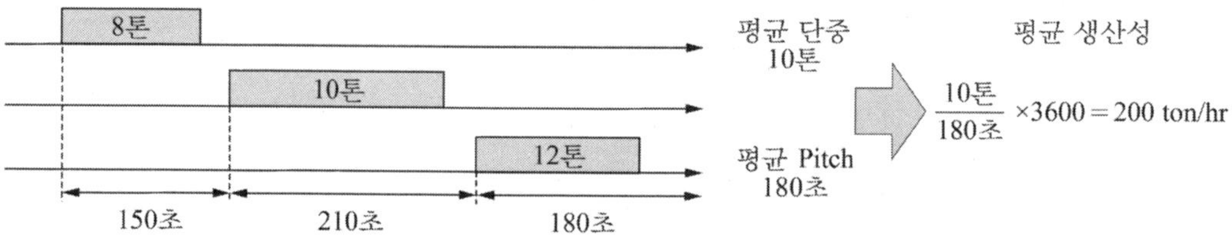

그림 5.36 압연 생산성 계산 예

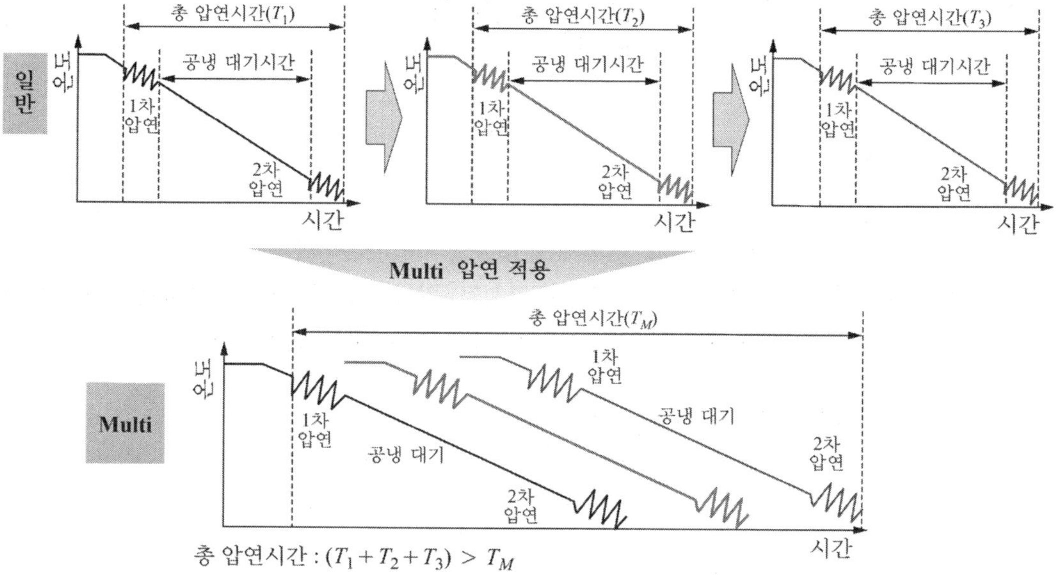

그림 5.37 ● 후판 Multi 압연

연습 문제

01. 후판을 제조방법에 따라 크게 두 가지로 구분할 때 제어압연(CR)에는 TMCP가 속하게 되는데 여기서 TMCP 제조법과 특징에 대하여 설명하라.

풀이 제조법 : TMR + ACC(제어압연 + 가속냉각)
특 징 : 결정립 미세화 및 경화조직 변태 유도를 통한 강도, 인성 향상
저(低)탄소당량 성분설계를 통한 용접성 향상

02. 가열로에서 발생하는 Scale 층의 화학조성을 모재(Fe)에서 외부 순으로 쓰시오.

풀이 Fe - FeO - Fe_3O_4 - Fe_2O_3

03. 후판 제어압연재의 생산성 향상을 위하여 공냉 대기 시간을 활용하여 한 번에 여러 매의 압연재를 생산하는 방법으로 특히, 1 Stand 압연공장에서 그 효과가 큰 압연 방법을 무엇이라 하는가?

풀이 멀티(Multi) 압연

04. 판재가 회전하는 롤 사이에 치입되어 압연이 되기 위한 조건을 쓰시오. (단, 마찰계수는 μ, 치입각은 α)

풀이 $\tan \alpha \leq \mu$

05. 압연재가 롤을 통과하는 과정에서 발생하는 중립점의 특징 2가지를 쓰시오.

풀이 ① 롤과 압연재의 속도가 같다.
② 압연하중이 최대로 발생한다.

06. 롤의 지름이 1,000 mm, 압연전 소재 두께가 100 mm, 압연후 두께가 80 mm일 때 접촉 투영 길이(L_d)를 구하시오.

풀이 $L_d = \sqrt{R \times \Delta h} = \sqrt{500 \times 20} = 100\ \text{mm}$

07. 입측 두께가 80 mm일 때 압하율을 10%로 설정한 경우 출측 두께는 몇 mm가 되는가?

풀이 압하량 $= 80 \times 0.1 = 8$ mm, 출측 두께 $= 80 - 8 = 72$ mm

08. 압연재의 입측 속도가 3.8 m/s, 워크롤의 주속도가 4.5 m/s, 압연재의 출측 속도가 5.0 m/s일 때 선진율(%)을 소수점 첫째 자리까지 구하시오.

풀이 $f = \dfrac{V_3 - V_R}{V_R} \times 100 = \dfrac{5.0 - 4.5}{4.5} \times 100 = 11.1\%$

09. 압연재의 선진율이 10%일 때 워크롤의 주속도가 4.5 m/s, 압연재의 입측 속도가 3.5 m/s라면 압연재의 출측 속도는 얼마인가?

풀이 $f = \dfrac{V_3 - V_R}{V_R} \times 100 = \dfrac{x - 4.5}{4.5} \times 100 = 10\%$

$x = 4.95\ \text{m/s}$

10. 압연기 워크롤의 직경이 1,200 mm, 롤의 회전은 100 RPM이었음 때, 롤의 주속도를 m/s 단위로 소수점 둘째 자리까지 구하시오. (단, 원주율은 3.14로 가정)

풀이 $\dfrac{\pi DN}{60} = \dfrac{3.14 \times 1.2 \times 100}{60} = 6.28\ \text{m/s}$

11. 압연조건이 다음과 같을 때 롤갭은 몇 mm로 설정하여야 하는가?

입측 두께 : 20 mm,	출측 두께 : 16 mm,	롤속도 : 1,000 mpm
압연하중 : 3,000톤,	압연토크 : 1500 kN · m,	밀상수 : 500톤/mm

풀이

$$h = S_0 + \frac{F}{M}$$

$$S_0 = h - \frac{F}{M} = 16 - \frac{3,000}{500} = 10\,\text{mm}$$

12. AGC 두께 제어 시 아래 도표와 같은 현상을 설명하시오. (단, A: 압연기의 탄성특성곡선, B: 압연재의 예상 소성곡선, B': 압연재의 실제 소성곡선, 입측 두께: H, 출측(목표) 두께: h, 무부하 상태 롤갭: S)

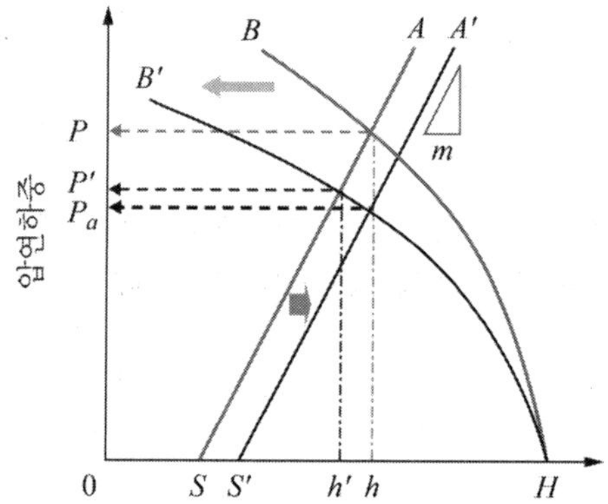

풀이 압연 소재의 강도가 예상보다 약하여 실제 압연하중 P'가 예측 압연하중 P보다 낮게 걸림에 따라 압연재의 출측 두께 h'이 목표 두께인 h 대비 얇게 압연되고 있다. AGC는 목표 두께 h를 달성하기 위하여 롤갭 S를 S'으로 벌려서 압연기의 탄성곡선 A'과 압연재의 실제 소성곡선 B'과의 교점을 목표 두께인 h에 위치시킨다. 이 때 실제 압연하중 P_a는 롤갭이 증가됨에 따라 P'보다 낮은 값을 나타내게 된다.

13. 압연재의 평탄도가 양파(Edge Wave)로 나올 수 있는 경우에 대하여 기술하시오.

풀이 압연하중이 과다한 경우, 롤 크라운이 작은 경우

14. 후판 압연 후 날판상태에서 선·미단부의 불규칙한 형상 부위인 크롭의 절단과 예비분할을 수행하는 전단 설비의 명칭은 무엇인가?

풀이 CS(Crop Shear)

15. 가열로 내부를 크게 3부분으로 구분할 때 각 대별 명칭은 무엇인가?

풀이 예열대, 가열대, 균열대

16. 후판 압연 시 소재의 Turning을 가능케 하는 설비의 명칭과 Turning 원리에 대하여 기술하시오.

풀이

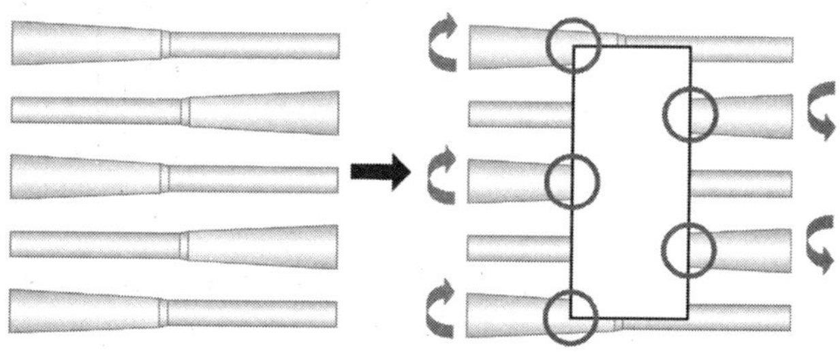

턴테이블(Turn Table), 직경이 서로 다른 롤러테이블을 교차로 배치하여 서로 반대 방향으로 회전시킬 때 소재와 접촉된 부위의 방향이 서로 다르기 때문에 소재가 회전하게 된다.

17. 후판 가속냉각재의 평탄도 확보 방안 세 가지는 무엇인가?

풀이 상하 주수량 제어, 엣지 마스킹 제어, 선·미단 마스킹 제어

18. 후판 제품을 용도별로 구분하시오.

풀이 조선용, 건축(교량)용, 압력용기용, 라인파이프용, 해양구조용, 방산용

19. 후판 압연에서 압연 온도 제어, 압하량 제어, 열처리 등을 실시하지 않은 압연재를 무엇이라고 하는가?

풀이 일반압연재(AR: As-Rolled 재)

20. 후판 압연에서 압연된 판재의 재질을 확보하기 위하여 냉각수를 주수하여 냉각시키는 설비는 무엇인가?

풀이 가속냉각기

21. 아래 그림에서 설명하고 있는 후판 가속냉각 공정의 제어 기능은 무엇인가?

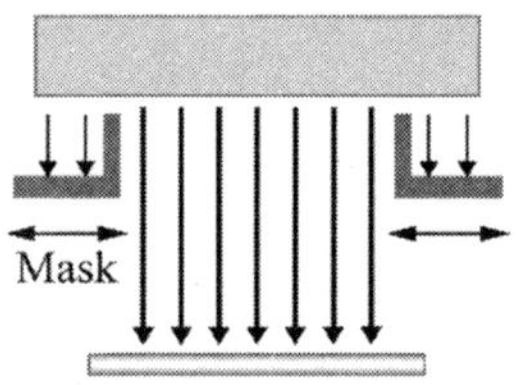

풀이 엣지 마스킹 제어(Edge Masking) : 날판의 엣지부를 냉각수가 직접 닿지 않도록 가려주어 무주수 구간을 설정함으로써 폭 방향으로의 온도 균일화를 목표로 하는 기능

22. 후판 교정기에서 상부 교정롤의 하면과 하부 교정롤의 상면의 간격을 무엇이라 하는가?

풀이 인터메쉬(Intermesh)

23. 냉각상은 압연 및 열간교정이 끝난 날판을 공냉시키는 설비는 무엇인가?

풀이 냉각상(Cooling Bed)

24. 열처리로에서 나온 제품을 즉시 급냉 담금질(Quenching)하여 고경도, 고강도 제품을 생산할 수 있도록 하는 장치는 무엇인가?

풀이 급속 냉각기(롤러 퀜처: Roller Quencher)

25. 일반적인 후판의 압연 단계는 Turning을 기준으로 세 단계로 나뉘는데 이 세 단계를 각각 무엇이라 하는가?

풀이 고르기 - 폭내기 - 길이내기

26. 후판 제어압연 시에 잔압하율(미재결정 압하율)이 50%이고 날판 두께가 20 mm인 경우 Bar 두께는 얼마인가?

풀이 Bar 두께 $= \dfrac{20}{1-0.5} = 40\,\text{mm}$

27. 후판 압연 중 발생하는 Camber의 발생 원인은 무엇인가?

풀이 ① 소재의 폭 방향 온도 차이 ② 소재의 폭 방향 두께 차이
③ 폭 방향 압하량 차이

28. 후판 압연 중 상하 워크롤의 회전속도(RPM)가 같은 경우 Ski-up 현상이 발생하였다면 상하 워크롤의 직경은 어떠한 상태인가? (단, 압연 시 다른 상하 비대칭 요인은 없다고 가정한다.)

풀이 상부롤 직경 < 하부롤 직경

29. 후판 압연 시 압연재를 Turning 하기 전에 Dog-Bone을 생성하여 Turning 후에 압연을 진행함에 따라 발달하는 Tongue형 크롭의 측면 부위를 채워줌으로써 날판의 사각화를 유도하는 압연 기술은 무엇인가?

풀이 평면형상 제어 압연

30. 후판 가속냉각 조건이 아래와 같을 때 판 이송 속도는 얼마인가?

압연 종료온도 : 800℃	가속냉각 종료온도 : 500℃
냉각속도 : 20℃/s	가속냉각 설비 길이 : 30 m

풀이 냉각 온도 강하량 = 800 − 500 = 300℃

냉각 시간 = 300℃ ÷ 20℃/s = 15 s

판 속도 = 30 m ÷ 15 s = 2 m/s

찾아보기

김재근

- 신성대학교 자동차계열 교수('97 ~ '06)
- 신성대학교 제철산업과 교수('07 ~ 현재)

백인철

- 현대제철(주) 기술연구소('06 ~ '18)
- 신성대학교 제철산업과 교수('18 ~ 현재)

압연기술 정가 18,000원

발 행 2022년 3월 10일 초판 2쇄
저 자 김재근 · 백인철
발행인 정우용
발행처 도서출판 동화기술
경기도 파주시 광인사길 201(문발동, 파주출판도시)
Tel (031)955-4211~6 donghwapub@nate.com
Fax (031)955-4217 www.donghwapub.co.kr
(등록) 1977년 12월 19일/9-16호

ISBN 978-89-425-9242-5